TURING 图灵新知

注意力

专注的
科学与训练

[法]让-菲利普·拉夏 —— 著

刘彦 —— 译

人民邮电出版社

北 京

图书在版编目（CIP）数据

注意力：专注的科学与训练 /（法）拉夏著；刘彦
译. --北京：人民邮电出版社，2016.5
（图灵新知）
ISBN 978-7-115-42245-3

Ⅰ. ①注… Ⅱ. ①拉… ②刘… Ⅲ. ①注意－能力培
养－通俗读物 Ⅳ. ①B842.3-49

中国版本图书馆CIP数据核字（2016）第083116号

内 容 提 要

本书详细剖析了有关注意力的脑科学秘密和心理过程，以通俗易懂的语言描述
了注意的形成、转变和工作流程，揭示了注意转移、集中与分散等活动的神经科学
原理，全面解读大脑中关于注意力的诸多谜题，并针对注意力的"训练"提出了科学、
可行的策略。

◆ 著　　　 [法]让-菲利普·拉夏
　 译　　　 刘　彦
　 策划编辑　戴　童
　 责任编辑　楼伟珊
　 责任印制　彭志环
◆ 人民邮电出版社出版发行　　北京市丰台区成寿寺路11号
　 邮编　100164　　电子邮件　315@ptpress.com.cn
　 网址　https://www.ptpress.com.cn
　 北京捷迅佳彩印刷有限公司印刷
◆ 开本：880×1230　1/32
　 印张：9.75　　　　　　　2016年5月第1版
　 字数：250千字　　　　　 2025年7月北京第26次印刷
　 著作权合同登记号　图字：01-2015-8508号

定价：69.80元
读者服务热线：(010)84084456-6009　印装质量热线：(010)81055316
反盗版热线：(010)81055315

版 权 声 明

献给阿莱克西、蒂凡尼和艾尔莎，
等到他们长大一点后，再来读这本书。

目录

00

引言

> 春天的雨，
>
> 小女孩教
>
> 猫咪跳舞。
>
> ——小林一茶 [1]

我坐在池塘边的草丛里等待着。一条鱼刚刚跃出水面，又落回水中，我等它再次浮出水面。我一动不动，目光静静地停留在波光粼粼的水面上。右边有风吹草动，不过什么也没发生；左边也有动静，还是没有任何变化。逃走的鱼儿迟迟没有回来。我保持原样，一动不动。然而，我身上的某个东西一直在动。当一切静止时仍在运动的，就是注意。

我的注意比目光还要敏捷，横扫水面寻找它的猎物。左边、右边、正前方，它同时关注着所有地方。它有时受我的控制，有时自由自在，独立而随意。它总是热情如火，却常常溜走。我们为什么要关注注意呢？因为注意决定了我们对世界的感知、我们与身边事物以及自己的关系。它像火炬一样照亮了我们的思想、感觉和情感。"我的经验是由我所注意到的事物决定的。"现代心理学的奠基人之一威廉·詹姆斯这样说道。[2]注意一个物体、场景或人，就是将其放入自己的感知范围内，也就是赋予它生命。注意是一种馈赠。我们注意到某个人，关注他的一举一动，就像送出一份礼物。在英语里，"注意"对应的词是 attend，它还有"参加""在场"的意思。注意一个人，就是待在他身边……而且要全心全意。因为我们可以身体在场，却心不在焉，迷失在自己的思绪中——"我发现你走神了"。

"请注意一下""请您注意！"人人都想要我们的注意，人人都想得到这份礼物。注意始终被追求、被渴望。在大街上，在媒体上，所有的广告或橱窗都经过了精心的设计和思考，以便吸引我们的注意，并使它尽可能长时间地停留。你的注意和金子一样宝贵，因为某个物体一旦吸引了你的注意，就意味着它走出了混乱的背景，也就是终于**存在**了。现如今，世上从来没有产生和公布过如此多的信息，这些信息通过各种各样的渠道来到我们面前，比如网络、短信、布告、报纸和电视。不管信息的性质如何、是否重要，只有当它击中了靶子，也就是说，只有当它成功地抓住有可能理解并接受它的人的注意，哪怕只有一瞬间，它才有了意义。

甚至我们的思想和忧虑也要求引起注意。我们只需要几分钟的自省就能发现，大大小小、有好有坏的感觉都在注意的照耀下变得清晰可见。当我们悲伤或焦虑时，这些感情占据了我们的注意。如果不加以注意，它们就不复存在，重归虚无。注意使我们能够感受到痛苦。不过也正是因为注意，我们才能理解、赞叹并品味世界和人生的精彩。我们经常投入大量金钱和人力来使自己感到愉快：旅行、演出、外出用餐、购买高品质的视听设备。但如果我们的注意不够集中，那这一切都毫无作用。当注意在别处，迷失在忧虑之中，最美丽的女人也会黯然失色。

然而，注意是一种稀少且珍贵的资源，不可能在同一时刻面面俱到。我们必须学会合理地分配注意。成为注意的主人，就像活动手脚那样轻松地转移注意，该是多么令人高兴的事情！詹姆斯还曾说过："意志力主要体现在为控制注意而付出的努力上。"[3]不过谁敢说自己完全是注意的主人呢？如果我们不是它的主人，那谁才是呢？是外部的某个人，还是我们身上的另外一个人？我们真的是唯一的船长吗？注意从早上跟我们一起起床，陪伴我们一整天，就像一条忠心耿耿的狗。但我们手里握着的牵狗绳却非常短，狗去哪里，我们就得跟着去哪里。这一天过得好不好？一切取决于我们当天的感受，也就是詹姆斯所说的我们注意到的东西。不管是否愿意，我们能够做到、看到、经历并记住的事情都由这位忠实的伙伴决定。怎样才能让它听话呢？

这本书旨在帮助你理解注意，尤其是你自己的注意。如果朋友送给你一条小狗，你要去学习怎样照料它。你可能会去读相关的书或者跟养狗的朋友讨论。你会想知道它吃什么、几点吃、吃多少，它喜欢做什么，怎么让它守规矩。我从 20 年前起就在寻找一本阐述该如何和我内心的小狗相处的书，一本还原注意真实面目的书。我花了很长时间来找这样一本书。当然了，市面上已经有好几部面向学术圈的专业著作，但它们远远超出了我的知识范围。我翻遍了各大书店的图书专柜，却什么也没找到。我最终决定去别处碰碰运气，结果发现了一本书名意味深长的著作：《禅与生活：注意力集中实践》[4]，作者是日本禅师丸泰仙。这本书的内容简单易懂、语言清晰流畅，令我大为震动。传统佛教已经意识到注意在人类生命中的重要性，从创教之初起就把它当作主要的研究题目，至今已有 2500 年。从那时起，我明白了不仅要从知识的层面去理解注意，还应该联系实际。这就好像要学会照料狗，就得跟它一起生活，时刻观察它的行为。

然而，要想理解注意，仅靠观察还是不够的。于是我继续寻找，自然而然地被引向认知神经科学。要想理解注意，就得先了解承担此重任的器官，也就是大脑。这是第二点启示：在这个受到全世界众多实验室关注、范围广阔的跨学科研究领域内，注意居于核心位置。那么，找一本把这些知识传播给大众的书为什么会这么困难呢？既然每个人每天都和注意一起生活，还要容忍它四处游荡，为什么不更好地帮助大家去理解它呢？20年后的今天，矛盾依然存在。认知神经科学得到空前发展，关于注意的发现也层出不穷，每年都有成千上万的专业成果发表。然而，还是没有一本书可以用大众能明白的语言解释相关知识。[5]入门级的读者找不到任何一本书来帮助自己理解这些规律，而它们在大脑里掌管着注意力，每时每刻决定着我们对世界和生活的体验。

这本书源自10年的研究成果，综合了与注意有关的直观感受和理论知识：当我集中注意时**感觉如何**，以及，**大脑里面发生了什么**。关于注意的理论研究和实验研究逐渐被细分为无数极为专业化的次领域。我力求做到深入浅出，把自己从早上起床到晚上睡觉这段时间体验到的注意，以及我在实验室数据或相关文章中看到的注意结合起来。我们生来就会注意，但没有任何教材告诉我们，注意如何发挥作用，如何运转。而这本写于21世纪初的书正是这样的"教材"。面对现代认知神经科学无数的理论和知识，我必须有所取舍。我在人类尤为发达的大脑皮质上花费笔墨较多，而放弃了其他跟动物更相近的大脑结构。我着重探讨的是人类的注意和对它的控制或失控。

我们生活在"意志力万能"的现代神话之中，尤其是涉及自我控制和注意控制的时候。但什么是控制呢？禅宗大师铃木俊隆说："如果你想控制一只羊或一头牛，你就要给它足够的空间。"[6]控制并不总是限制的同义词。我想请你用中性或者更宽容的眼光看待你的注意力。在生活中，意志力无法克服所有障碍，至少当它表现为蛮力的时候。你的意志力再强，你也不可能跑得跟猎豹一样快，或者在一周时间里减掉15千克的体重。你不能强行限制自己的身体。身体有自己的规律，受制于身体构造和运转方式。这些规律很容易理解，也很容易被接受。可要接受注意力的局限性就难多了。"为什么我今天早上出门时那么心不在焉？"比起身体的局限性，人们更不愿意承认心理的局限性，因为我们不太清楚它是怎么形成的。对自己的失控往往会让人们变得又沮丧又愤怒："我太没用了!"如果你有这种反应，那就说明你生活在意志力万能的神话中。你忘记了心理和身体一样，也有自己的法则。注意是一种生物现象，有它的局限性。难以集中注意是有原因的，而这些生物性原因来自身体的构造方式。如果你想学会更好地集中注意，我建议你从理解注意是什么以及它是怎样运转的开始。这能防止你在错误的方向上白费力气。控制注意是一门艺术，而非肌肉锻炼。如果这条忠实的小狗过于独立，你或许应该从弄明白它的逻辑和动机开始。有时候，控制需要通过理解和放手来实现。你会在本书中找到一些生物性规律，它们既能限制注意，又能让我们控制注意。如果你接受这些规律，如果你能看到它们如何作用于你的日常生活，你就朝着平静地控制这条热情的小狗迈出了一大步。一定要记住，注意不能被征服，你需要耐心地去驯服它!

注释

[1] Cheng W. F., Collet H., *Ah! Le printemps, le printemps, ah! Ah! Le printemps. Haikus de printemps*, Millemont, Moudarren, 1991, p. 45.

[2] James W., *The Principles of Psychology*, New York, Holt, 1890, p. 402.

[3] *Ibid.*, p. 562.

[4] Deshimaru T., *Zen et Vie quotidienne: La Pratique de la concentration*, Paris, Albin Michel, 1985.

[5] 不过，有很多关于儿童注意力障碍的书，以及一部号称是首次真正面向大众且讲解非常清晰的介绍性作品，出版于 2009 年：Chokron S., *Pourquoi et comment fait-on attention?*, Paris, Le Pommier, 2009.

[6] Suzuki S., *Zen Mind, Beginners Mind: Informal Talks on Zen Meditation and Practice*, New York, Weatherhill, 1970.

01

人人都知道注意是什么吗？

每一阵风过，

栖在柳枝上的蝴蝶

翩跹飞舞。

——松尾芭蕉 [1]

　　阿莱克西 9 岁了，他的女老师刚刚要求他注意听讲。尽管阿莱克西完全明白老师想要他做什么，但他可能不知道，一个多世纪以来，每天都有科学家在绞尽脑汁，想弄明白老师究竟要求他做的是什么，以及如何才能做到。"老师，您说的注意是什么？怎么才能注意？"如果阿莱克西勇于提出这些问题，恐怕老师会觉得难以回答。也许她会建议学生先看着她，听她说话。但是看和看见、听和听到之间有什么区别呢？看起来最简单的问题实际上可能最复杂。阿莱克西和其他同龄孩子们可能会提出的问题，目前正是一个大型跨学科科研项目研究的主题，每年有成千上万的相关科研成果发表。每天，心理学家、医生、神经生物学家、计算机科学专家、教育工作者、人体工程学专家，甚至是哲学家，都在花费大量时间用于揭开注意的奥秘，以了解它的强处和弱点。

　　对注意的研究是一门实验科学，由观察、假设和理论构成。和所有的实验科学一样，研究关键在于，观察研究对象在不同条件下是如何反应的——"如果我这样或那样做了，将会发生什么？"有些反应貌似会重复出现，由此可以推导出模型和定律，进而预测在其他情况下研究对象可能出现哪些反应。接下来，研究人员采用新的实验来验证这些假设。当他们认为已经搞清楚问题的时候他们就会停下，直到后续的新实验提出异议。

注意似乎是有规律可循的。举例来说，我们很难同时注意好几件复杂的事情：这条规律适用于所有人。由此可见，注意似乎遵循一整套规则，这一事实构成了科学研究注意的出发点。

出发点也就决定了落脚点。认知神经科学认为，当注意问题被转化到生物物理学现象时，也就找到了研究的落脚点。"硬"科学旨在解释和预言，更适用于物理、化学和生物定律，而非精神层面的规律。如果说，注意符合一定的规律，那是因为它是大脑活动的反映，而大脑活动受制于生物物理学规律。因此，认知神经科学力求以生物学中神经元之间电化学反应过程来描述注意。

无论如何，注意首先是一种心理现象，问题的要害正在于此。如何研究一种心理现象？怎么才能在研究之初给出一个客观的定义？所有重要的科学研究对象都有其客观公认的定义，比如重力、气候等。但客观地说，什么是注意呢？我们不得不承认，科学界目前尚未就注意的定义达成共识。当然了，每一位专家都有自己的见解和定义，但任何定义都没能获得一致认可。因此，专家经常引用威廉·詹姆斯在1890年写下的名言："人人都知道什么是注意。"这倒是个能够让所有人都同意的办法！

幸运的是，詹姆斯接下来这句话的意思更为明确："所谓'注意'，是意识以清晰而迅速的形式，在多种可能性中选取一个物体或一系列想法的过程。定焦、集中和意识是注意的关键因素。注意意味着对某些对象的忽视，以便更高效地处理其他对象，它与分散、混乱的精神状态相对，后者称作'分心'，德语写作Zerstreutheit。"[2]

这个定义很长，但很漂亮。威廉·詹姆斯出身书香世家，他的弟弟亨利·詹姆斯是 19 世纪享誉文坛的重要人物。但从科学角度来看，这个定义是无用的，因为它不够客观。尽管如此，詹姆斯还是在定义里明确指出了注意的精神性和主观性。他揭示了认知神经科学家在未来面临的重大挑战之一：如何对大家都已经各自形成看法的某些概念加以准确定义。

如何定义众人皆知的概念呢？

其他科学不太会遇到这一困难。当一个数学家去定义可微变量或巴拿赫空间时，他大可不必在意街上的行人是怎么想的：事实如此，无需置疑。他也不必担心有邻居闯入他家，高呼他的定义违背常识，除非邻居本人也是位数学家。然而，如果认知神经科学研究者犯了迷糊，把"将两个数字相加的心算能力"称为"注意力"，这恐怕会招致一片嘘声。因此，认知神经科学家承担着保持一致性的任务：注意的科学定义应该在一定程度上接近于普通人的想法。所以，研究者必须关注他的邻居出于直觉如何理解注意，即使这样一来会让问题变得更加复杂。

集中注意的证据

如果说，大家似乎都知道什么是注意，这也许是因为从儿时起，我们的父母、老师和身边的人就不停地提起这个词："注意，孩子们！""注意你踩到的地方！"……很快，孩子就理解了听到和听、看见和看之间细微的差别，弄错的话就可能会招来训斥。渐渐地，甚至有时候是无意识地，孩子发现了"注意"就是停止不断转换兴趣点，稳定心绪，在周围世界的某些方面停留片刻。如果停留的时间延长，他就会发现自己是在"专心"，而不自觉地中断这一状态就是"分心"。

孩子还会学会把注意和一种姿态联系起来。专心的学生通常比较安静，一动不动、保持沉默，目光会追随着老师或是老师正在展示的东西。注意往往和某些身体姿态特点结合在一起，这让孩子能够一眼猜出同桌或者小猫是否全神贯注，并且几乎从来不会猜错。于是，通过观察他人的行为举止，孩子逐渐学会猜测他人的心理状态，这也就构成了其社会生活的基础。

所以，还有一种定义什么是注意的方法：不再通过内省，而是通过对行为的直接观察。20 世纪初正好是第一股心理学研究热潮退去的时期，由詹姆斯等人创建的流派主要依靠内省来研究心理活动的规律，被称为**内省主义**。此时，内省主义被一个完全不同的流派取代了，这就是美国人约翰·华生大力推动的**行为主义**。华生和他的同伴们希望把心理学变成纯粹客观的自然科学，不再使用内省的方法，而是通过对行为客观量化的测量进行研究。[3]于是，詹姆斯仅仅建立在"注意时感受如何"之上的直觉式定义已经无法满足对注意研究感兴趣的心理学家们。

对行为的观察可不像我们观察一个学生在课堂上的表现那样简单。外表常常会骗人，人人都可以"看起来"专心致志（参见图 1.1）。这行不通。根据 20 世纪由德国人威廉·冯特[4]在莱比锡发明的实验心理学技术，这种新的科学心理学依赖于对表现的数值测算，比如复杂练习中的错误率，或从信号响起到按下按钮之间的毫秒数。一个正在冲刺的跑步者会觉得自己跑得飞快，但秒表才是唯一的裁判。

面对内省主义，行为主义采取了质疑一切的态度，基本原则是从不相信个人感受。个人所说的一切感受都会被不假思索地质疑，需要通过客观的测量来验证。这可能会显得有点可笑和夸张。不管怎么说，你如果去看病，告诉医生你的脚疼，他会相信你，并马上开始治疗。但是，假如医生检查了你的脚，没发现任何不对，然后又进行了一系列补充检查，可所有结果都表明你的脚一切正常，医生就会开始怀疑你是否真的脚疼，甚至猜测你患有精神问题，或只是想找个借口不去上班。这就是为什么认知神经

图 1.1　外表常常会骗人

在看似相同的外表下，左边的学生在认真听讲，而右边的学生脑子里只有一个想法：去乡下骑自行车。

科学家要求绝对客观的证据，以得出普遍适用于人类大脑的结论。

　　这种研究方法还是很有道理的。毕竟，我们从不直接观察注意，而只是观察它对行为造成的影响。怀疑学生是否认真听讲的老师会要求他重复自己刚刚说了什么。如果学生吭吭哧哧答不上来，就说明他没有好好听课，也就是没有集中注意。当然，老师也可以直接问学生是否在专心听讲，但这样一来，老师就只能指望这是个诚实的学生了。总而言之，研究注意的科学方法是符合常理的：我们无法仅凭询问人们的感受来测量注意，更无法由此定义什么是注意。研究方法的变化逐渐导致了对注意的重新定义，而新的定义将以注意对行为造成的影响为依据。心理学放弃了"当我集中注意时**感觉如何?**"的问题（詹姆斯在他的定义中已经给出答案），而试图以客观的方式确定当我们集中注意时我们在什么事情上做得更好，或者有何种不同的表现。

注意可以解释为什么会有不同的表现。如果一个人在测试的某些时刻反应变慢，犯了更多的错误，并且这种表现不佳不是由于测试本身难度发生变化、身体疲劳或任何已知因素造成的，那就可以判定是因为被试的注意力下降了。注意几乎是用排除法来定义的——虽然我们不知道什么是注意，但我们知道什么不是注意。为了研究注意，研究者们发明了各种简单的小测试，目的都是造成对各种感觉信息源不同的注意水平，用来观察可测量的结果。最常见的一个例子是 20 世纪 70 年代末俄勒冈大学的迈克尔·波斯纳教授设计的实验。[5] 波斯纳实验有许多变体，但原则是高度一致的。参与者面朝屏幕坐着，被要求盯着屏幕中间的小十字。十字的两侧会出现不同颜色的图形，比如红色的圆和绿色的圆。这些图形轮番出现，当绿色的圆出现时，参与者需要尽可能快地按下按钮。这有点像你停在红绿灯前，绿灯一亮你就得采取行动，唯一的区别就是"绿灯"信号可能出现在左侧，也可能在右侧。

这个实验可以测量被试在三种不同情形下的反应速度：第一种情形是告诉被试，一般来说，绿色的圆更常出现在左侧；第二种情形是更常出现在右侧；第三种情形则是在左侧和右侧出现的频率一样。经过短暂的训练之后，大部分被试能在大约 1/3 秒之内做出反应。不过，他们在前两种情形中会比在最后一种情形中反应更快，前提是绿灯出现在被试期待的那一侧。反之，当绿灯出现在与预想相反的一侧时，反应会变慢。差距并不大，也就是几十毫秒。但这一差距是有意义的，而且能多次验证。这也就是说，如果能够提前得知绿灯会出现在哪一侧，被试的反应速度就会更快，即使他们的目光集中在中心上。你也许能预料到这个结果，而实验心理学证实了这一点。差距只是准备程度不同造成的吗？不，因为被试只有一个按钮用来回答问题，他的备战状态始终不变——手指放在按钮上，等待着每次绿灯亮起。是由于疲劳吗？也不是，因为从测试开始到结束，绿灯出现在意料之外的那侧的频率是一样的。更不是惊讶引起的，因为绿灯出现在意料之外一侧的概率大概是 1/5，这个比例太高，不至于使被试感到惊讶。那么，我们必须面对现实，承认确实存在这样一个系统，能使大脑对呈现在某一侧视野中的图像反应更快，对另一侧则较慢。实验和笑话一样，最简单的往往就是最好的。波斯纳发明的这个实验成了认知神经科学领域的经典之作。

由此可见，大脑能够优先处理视野中的一部分信息，并且能根据需要随时更换优先处理的对象。这一点看似微不足道，但对于只有不到半秒钟时间接球的职业网球运动员来说就相当重要了。所以，最好的接球手都有一套策略，能够根据发球方最细微的动作判断球将从哪个方向过来，就像在波斯纳实验里的被试那样。举例来说，美国网球名将安德烈·阿加西根据德国名将鲍里斯·贝克尔在发球时的舌头的位置就能判断对手出球的方向，这可得有个好视力。[6]

对于阿加西和波斯纳实验中的被试们来说，成功的关键仅仅在于朝左边还是右边移动注意。然而，这只是一种主观感受。外部观察者只能看到他们采用了一套优先处理某片视野的选择机制。为了把主试客观的看法和被试主观的感受结合起来，波斯纳顺理成章地决定用"注意力"这个词来指代这种选择能力。这么一来，注意就可以用客观的方式定义，也就名正言顺地成了科学研究的对象。但是别忘了，这个定义此处适用的是一种非常特殊的情况，为了更好地让人们注意到这一点，专家们把波斯纳引入的这种注意形式定义为**空间视觉选择性注意**。这个定义一经确认，就可以进入实验程序了。众多研究团队带着同一个疑问——"如果我在实验中做一些改变将会发生什么？"——就波斯纳实验的设计提出了种种关于空间视觉选择性注意的问题：如果圆画得更大会怎么样？如果圆更靠近中心会发生什么？顶叶皮质、额叶皮质或颞叶皮质受损的病人会如何表现？我们根本不需要询问被试对实验有何感受，随着这些问题的一一解答，我们对视觉选择性注意的理解变得越来越准确。

关于空间视觉选择性注意的研究层出不穷，于此同时，其他团队也进行了其他实验。实验结果似乎也取决于一个使我们联想到注意的因素，不过是在其他感觉通道中或完全不同的实验设计里。这些研究引导我们定义了针对声音的听觉选择性注意、针对触觉的躯体感觉选择性注意以及持续性注意等。几乎每一个实验都对应一种形式的注意，所以研究者们开始谈论复数形式的注意或注意的变体。可是，这种种微小的注意有什么用呢？

眼大肚子小：选择性注意

奥卡姆的威廉在 14 世纪写下这句话："如无必要，勿增实体。"① 意思是不要在没有必要的情况下使用较多的东西。不同形式的注意指的真的是不同的现象吗？专家们一致使用"注意"这个词就表明他们不想引起词义上的分歧。即使现代心理学不相信感受，我们还是能真真切切地感觉到，我们在看一幅画或听一段音乐时付出的注意之间存在共同点。在这两种情形下，注意似乎变为一种能力：只选择一部分我们感觉到的信息。这种能力被称作选择性注意。法国哲学家尼古拉·马勒伯朗士早在 1674 年就写道："精神对它感觉到的所有事物并非付出同等的关注。"[7]

为什么只选择一部分信息，为什么不囊括所有？原因很简单，尽管有几千亿个神经元，大脑的处理能力仍然是有限的，无法详细地分析朝它无

---

① 这句话被称为"奥卡姆剃刀"。奥卡姆的威廉（约 1285—1349），英国经院哲学家。——译者注

休止袭来的所有感觉刺激。就拿开车来说，当我们开车时，我们每时每刻都能感受到各种各样的刺激：身体向座椅施加的压力、或冷或热的感觉、呼吸时气流通过鼻孔的感觉、鼓起又瘪下去的肺、周围的噪声……所有这些感觉刺激都在时刻改变着大脑的活动：我们耳朵听到的声音会引起颞叶神经元的电活动发生变化，投射在视网膜上的图像被迅速转化为电信号传递到枕叶……大脑对这些物理信号的"回应"还不止于此，因为声音会继续被阐释为音符、旋律或话语，图像会被分为场景、物体、词语或熟悉的面孔。理解世界的过程包围着我们，时刻占领着警觉的大脑，因此必须有一个庞大的、只能处理一小部分接收到的信息的机制。

大脑是一个眼大肚子小的贪吃鬼。世界不停地往它的盘子里夹菜，而它那有限的消化能力使它不得不放弃大半。选择性注意的作用就是引导大脑把叉子伸向最美味的食物。每当我们需要完成一项目标明确的任务时，不管是洗碗还是扑出点球，外部世界总有一些信息比其他信息更重要，这就是盘子里最美味的部分——水温、球的位置，等等。如果一切顺利，选择性注意会优先处理一些信息，放弃另外一些信息，如此持续下去，直到实现目标。这就是我们所说的专心致志。

注意：快乐的杂货铺？

对研究者们来说，注意首先是优先处理某些感觉信息的能力，也叫作选择性注意。全世界每天都有几十个实验室在研究选择性注意，这样我们才终于对它有了更详细的认识。

我们认识到，生活中存在一个跟外部世界平行的内心世界。这是想象、梦和不眠不休地跟我们说话的小小声音的世界，是回忆和白日梦的世界。就在此刻，就在我写这篇章的时候，我也并非只注意面前的屏幕和键盘。我同样——准确地说是更加——关注内心的低声絮语,这些话自发地涌向我的思维,被我的手指记录下来。所以我的注意被更多投入到内部的心理过程中,如果不是我的手在键盘上移动,从外表根本看不出这个心理过程。为了使注意的定义符合大家心中的想法,它不应仅限于对感觉信息的选择,而是必须拓宽选择的领域,把心理活动特有的元素包含进来。这么一来,事情就变得复杂了。因为注意是一个心理现象,如果就此认为它可以适用于其他心理现象,这非但不会简化注意的定义,还提出了一个认知神经科学几乎无法逾越的难题。

你也许已经发现,完成一个复杂的思维活动需要集中注意,比如记住一个电话号码或想象自己走在海边。这种集中注意的过程似乎伴随着注意重新转向的心理过程,并且与外部世界保持着距离。如果正如詹姆斯所说,人人都知道什么是注意,那我们就必须承认,注意不仅在感觉信息之间挑选,还在**心理过程**之间有所取舍。这些心理过程可能与感觉信息的处理结合起来,也可能不结合。詹姆斯注意到了这一点,并且区分了朝向感觉对象的**感觉**注意和朝向心理活动的**精神**注意。[8]定义就是在这里出现了问题!让我们举个例子来说明。健忘先生刚刚在网上找到一个管道工的电话,努力地想要记住这个电话号码。他一边默默地重复着电话号码,一边站起身来,穿过房间去打电话。倒霉的是,他的儿子从自己的房间里叫他,向他提了一个问题,于是健忘先生把电话号码给忘了。

让我们来看看发生了什么。大家都认为健忘先生只是被儿子分了神,所以这是注意的问题。如果健忘先生更专心一些,他就不会忘记号码。然而,从认知神经科学的角度来看,这个测试的目的在于记住一串数字,因此并不是真正意义上的注意测试,而更多是记忆测试。这甚至是实验室里最常使用的测试之一,用来研究口头记忆——能在短时间里记住可以说出来的信息的能力。专家能列举出健忘先生为记住电话号码而调动的所有大脑分区，他也许还会告诉你，我们眼中的健忘先生的"分心"其实只是记忆过程被打断。那为什么要讨论注意呢？为什么不直接讨论记忆呢？我们还能举出无数类似的例子，比如健忘先生站在街上，面对地图想要记住一条路线，就在这时，一辆消防车呼啸而过，毁掉了他所有的努力。你可能又会说这是因为分心，但研究**视觉空间记忆**的专家们可能只认为这是记忆过程的中断。

正如奥卡姆所说，为什么要用那么多的概念指代同一件事呢？对健忘先生来说，两个场景毫无疑问都需要注意，注意一次化为重复着电话号码的小小声音，另一次化为路线投射在脑海中的图像。这到底是注意、记忆还是心理图像呢？我们真的能区分这些心理过程，然后分别研究吗？注意无处不在，这给认知神经科学提出了一个难题。一些研究者甚至认为注意是比比皆是的"鸡肋"，对进一步理解大脑活动机制没什么帮助。既然记忆和注意密不可分，为什么不干脆研究记忆呢？既然心理图像和注意无法区分，为什么不干脆研究心理图像呢？因此，注意的概念对很多认知神经科学研究者提出了挑战。

我们很快认识到，几乎所有需要形成心理表征（图像、声音或其他任何想象形式）并将这一心理表征固定下来的心理过程，都在某种程度上必须得到注意的帮助。为了列一张晚饭购物清单，我得把与想做的菜相对应的一系列心理图像固定下来，这样就能从中推断出要买的原料，如西红柿、鳄梨等。我能成功地列出清单，是因为我能让自己的注意保持在这些图像上，就如同菜已经摆在面前的桌子上，而我使注意保持在菜上一样。如果我的注意突然被吸引到其他地方，比如电视屏幕，这些菜的心理图像就会马上消失，我再也"看"不到应该买什么了。

从认知神经科学的角度来看，问题的棘手之处在于，注意可以集中于外部感觉世界的各种元素上，比如红颜色，或者爵士音乐会上低音提琴的声音，更可以集中于心理过程上。视觉或听觉选择性注意是存在的，它能从一个声源转移到另一个声源，从一个物体转移到另一个物体，或者从左到右，这一事实本身不会引起争论。问题在于，健忘先生遇到的困难可以同时用注意、记忆或心理图像的理论来解释。我们可能会用两个完全不同的名字来描述同一个现象，这才是科学家们所担心的。

执行性注意和持续性注意

在研究者当中，有人拒绝讨论注意，也有人每天都在研究注意。不过有一件事是确定无疑的：尽管带有主观性，每个人都能清晰地感觉到，在日常生活中，注意会不时溜走，专心和分心永远交替进行。为了走出死胡同，继续研究大脑优先处理某些内在心理现象的能力，把它跟"感觉"选择性注意区分开来，专注于注意的概念的研究者们决定给它起个新的名字：**执行性注意**。

这个办法二者兼顾，新名字区分了选择性注意和执行性注意，承认选择感觉源和选择心理过程是两个不同的现象，但也暗示这两者之间还是存在一些共同点的。这当然不是说，如此一来所有关于定义的问题就都解决了，不过，至少避免了把什么都混为一谈。

今天，选择性注意和执行性注意被认为是两种形式的注意，彼此不同。一些颇有影响力的研究者，如迈克尔·波斯纳，还区分出第三种注意，也就是持续性注意，或者称作警觉性注意。它跟普通意义上的警觉联系密切，指的是对某些少见而特殊的事件保持优先反应的能力。究其源头，这种形式的注意最早是参照雷达操作员的工作定义出来的，他们的任务是长时间监视雷达屏幕。时间一分一秒过去，而操作员始终能迅速发现最细微的异常之处。

斯特鲁普任务

如果你还是不太清楚选择性注意和执行性注意之间的区别，就让我们一起来看一下约翰·斯特鲁普在 1935 年设计的这个测试吧。[9]斯特鲁普任务现在成了研究执行性注意的典型实验，就像波斯纳实验之于空间视觉选择性注意。在这个实验的现代版本中，被试会在屏幕上看到表示颜色的名词，而这些词也是以某种颜色写成的：比如说"黄"这个词是绿色的，"红"这个词是红色的；被试需要尽可能快地说出字的颜色——也就是"绿"和"红"。我们可以猜到，当两者不一致时，也就是说当字本身的意思和呈现的颜色不一样时——比如"黄"字是绿色的，比起当两者一致时——"红"字是红色的，测试的难度明显变大了。在两者不一致的情况下，被试必须抑制阅读反射过程，以免顺势念出屏幕上的词——"黄"。被试需要优先处理另一个心理过程，也就是辨认、说出字是用什么颜色写的（参见图 1.2）。可以清楚地看到，斯特鲁普任务并不是从几个感觉刺激中选择一个，因为实验里只有一个刺激物——屏幕上的字。选择作用于更抽象的层面，以便优先采取某种特殊方式分析刺激：集中精力判断字的颜色而非它的意思。执行性注意指的就是这种形式的选择。

图 1.2　斯特鲁普任务

在两者不一致的情况下，测试显得尤其困难。这时被试需要阻止自己念出屏幕上的字，而是说出字是什么颜色。

注意就是一种偏差

选择性注意、执行性注意、持续性注意……大家一定已经发现，每种情况都对应着注意的一种形式。既然注意讲的都是优先处理一件事情，放弃另一件，那我们是不是可以给出一个概括性定义，突出这种先后有别的特点？

人们朝着这个方向做出了种种努力。比如在最近出版的《剖析偏差：神经回路如何权衡抉择》一书中，扬·劳威因斯把注意描述为一种有偏差的现象。[10]偏心（有偏差）指的就是优待某一方。如果一个裁判总是做出对一方球队有利的评判，损害另一支球队的利益，我们就会说他偏心。这个研究方法很有趣，它似乎为注意找到了一个适用范围相当广泛的定义。劳威因斯借用了概率论里**偏差**的概念。如果总是被错判的球队认为裁判偏心，这是因为在一般情况下，两支队伍被错判的次数应该是一样的。这就像掷 10 次骰子，如果 9 次都是 6 点在最上，你就会怀疑这个骰子被动过手脚，因为在一般情况下，不会有那么多次都是 6 点在最上。偏差指的就是我们实际观察到的和期待在一般情况下观察到的结果之间的差距。

如果你认为偏差是一个抽象的概念，那么是时候改变你的想法了。我们每个人在日常生活中都是侦察潜在偏差的专家。假设有一天你很着急，错过了所有的地铁和公交车，每次都只差几秒钟，你一定会觉得自己不走运，世界不公平，因为在一般情况下，不会发生这样的事情。同样地，打印机不应该在每次你需要打印紧急文件的时候就出故障。所有这些奇怪的现象都是偏差，尽管有些可能是想象出来的，但它们都给我们留下了不愉快的印象，让我们认为是命运在跟自己作对。从数学的角度来看，我们每次感受到的偏差都是在违背概率论：不好的事情好像特别多，远远超过好的事情。这就是著名的墨菲定律：一件事情发生的可能性与人们对它的期望值成反比，或者看起来如此。

面对偏差或感觉到偏差时，人们的自然反应就是认为这种偏差来自某种外部原因——"裁判被收买了""公交车司机讨厌我"……把注意描述成是一种偏差，就是说在波斯纳或斯特鲁普等人的实验里，这种"外部"原因叫作注意。来看看斯特鲁普的实验吧。如果我们让一个人看用绿色写的"黄"字，不加以特别说明，他会自发地在心中默念这个字："黄"。这是多年的阅读练习产生的结果。但如果主试向被试解释斯特鲁普任务的命令，反复强调这个实验的目的在于说出字的**颜色**，被试就会努力抑制自发的阅读过程，说出颜色的**名字**："绿"。在这两个阶段，也就是解释命令之前和之后，大脑以不同的方式运转：面对同样的视觉刺激，大脑运用了不同的认知过程，由不同的神经元实现。在斯特鲁普任务中，解释命令之后，神经元的回应发生了偏离，就像有人扳动了铁路上的道岔。波斯纳的实验也是这样。本来，一个被要求看到绿色的圆就按按钮的人是不会在这些圆出现在左边时按得更快的。从大脑的角度来看，负责分析左侧视野的图像的神经元和负责右侧的神经元的激活水平应该是一样的。然而，当一个人被要求优先处理某一侧，他就会形成一种倾向性，对负责处理该侧视觉空间的神经元更有利。再一次地，大脑在得到命令之前和之后对图像的反应是不一样的。

你会注意到，在这两个例子里，偏差不是对一般情况的偏离，而是在被试执行命令之前和之后的偏差。我们之所以参考"之前"的情形，是因为很难知道在一般情况下，大脑里面发生了什么。谁能说出在一般情况下，大脑在各种各样的情形中将如何反应？我们明显感觉到，在大脑里总是有一些神经元比其他神经元更活跃，所以大脑活动总是偏向于这个或那个方向。因此，我们只有通过将"之后"的情况跟"之前"的情况进行对比，才能讨论偏差。偏差，就是大脑在各种条件都不变的情况下，在当下情景和刚刚之前或通常情景中做出反应的方式之间的区别。

　　我在这里强调，比较的条件必须要前后一致。请回忆一下本书的第一个例子，在我左边突然跃出水面的那条小鱼。这条鱼的突然出现导致各种视觉信号和听觉信号扑向我的感觉接收器，也就是眼睛和耳朵。接下来，这些接收器把光能和机械能转化为电信号，迅速传导至视觉皮质和听觉皮质。这条鱼仅仅是把鼻孔露出水面，就改变了我的大脑活动，不过这并不是真正意义上劳威因斯所说的偏差。偏差出现在几秒钟之后，这时水面在阵阵涟漪过后恢复平静。一旦重回宁静，一个外部观察者就无法通过任何线索判断出刚刚发生了什么事。然而，精确的测量能够揭示我的某些神经元，也就是负责侦察左边情况的神经元的活动发生了变化。现在，它们的活动更丰富，并且有偏差。水面回到了最初的状态，但我的大脑没有。我的注意移向了左边。如果观察大脑的人没有看到这条鱼出现，他就不会明白为什么我的大脑活动变了。鱼的出现分割了两个时间段，也就是事件尚未发生的"刚刚之前"和紧随事件的"刚刚之后"。在这两个时间段里，某种外部状态是相同的——池塘静止的水面，但两个时间段中的大脑活动不再相同。注意的目标变了，而这种改变只是大脑状态的变化，无法用周围世界"之前"和"之后"的状态之间的不同来解释。

　　如果大脑的状态完全取决于外界，取决于被感知到的信号，那就不会有注意了。注意意味着大脑相对于外部世界存在着一定的自由度。在鱼出现之前和之后，到达我的大脑的信号几乎是一样的：风吹过草丛的声音，水面反射的阳光。然而，有什么东西变了。我的大脑活动变形了，就像一块橡胶被按压后迟迟不能恢复原状。注意，就是当一切静止时还在运动的事物。

　　总之，要理解什么是注意就得想起这一点，所有认知功能，不管多么复杂——记住一个电话号码、侦测屏幕左侧出现的圆——都对应着一组特

21

殊神经元的激活。在生物层面上，这些功能没有本质上的区别。工作记忆调动了某个神经元网络，而侦测圆调动了另一个，它们都涉及相互作用的神经元。在大脑里，没有左边、右边、圆、绿色或"黄"字；只有传导化学信号和电信号的神经元网络。注意的偏差就是优先处理某个网络而放弃其他。这可以只是相关神经元活动的扩大化，也可以是能使它们更好地交流的细微变化；这都无所谓，重要的是某组神经元在几秒钟的时间内被优先对待。注意的目标不是外界的物体，而是网络和神经元的激活。注意的概念只有在神经元的水平上可以用统一的方式对待：从与之相关的神经元网络出现的那一刻起，一切都能成为注意的目标。

说一个人注意左边、右边或面前的咖啡杯，这是一种语言表述上的错误。注意并不被投入到物体或空间位置上，而是被投入到分析它们的神经元群上。在我们的印象中，注意的目标都是外界事物。我们会有这种印象是因为有几组专门负责处理左侧视野中出现的面孔、尖锐的声音或者图像的神经元。当注意优先处理某个神经元网络时，它也会不可避免地优先处理与该网络相连的功能。

汹涌的意识流

当这是一种有意识的功能时，又会发生什么？如果我们相信詹姆斯是对的——人人都知道什么是注意，那是因为注意的转移改变了我们有意识感知的方式。注意影响了我们对世界和自己的意识经验。

意识经验就是当下所有感觉的集合：所谓"外部"感觉（此刻，我的房间里传出的音乐声，屏幕显示这篇文章的亮度，我的手指敲击键盘的感觉，我的小腿肚和椅子腿、手肘和桌面的接触）和"内部"感觉（在我脑海中告诉我应该写什么的声音）的混合。所有这些感觉尽管千差万别，但都会显现出来——它们出现，出现在我面前。

由于某种未知的原因，有些大脑过程会在意识经验中留下痕迹，有些则不会。就在我写这句话的时候，那个告诉我该写什么的小小声音就是意识到内心声音的认知过程所留下的痕迹，这个认知过程由一组已知的大脑区域实现。但这个小小的声音似乎是凭空出现的，就像大山深处涌出的泉水：在这个句子出现之前，我无法意识到构建它的心理过程。正如当我说话的时候，一个个词从我的口中说出，就像有个虚拟的人在给我提词一样。这位看不见的提词者是个谜。到底是谁在写这本书？我不知道。

当某些意识过程在注意的作用下被优先处理，意识经验就发生了变化，我们也可以感知到注意的作用。正如沃尔特·皮尔斯伯里在 20 世纪初所写："注意作为意识过程，关键在于使某个想法或某些想法变得更加清晰，而牺牲其他的想法。"[11]即使世界没有变，我们对世界的感知也变了。阿莱克西内心的低声细语愈发清晰，而老师正在朗读的课文成了胡言乱语，课本的空白页变作明晃晃的一团。阿莱克西在别处，迷失在他的思想中。在注意变化的促使下，大脑活动形态变化的过程顺理成章地表现为意识经验的变化。

但詹姆斯错了，不是人人都知道什么是注意。人人都知道的，是注意或不注意时的感觉如何。然而，话说回来，重要的难道不是了解怎样控制注意的变形，怎样努力使注意稳定下来吗？尝试集中精力，坚持再坚持，却总是以走神告终；发现自己越来越无力控制大脑，意志力十分有限，人人都知道这种感觉如何。为了理解什么是注意，以及如何控制注意，我们将在下一章进入神经元、动作电位和神经递质的世界。接下来，借助神经科学的基础知识，我们将一步步发现，为夺取注意的控制权，大脑里上演着永恒的激烈战斗。我们还将渐渐离开理论回到实践，回答阿莱克西的第二个问题："老师，怎么才能注意？"

注释

[1] Cheng W. F., Collet H., *Ah! Le printemps, le printemps ah! Ah! Le printemps. Haikus de printemps*, Millemont, Moudarren, 1991, p. 63.

[2] James W., *The Principles of Psychology*, New York, Holt, 1890.

[3] Watson J. B., "Psychology as the Behaviorist views it", *Psychological Review*, 1913, 20, p. 158-177.

[4] 与华生不同，冯特把内省看作科学心理学重要的补充因素，他甚至是内省的主要倡导者之一。

[5] Posner M. I., "Orienting of attention" *Quat. J. Exper. Psych.*, 1980, 32, p. 2-25.

[6] Agassi A., *Open*, Paris, Plon, 2009.

[7] Malebranche N., *De la recherche de la vérité*, 1674, livre 6, chapitre 2.

[8] 同注释 [2], p. 416.

[9] Stroop J. R., "Studies of inference in serial verbal reactions", *Journal of Experimental Psychology*, 1935, 18, p. 643-662.

[10] Lauwereyns J. L., *The Anatomy of Bias. How Neural Circuits Weigh the Options*, Cambridge, MIT Press, 2010.

[11] Pillsbury W. B., *L'Attention*, Paris, Doin, 1906.

02

亿万神经元的星球

被春雨

打湿的

装种子的袋子。

——与谢芜村 [1]

这本书将会着重讨论神经元、神经递质、脑叶、脑沟和动作电位，以及其他很多令人感到陌生的名词。随着认知神经科学知识越来越普及，这些术语也许最终会像甲型 H1N1 流感病毒、转基因、omega-3 不饱和脂肪酸、股市、养老金那样成为流行语。在此之前，一本关于大脑和注意的书还是应该先对这些专业名词做个回顾。非专业人士可以把这一章看作大脑旅行指南，借助它快速地了解我们头颅内部的全貌。

大陆、山脉、谷地

大脑是一颗神奇的星球。这颗星球就像地球有表层一样，外面包裹着一层"皮"。这层皮只有几毫米厚，被称作**皮质**，拉丁语为 cortex。这层柔软的皮覆盖着整个大脑表面，是**脑灰质**的重要组成部分。这颗星球的中心处是一组皮质下结构，因为它们位于皮质之下，有点像地核。在星球中心和表面之间，密密的纤维网同时把皮质下结构和皮质以及皮质的不同区域联系了起来。多亏了这个网，大脑的两个区域即使离得很远也可以互相交流。这些纤维构成了我们所说的**白质**。这颗星球甚至还有个叫作**小脑**的卫星，不过它不是在远处游荡，而是紧靠大脑后部。

和我们的地球一样，大脑星球也分为不同的大陆，它们被称为**脑叶**（参见图 2.1）。有 4 个主要的脑叶，它们分别是：枕叶、顶叶、颞叶和额叶。这些脑叶的名字指出了它们在头颅内的位置：额叶位于前部，就在额头的后面；颞叶与太阳穴齐平；枕叶在头的后部；顶叶位于头顶后方。和地球上的大陆不同，脑叶不是被广阔的海洋或长长的山脉相隔，而是被深深的谷地分开，这些谷地被称作**脑沟**——专业解剖学书籍有时候会用 sulcus 这个拉丁语词。

中央沟是顶叶和额叶的分界线，从一侧耳朵到另一侧耳朵，在将近垂直的方向上把大脑分为前部和后部。**外侧沟**则是在水平方向上把颞叶和顶叶、额叶分隔开来。从侧面看，大脑就像一个拳击手套，拇指的部分对应于颞叶。外侧沟隔开了拇指和其他手指。而**顶枕沟**，正如它的名字一样，把顶叶和枕叶分开。记住，在大脑表面不存在分隔脑叶大陆的海洋。硬要比作海洋的话，那也是埋在皮质表面之下充满液体的**脑室**更合适。

在这几个将脑叶分开的大的脑沟之外，还有一些脑沟在脑叶大陆内部隔出不同区域，使大脑看起来像个核桃仁。大脑皮质的表面积约为 2200 平方厘米，跟一个枕套差不多大。正是因为这些脑沟，大脑皮质才能以适中的体积存在，就像大自然把枕套揉成一团塞进头颅里。另一方面，脑沟和山谷一样，被高耸的山峰分开，这些山峰就是**脑回**，拉丁语为 gyrus，意思是圆滑的形状。脑回像手指一样紧紧并在一起。沟和回是大脑星球上最显著的地理坐标。每个沟回都有自己的名字，明确特指一个位置。比如顶内沟位于顶叶，额下回位于额叶下部。

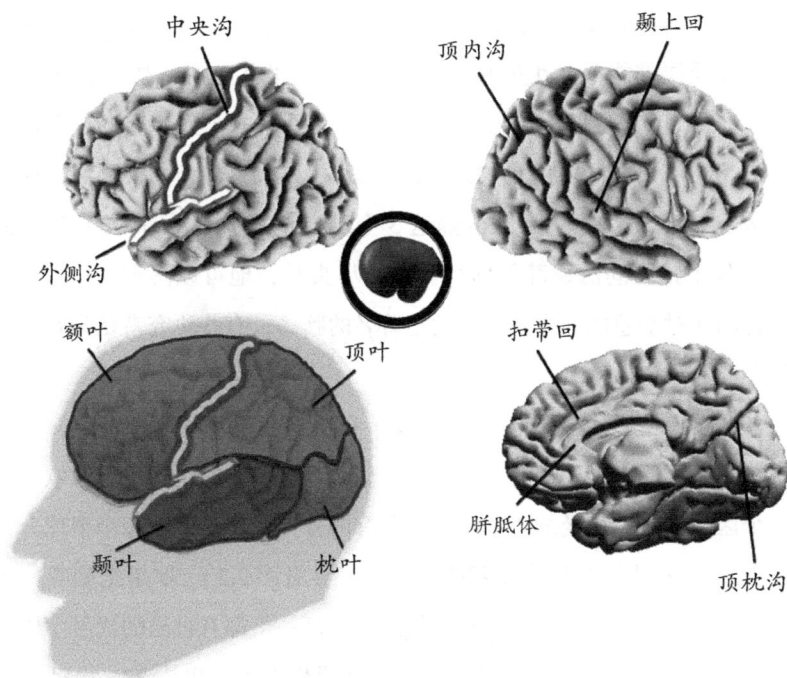

图 2.1 展示出主要脑叶的人类大脑一览图

新皮质布满褶皱的表面清晰地展示出一系列脑沟和脑回。两个半球的大致形状使人联想起拳击手套。（注意：这幅图没有呈现小脑和脑干。）

大脑星球最与众不同的一点在于它分为两个半球。左半球和右半球仅在白质的层级上相连，主要由**胼胝体**这个高密度的纤维网完成。就在几十年前，切除胼胝体还是治疗某些严重癫痫症的常用方法。虽然看起来不可思议，但手术成功后，病人的癫痫都治好了，以独立的两个大脑半球重新开始生活，不再受严重认知障碍的困扰。

在两个半球的分界处，皮质陷入大脑深处，直至胼胝体。深渊两侧垂直的峭壁从前到后把星球切割成两半，被称作**大脑纵裂**。垂直皮质的表面和内部一样满是褶皱，尤其是像一根香肠似的包着胼胝体的扣带回。并不是整个皮质层都能正好在头颅内排排坐。大脑里甚至有一块被覆盖的陆地，位于颞叶、额叶和顶叶的交界处，因为处于一个孤零零的位置而得名**脑岛**（拉丁语 insula 就是"岛"的意思）。如果有微型的大脑洞穴探险家想要到达脑岛，他得深入分隔这 3 个脑叶的脑沟，在拳击手套的拇指和其他手指之间的缝隙处前行。走到尽头时，他可以落脚在一片与耳朵平行的相对平整的地方——这就是著名的脑岛，有些研究者认为它是第 5 个脑叶。

1909 年，德国解剖学家科比尼安·布罗德曼发现在显微镜下，皮质的结构有所不同。到处都有一些区别，似乎在暗示我们正从一个区域进入另一个区域。布罗德曼细心地画出了所有的分界线，最终把每个半球分为 52 个区，它们从此被称为**布罗德曼分区**（参见图 2.2）。如果把脑叶比作大脑的大陆，那布罗德曼分区有点像国家，每一个都有自己的代号。要从国外往法国打电话的话，就得先拨 33；如果你在大脑里拨 33，电话就会打到扣带回的某个区去。所以，如果你住在大脑里，你有两种办法留地址，要么给出布罗德曼分区号码，要么给出沟回的名字——如果两个都有就更好了。啊，千万别忘了说明是哪个半球。

直到今天，这套编码系统还是很常用，因为差不多每个布罗德曼分区都对应着某种认知功能，布罗德曼辨认出的每一条分界线都有其功能意义。举个例子，布罗德曼 17 区（BA17）对应于**初级视觉皮质**，位于大脑皮质最后部，来自视网膜的视觉信息最终到达这里。4 区（BA4）对应**初级运动皮质**，正如它的名字所说的，负责运动机能。其他区也是这样。

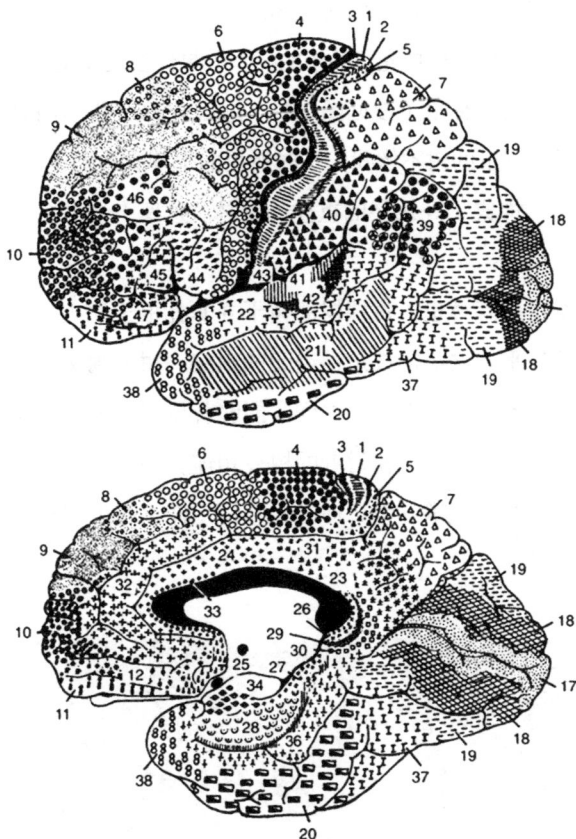

图 2.2 著名的布罗德曼分区

比如 4 区，它负责调动身体上任何一块肌肉。

• 几千亿居民……

地球上有 70 亿人口，而大脑里有 1000 亿个**神经元**。大部分神经元生活在皮质里，也有一些选择住在大脑中心、皮质下结构或小脑里。而在皮质内部，脑回高处和脑沟深处都分布着神经元。围绕在神经元四周的是叫作"神经胶质细胞"的另一种生物，为神经元提供营养。它们可能还承担着很多其他功能，不过目前人们对此知之甚少。

单个神经元就像一棵掉光了叶子的树。如果你在皮质里散步，你会觉得自己置身于 1 月的森林里（参见图 2.3）。这座森林有些不同寻常，之所以这样说，是因为这里的树不像我们平时所见的那样在地面上一棵挨着一棵，而是高低错落，构成了好几层的重叠的森林。这座奇怪的多层次的黑森林就是皮质。

在这座奇怪的森林里，每棵树的树干并非扎根于泥土之中，而是和另一棵树的树枝齐平。这些树枝是神经元的**树突**，树干则是**轴突**。轴突可能很长，非常长，不--定是直的，这样才能够着位于大脑另一端的神经元的树突。它也可能很短，仅仅和附近的树枝相连；一切取决于神经元位于森林的哪一层，以及属于哪一类。神经元和树一样，有很多种类，我们在此就不详细讨论了。

图 2.3　皮质里神经元的组织形式令人联想到 1 月的森林

　　每一棵神经元之树都布满了小小的电荷，它们被称作**离子**——这个名字对我们来说并不陌生，我们知道钙离子、钠离子、钾离子等。有些离子带的是正电荷，比如钙离子；有些离子带的是负电荷，比如氯离子。神经元外面也有离子，不过总的来说，外面的正电荷比里面多，因此神经元存在**负极化**过程，就像电池的负极一样。当正电荷离开神经元或负电荷进入神经元时，这种不平衡就越发明显了；这么一来，神经元的极性加强，从而**超极化**。反过来说，如果负电荷离开神经元或正电荷进入神经元，神经元的极性减弱，从而**去极化**。只要离子能够自由进出，神经元内部和外部的正负离子比例迟早就会达到平衡，也就是神经元彻底去极化了。如果神经元负极化，这是因为电荷无法穿透神经元的细胞膜。电荷只能通过叫作**离子通道**的微小开口进出，而进入会受到严格限制。

　　这些离子通道就像树枝上的小洞，分布在神经元的树突上，有一个严丝合缝的阀门。离子进出通道受一个类似于水闸的系统控制。每个离子通道只有在收到命令时才短暂开放。命令并非来自某个神经元自身，而是来自其他神经元，后者的轴突几乎要碰到该通道所在的树突。每个轴突（树干）末端膨大，像蘑菇脚似的，神经生物学家称之为**突触小体**。**突触**指的是突触小体和树突之间非常小的空间。每个突触小体里都充满了分子，随时准备冲进突触，朝着树突的方向前进。这些分子命令突触通道打开，在神经元之间传递信号，因此被称为**神经递质**（参见图 2.4）。你也许曾经听说过几种神经递质的名字：多巴胺、五羟色胺，等等。大部分用于治疗心理障碍的药物都是通过改变这些分子的数量发挥作用的。

　　神经递质穿过突触间隙之后将进入**受体**，就像一把钥匙被插入锁中，进而打开离子通道。在最简单的情况下，受体直接打开通道，让离子通过。根据打开的通道类型和电荷进出的方向，神经元将去极化或超极化。原则上，神经元更容易去极化，因为外面的正离子会大批涌入带负电的内

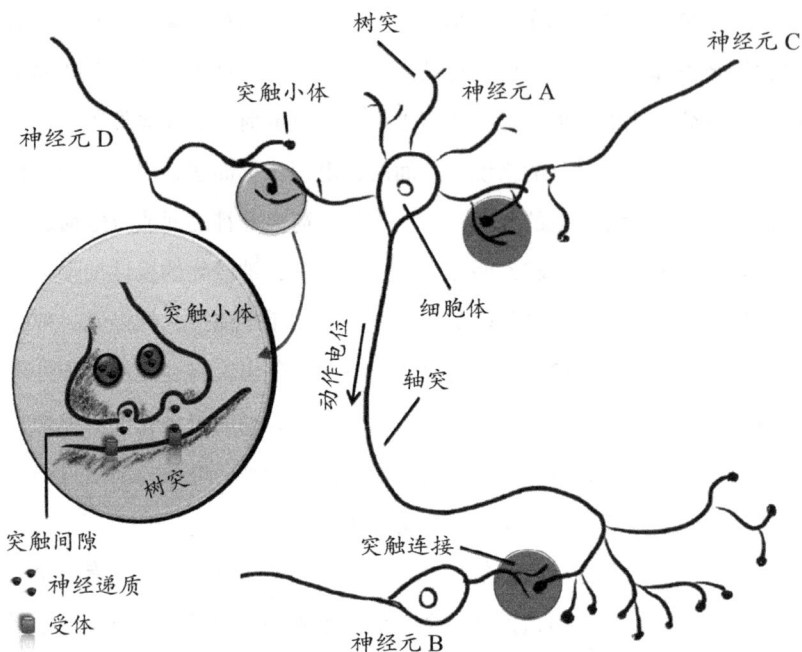

图 2.4　神经元之间化学传递模式简图

这种交流主要发生在传出神经元的突触小体和传入神经元的树突的交会处。动作电位到达轴突尽头时将引起神经递质被释放到突触间隙中，朝着目标神经元上的受体前进。

部。但有些通道恰恰相反，让更多的负电荷进入，使得神经元超极化。这个神经元传递系统是显微技术的奇迹。想想吧，神经递质和受体之间的每一次接触都会引发一连串特殊的化学反应，为这种神经递质和受体所特有。由于有几十种不同的神经递质和受体，可能的组合数目巨大，这也就为神经元之间的交流提供了丰富的词汇。

● **"嗒嗒"作响**

　　一张密密的网把神经元连接了起来。据估算，平均每个神经元都和 10 000 个神经元交流，就好比 10 000 个人无时无刻不在打电话找你。这么一来，造成的影响可能是兴奋性的，也可能是抑制性的。当被释放到突触的神经递质让负电荷进入树突，神经元会因此带负电，也就是超极化，这时产生的影响是抑制性的。反过来，当神经递质让负电荷离开，神经元去极化，这时产生的影响是兴奋性的。兴奋性和抑制性的影响结合起来，不停地改变着神经元的电位，直到去极化超越某个界限。在这个界限之上，抑制性影响占了上风，神经元以非常激烈的方式做出反应，释放出一股被称作**动作电位**的电波（参见图 2.5）。这股电波像波浪一样沿轴突传播，直至突触，引发神经递质在突触小体上被释放。

　　如果我们局部测量神经元的电水平，比如说在发出动作电位的轴突顶部，我们能够观察到，动作电位的传播表现为电位迅速达到正值，然后又马上跌至负值。整个上升 – 下降的过程不到 1 毫秒。稍后，同样的现象在轴突稍远的位置上再次出现，循环往复，和波浪一模一样。如果你觉得想象这个画面有点困难，那就想一下，当你向池塘中心丢一颗石子，水面上泛起层层波纹。这些波纹需要一定的时间才能到达池塘边缘。同样的道理，动作电位需要一定的时间才能到达轴突尽头的突触小体——差不多 0.01 秒跑完几厘米的距离。如果你观察漂浮在水面上的一小片叶子，你就会看到它随着波纹以更快的节奏上上下下。每一次上 – 下都对应于局部测量到的电位的上升和下降。这一连串波纹就像一列火车，而每一个波浪就像一节车厢。

　　动作电位也是一节车厢。一个神经元可以对一种刺激做出反应，产生一个独一无二的动作电位——等同于一个孤零零的小波浪，或者一列动作

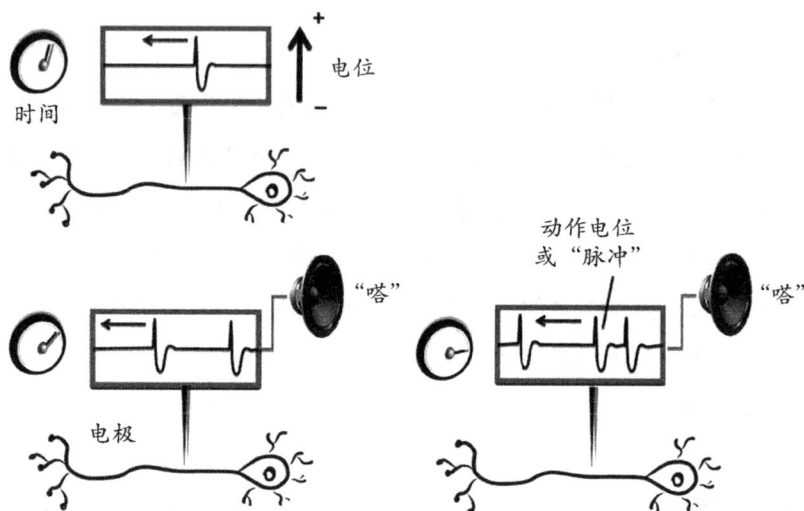

图 2.5　动作电位

离神经元最近的一个微电极记录了动作电位通过时在局部产生的电位变化。这幅图展示了连续 3 个动作电位，或者"脉冲"通过时的画面。每条轨迹表示每 20 毫秒期间针尖测量到的电位的变化。每个脉冲都像波浪一样，从细胞体出发，沿着轴突传播。如果转化为声音，那么每个动作电位通过时都会发出它特有的"嗒"的一声。

电位火车。如果这些动作电位按照相同的节奏一个跟着一个，像石子激起的波纹似的，我们就说神经元在振荡，和水面一样。振荡的频率是神经元按这个节奏在 1 秒钟之内产生的动作电位的数量。频率以赫兹为单位。我们说一个神经元以 40 赫兹的频率放电，也就是说这个神经元每秒产生 40 个动作电位——如同 40 节首尾相连的车厢。这并不是说这个神经元就是发出了 40 个动作电位：40 赫兹的振荡也可能意味着 0.1 秒有 4 个动作电位。重要的是节奏，而非持续时间。我得强调一下，神经元振荡的能力在大脑运行中扮演了重要角色，尤其是跟注意有关的功能。此外，神经元经

聆听神经元

电生理学家通常以曲线的形式呈现神经元电位的变化，横坐标为时间，电位按序排列。在这些轨迹中，动作电位就像一个个小尖，脉冲（spike）的名字由此而来——这个单词在英语里既指小尖，又指排球里的扣球，这有助于我们了解这类事件的惊心动魄之处。每个电生理学实验室里都有的简单的电设备，能够把神经元的电活动转化为声音。电位持续的变化产生了轻微的滋滋声，而动作电位发出了清晰可辨的"嗒"的一声。因此我们可以"听"神经元按照这样的节奏互相交流：嗒……嗒……嗒……嗒嗒……嗒。

常一起同步振荡，就好像它们达成协议，同时生产动作电位。这就是神经元共振，我们之后还要讨论这个现象。

神经元在发出每个动作电位之后，都会有一段用于休息的不应期，这从理论上限制了它发电的频率。休息时间大约2毫秒。即便如此，如果刺激它的神经元都是兴奋性的，一个神经元每秒还是可以发出几百个动作电位：去极化、放电、等待，然后再次去极化、放电，继续下去。但实际上，大部分神经元放电的频率远没有这么高，因为它还要受到抑制性影响。

动作电位通过整个轴突之后到达突触小体，促使神经递质被释放到突触间隙中。这些神经递质穿过间隙，到达位于下一个神经元树突上的受体，附着在受体上，引起离子通道的开放和目标神经元的去极化或超极化。如果目标神经元的电位超越了某个界限，这个神经元就会产生动作电位，沿轴突传播，周而复始。

电和化学这两种传播途径交替进行，有点像观察信号烟的印第安人。

35

第一个印第安人趴在峡谷边，看到了远处的信号烟；他跳上马，飞奔至下一个峡谷边。他一到那儿就点起火，发出新的信号烟。第二个印第安人从峡谷另一边看到了信号烟，跳上他的马，依次类推……和印第安人一样，神经元主要使用两种方式在大脑内部传递信号，沿轴突的电传播途径如同骑马奔驰，而穿越突触间隙的化学传播就像发出信号烟。

实际上，每个印第安人并非只看到一个信号烟，这里有 10 000 个印第安人点燃的 10 000 个信号烟，有些信号意味着："一切顺利，没有什么值得报告的，什么都不用做。"有些则是："当心，骑兵来了，赶紧发出警报。"前一种信号明显是抑制性的，而后一种是兴奋性的。当一个印第安人接收到同样数量的兴奋性和抑制性信号，他就不清楚应该怎么办了，只好待在原地；如果兴奋性信号烟的比例不断增长，直至超过某个限度，这个印第安人就会坐立不安，决定发出警报。于是他跳上马，去送出自己的信号烟。

大脑的节律

我们可以用不同的方法把神经元互相连接起来，这样就得到了各种各样有趣的回路。比如说，把一个神经元的轴突（树干）和另一个神经元的树突（树枝）连在一起，根据神经元是互相抑制还是互相刺激，你将得到完全不同的回路。如果两个神经元都是兴奋性的，那结果没多大意思：两个神经元互相刺激，直到对方达到最高放电频率，动作电位一个接一个地鱼贯而出。如果一个神经元是抑制性的，而另一个是兴奋性的，结果就有趣多了：兴奋性神经元越活跃，就越能激活抑制性神经元；抑制性神经元越活跃，就越能抑制兴奋性神经元，兴奋性神经元也就越没有活力。所以兴奋性神经元越活跃，它就越不活跃。你还跟得上吗？奶酪越多，奶酪上的洞就越多；洞越多，奶酪

就越少。这两个神经元组成的系统在两种状态之间波动。一个神经元
的激活水平要过一段时间才会作用于另一个神经元。这一短暂的延迟
决定了波动的频率，延迟时间越长，波动的频率就越低。

所以，大脑很容易就能产生不同频率的波动。德国人汉斯·贝尔
格发现了这一点，他是全世界第一个测量人类大脑电活动的人。贝尔
格在 20 世纪 20 年代把一个电极贴在了他家园丁的儿子的脑袋上，希
望借此发现心灵遥感、思想传输的机制。他在这方面失败了，却发现
了 10 赫兹的明显波动。这一波动被立即命名为 α 节律。这是人类大
脑中第一个被发现的节律，之后人们又发现了 20 赫兹左右的 β 节律
和 40 赫兹左右的 γ 节律。这两个节律在注意中扮演着重要角色。贝
尔格还发明了脑电图描记法（EEG），这一技术至今仍广泛应用于测
量人类大脑活动。

认知神经科学

认知神经科学试图弄明白神经元的集体活动是如何使人类大脑感知世
界并采取行动的，健康的人能够轻松地做到，而大脑发生病变或患有神经
疾病的人会遇到一些困难。

为此，研究者们从几个不同的层面研究大脑。每个水平、每个层面都
值得关注；这是大脑星球的比喻告诉我们的：在大脑的相关研究中，没有
哪个层级有优先权。有些人对布罗德曼分区以及它们的功能、互动等感兴
趣，这好比"地缘政治"层级，与星球上的势力均衡有关。另外一些研究
者对神经元和突触感兴趣，这是个人的层级。每个人根据设定的层级采用
千差万别的技术手段，以自己的方式去理解大脑。所以，认知神经科学按
研究层级可以被分为若干领域，各领域分别展开，互为补充。

从广义上研究人类行为

研究行为并非仅仅意味着研究胳膊活动时肌肉的收缩。认知神经科学关注的是广义上的行为，试图弄清楚为什么大脑会优先选择一种动作而不是另一种。当研究者要求被试记住6个字母D、C、M、K、P和B时，他尝试着去理解大脑是怎么做到在几秒钟之后忠实地再现每个字母的。他感兴趣的不是发出6个字母的音，而是使大脑能够记住这6个字母并精确发音的神经机制。通过多次重复这一试验，并仔细测量被试在记住或没记住时其大脑活动的变化，研究者能够定位那些记忆效果不理想时不够活跃的大脑区域。在纯粹的描述性层面上，研究者就这样在大脑活动和个人的运动行为之间建立起对应关系，即使研究者实际上关注的是记忆或记忆在注意的参与下发生的变化。

不管立足于哪个层级，认知神经科学研究者都试图在大脑活动或组织和身体行为之间建立起对应关系。在大多数情况下，身体行为指的是运动行为，也就是所有使用肌肉的身体现象，包括说话。但它也可以指其他形式的身体反应，比如荷尔蒙被释放到某些器官中。不管怎样，每一个稳定且可重复出现的对应关系都会以文章的形式发表在该领域的专业杂志上。

记忆和注意既不是行为，也不是神经元活动，而是我们所说的认知能力或功能。因此，认知神经科学引入了3种描述层面：行为层面、神经元层面和认知层面，每个层面都有与之相对应的描述。对于上面框里提到的实验，行为性描述会这么记录：被试走进实验室，读了列表中的6个字母，大声复述出来，不时会犯几个错误。神经元性描述则会记录：额下回的某些神经元在被试阅读和复述时加快了释放动作电位的频率。最后，认知性描述记录的是对6个字母的视觉分析、识别和记忆编码的整个过程，这一过程受注意的影响。接下来是该信息的工作记忆维持阶段,最终是回忆起这条信息并转化为发音动作的阶段……大功告成!

"认知神经科学"得名于该学科的一大特点:在认知层面上,把神经元活动和行为结合起来。并非所有的神经科学都与认知有关。一些神经生物学家用毕生心血来研究控制神经元活动的生物机制,丝毫不关心这些机制对认知功能的重要性。而认知神经科学研究者的与众不同之处在于,他想要理解认知功能。他有两个任务,首先是把观察到的行为转化为认知术语——记忆、注意转移、心理成像、动作程序等,然后是把每个认知过程和他测量到的神经元活动的变化联系起来。

在这三个层面中,只有神经元层面和行为层面能够以客观的方式测量,这构成了认知神经科学最主要的困难,或者说它的特色。我们可以测量神经元的电活动,以微伏为单位,或者记录被试正确复述的字母个数,但我们无法观察,更无法直接测量记忆和注意。我们只能测量它们对行为产生的结果。所以,必须根据行为构建出被试为实现这一行为而采用的一系列认知过程。

• 设计一个实验——认知心理学

根据行为构建认知过程是认知心理学的一大任务。[2]对认知心理学来说,每一个行为,从念出屏幕上的单词到驾驶汽车,都是一些简单的心理过程互动的产物。这些心理过程能够被分解,在实验室里分别进行研究。这门学科的关键之处在于,这些简单的元素可以像乐高积木一样,搭建起复杂行为涉及的心理过程模型。认知心理学家的主要工作就是用心理活动的基础零件搭建模型,以解释他观察到的行为。因此,认知心理学成为认知神经科学最重要的学科,并且在注意的研究中居于绝对的核心地位。

认知心理学家和其他人没什么不同,只不过他总是不由自主地分解日常生活中每个行为背后的心理活动,就像一个厨师努力猜测你往咖喱鸡里放了什么原料——这里边有一些记忆，有点注意转移，可能还有点心理成像。他们最喜欢的事情就是发明一些游戏让人们来玩，同时测量人们行为中一切能被测量的东西，如做事情需要的时间、犯错误的个数，等等。认知心理学实验跟游戏十分相似，有时会原封不动地以社交游戏或电子游戏的形式出现。不过，认知神经科学的实验可不是儿戏，为研究注意而设计的精妙实验也并非人人都知道。一个好的实验应该单独操控一个简单的认知过程——比如说视觉注意转移，它通常与视线转移、听觉注意转移等过程交织在一起。这一传统的科学研究方法被称为**控制变量法**——实验员改变一个参数，然后仔细测量结果。就像笑话里讲的，实验员切掉了青蛙的腿，对它喊："跳！"青蛙一动不动，于是实验员得出结论：青蛙的听觉器官在腿上。在这里，"操控"意味着"改变"：改变扔一枚硬币的高度，然后测量每次的下落时间，实验员就可以由此推出与重力有关的法则。认知心理学采用的方法与此相似。

因此，设计一个实验需要经过反复思考，以便这个实验只操控我们希望研究的那个心理过程。希望研究注意的实验员首先要发散思维，想出一个必须用到注意的游戏。这其实不难，因为每一项日常活动都要用到注意。但实验员还得想出一个实验变量：这个新实验能引起完全相同的一系列认知活动，但其中只有作为研究对象的认知活动发生了改变，或被尽量抑制；同时，新实验不会引起其他任何心理活动的变化。所以他需要设计另一个游戏，几乎跟之前的游戏一模一样，但新游戏要让被试要么不那么专注，要么注意其他地方。在认知神经科学中，一开始的实验变量被称为**控制条件**。主试会测量被试在主要任务中和在控制条件下的大脑活动，通过比较二者得出结论："其他所有条件都一样"，一种行为——这里是注意——会伴随着大脑某种活动的变化而变化。

必须指出，定义一个严格的控制条件十分困难，因为外行人经常不能很好地理解为什么实验室里的实验看似过于简单，不切合实际，也没什么远大的目标。研究人员为什么对一个只需要注视屏幕上出现圆形图案的行为感兴趣？为什么不研究车速 300 千米 / 小时的一级方程式赛车手？或者研究网球冠军在决胜局面对不友好观众时的注意？这正是因为，在上述情况中，除了相关特殊类型的注意和具体场景涉及的特定认知过程，很难设计一个严格的控制条件，能够引起**完全一样**的认知过程。所以通常来说，实验室里的实验只研究一连串界定清晰的认知过程，每个认知过程都能被独立操控。如果你认为自己发现了一个可以研究注意力的绝佳实验，那我在这里先提醒你一句，即使是数独这样的游戏都有着一个非常复杂的认知情景，很难在实验室里进行准确的研究。

控制强迫症

使用控制条件的想法并非来自认知心理学。它是科学推理的基础之一，甚至最简单的推理也要用到它。如果我想知道自己脚疼是不是由新鞋导致的，那我就会穿上旧鞋子看看脚是否还疼。如果不疼了，我就会得出结论："其他所有条件都一样"，我穿旧鞋时脚没有那么疼。于是我就会推导出问题的根源在于我的新鞋。正如我们能够预料的那样，一个实验是否被"严格控制"，也就是说控制条件是否能跟主条件一样，会引起除研究对象之外的一系列相同的心理活动，这个问题永远会在实验室会议上引发激烈的争论。由于控制条件不够完善而被顶尖科学杂志拒绝登载的文章数不胜数，伤透了耗费数月时间钻研课题的研究者的心。不过这么严格是对的。如果我穿新鞋的那天比平时多走了 50 千米，那我就无法知道脚疼是因为穿了新鞋，还是因为不习惯走那么远的路。所以，在有可比性的情景之间进行比较非常重要。

• 出故障的大脑

你也许已经明白，在认知神经科学的研究里，大部分的思考集中于认知部分，以便得到一个设计精妙、严格控制的实验。接下来，"神经科学"部分关注的则是完成实验的被试的大脑。如果"其他所有条件都一样"，研究者就会观察到注意力的变化伴随着大脑某个区域活动而变化，他会试着把这两者联系起来，同时谨记"相关性不等于因果性"这条古老的格言。这句格言的意思是：一种联系，即使是经常出现的，也无法证明生物现象和认知现象之间存在因果关系。不能因为被切掉腿的青蛙不能跳了，就认为它聋了。

最早开始思考大脑和认知之间的关系的人是医生，他们发现某些大脑病变和特定的认知障碍有关。从不断积累的观察中诞生了一门新的科学——临床神经心理学，它关注的是大脑病变或病理对认知功能产生的影响。1861 年，法国人保罗·布洛卡发现左额叶病变会导致失语症，这通常被认为是现代临床神经心理学的发源。有一天，一位姓勒波尔涅的先生来到布洛卡的诊所，他除了"tan"这个发音之外什么都不会说，于是布洛卡管他叫 Tan 先生。Tan 先生自然死亡后，布洛卡解剖了他的大脑，发现其左下额叶回严重受损。为了纪念布洛卡的杰出贡献，Tan 先生受损的脑区就被称为**布洛卡区**。只有很少的神经学家有幸以自己的名字命名一个脑区，而布洛卡是第一位。很快地，另一个医生也加入其中。这就是德国人卡尔·威尔尼克，他在几年之后通过类似的手段辨认出一个跟语言理解息息相关的脑区，它位于颞叶和顶叶的交界处，名为**威尔尼克区**（参见图 2.6）。继布洛卡和威尔尼克之后，一代代神经心理学家全心扑在相关研究上。他们虽然没能把名字留在脑区上，却总是提出同样的问题："病人的行为和健康人的行为有什么区别？""病人在哪些任务上表现得不如正常人，或者跟正常人不一样？""受到损害的认知功能有哪些？"多年来，脑损伤病人经历了各种人们能想到的最奇特的实验，有些实验是医生灵机一动，在几天之内想出来的。

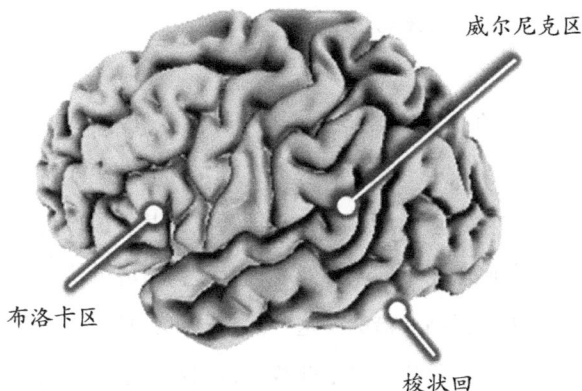

图 2.6 布洛卡区、威尔尼克区和梭状回

神经心理学家的思考建立在跟病人及其家属一系列的交流，以及实验结果的基础之上。这个病人无法安静地坐着，那个病人总想把面前的所有物品抢到手中，对神经心理学家来说，这些症状都有助于他展开调查。只有当医生最终判断出种种症状有何共同点，以及病人未能完成的任务都涉及哪些认知过程，调查才算取得成果。于是，神经心理学家的思考便自然而然地由表现为症状的行为层面进展到认知层面，因为神经心理学家的最终目的就是辨认出大脑损伤会影响哪一种或哪些特定的认知过程。

当右侧占上风

某些特定的大脑损伤会对注意产生影响。很多右侧顶叶后部受损的病人会忽视左侧视野，甚至"忘记"它的存在。[3]这些病人并不是真的看不见，他们能看到左手边的某些物品，但不会对此加以任何注意。忽视左侧视野的病人可能会忘记刮一侧的胡子，或者忘记吃盘子左侧的食物。顶叶其他部位受损可能会导致病人无法同时看到两个物体，巴林综合征患者就是如此，我们之后还会提到。神经心理学家把这些障碍视作注意功能紊乱。

Tan 先生之后的病人就幸运多了。今天，再也不需要"打开头盖骨"才能检查病人的大脑。磁共振成像技术（MRI）能够 3D 显示任何人的大脑，被检查者只需在超强磁场中待几分钟。以磁共振成像为代表的神经成像技术的发明，彻底改变了临床神经心理学，被研究的病人数量和解剖学观察的精确度都大大提高。借助于这些高超技术，神经心理学家能够比较在大批病人身上观察到的症状，由此找出认知和解剖两方面的共同点（参见图 2.7）。多亏了科技进步，如今，研究者们和临床医生们掌握了十分完备的数据库，把大脑损伤和认知缺陷联系起来，每一个脑区都能以神经心理学家或磁共振成像机器牌子命名！

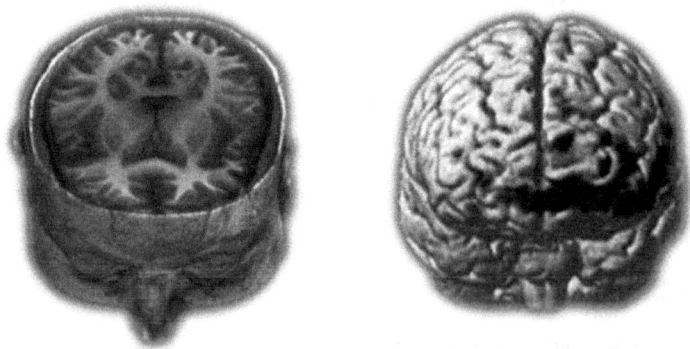

图 2.7　如今，磁共振成像能够非常清晰地显示大脑和大脑活动

　　大量的观察证实了布洛卡和威尔尼克的预感：大多数脑区都专门承担某个功能，我们称这种组织方式为"功能分离原则"。"物以类聚"：参与同一个认知过程的神经元通常位于大脑的同一个区域，彼此离得很近，这也许是为了更好地互动。正是因为这样一个原则，我们才能大体上说出大部分布罗德曼分区"是做什么的"。

　　这种组织方式也有缺点。在一些公司，董事长和副董事长从不搭乘同一架飞机出行，这是为了万一发生空难，总能有幸存者。很不幸，承担同一个功能的神经元总是一起出行，一个挨着另一个。如果一个神经元与人脸识别有关，那么很可能它周围的神经元也负责人脸识别。只要这个部分被毁掉，大脑就再也无法识别人脸了。这也就是我们说的"脸盲症"。患者受损的部位通常是颞叶底部一个梭状的脑回，即**梭状回**（参见图2.6）。

　　功能分离原则使我们可以根据脑区承担的功能为它们命名。因此，梭状回中对人脸识别不可或缺的区域被称为"梭状回面孔区"（fusiform face area）；同样位于梭状回，负责字词识别的区域被称为"文字识别区域"（word form area）。**运动皮质**指的则是位于额叶中央沟前面的一大块垂直皮质，也就是当我们不想戴墨镜而把它推到头上的那个位置。运动皮质的功能是调动身体上的肌肉，通过次一级的特定区域控制手、脚和其他身体部位。大脑中不存在一个专门的"注意脑区"，尽管在前面我们已经看到，某些区域的损伤会引起明显的注意缺失。

• 在时间和空间中，观看大脑运转

　　多亏了磁共振成像技术，现在我们不仅能够看到大脑的形状，还能看到大脑的活动，再也不用打开头盖骨了——这种磁共振成像被称为功能性磁共振成像（fMRI）。功能性磁共振成像观察到的大脑由上千块几毫米大小的乐高积木组成，这些积木被称为**三维像素**。功能性磁共振成像能够测量三维像素的耗氧量。由于神经元活动时需要氧气，当一个人忙于做某事时——认真地读书或想象自己正在打网球，功能性磁共振成像能够准确识别活动增多或减少的脑区。由此可见，功能性磁共振成像提供的是大脑活动的三维地图。

如今，通过比较每个三维像素在认知任务和控制条件两种情况下的耗氧量，我们对与某项认知过程相关的大脑区域的定位能够精确到几毫米。如果你见到过带有彩色小点的大脑图像，那很有可能就是功能性磁共振成像。不过也有可能是正电子发射断层扫描技术（PET）。这种技术不及功能性磁共振成像精确，但也非常有用。它能给出反映其他标准的地图，如血流量、葡萄糖消耗量或者某些神经递质的浓度。

功能性磁共振成像和正电子发射断层扫描速度比较慢，这是它们唯一的不便之处：前者需要好几秒钟才能测量整个大脑的活动，而后者需要几十秒。这两种技术也不是直接测量神经元的活动，它们只能测量这种活动的结果，而结果总有延迟。举个例子，功能性磁共振成像对血红蛋白运送给神经元的氧量十分敏感。当神经元被激活后，血红蛋白会为神经元供氧。由于神经元补充氧量总是在被激活之后——差不多1秒钟——功能性磁共振成像永远无法实时测量大脑的活动。功能性磁共振成像和正电子发射断层扫描白白提供了精准的图像，它们不够快，无法真正体会到大脑运转的速度。想想吧，用不了1/4秒大脑就能识别一张面孔，神经元每2毫秒就能释放一个动作电位！如果每秒25张图像就能展示一场足球比赛，那么至少每秒1000张图像才能跟上神经元的比赛。使用这两种成像技术研究大脑如何识别人脸，就相当于在总结足球比赛时仅仅给出球队人员构成。这条信息很有趣，但不足以让人了解球赛。这两种成像技术的主要作用是指出"谁在哪支队伍里踢哪个位置"，也就是说，每个认知功能由哪些脑区参与。但为了研究大脑如何运转，研究者们就得用到其他时间精度极高的大脑活动测量手段。

只需在神经元附近植入一个微小的金属导体，我们就能实时测量大脑的电活动。这个微电极一旦和外部记录系统相连，就能直接追踪这个神经元和它周围神经元的电反应。某些更复杂的设备甚至能够测量细胞内的电位，也就是神经元内部的电位。这些精度极高的记录能够侦测出神经元发出动作电位的准确时刻；这是我们能想象到的最精确的测量手段，不管在时间上还是空间上……不过，这项技术目前只能应用于动物。谁会愿意在自己的大脑里插满电极呢？除非是为了治疗，否则没有人愿意。于是，电生理学家使用这些电极研究了多种动物的大脑，这些成果最终会帮助人们更好地理解人类大脑的运转。当然了，动物实验总会有伦理问题，但不可否认，我们关于大脑运行的绝大部分知识来自动物研究。

除了个别的临床案例，没有任何技术能够以无创伤的方式，也就是说不需要做外科手术的情况下，在毫秒和毫米的级别上测量人类大脑的活动。然而，一个粘在头部表面的电极能够测量到神经元释放电信号的每一

脑袋上的电极

在**神经穿刺**流行之前，几乎没有人同意让别人打开自己的头盖骨，放进电极。然而，每年都有几百名患有神经性疾病（如帕金森病或癫痫）的病人选择这样做。如果任何药物治疗都不起作用，癫痫病人就会采用在大脑中植入电极的方法。电极被直接植入病人的大脑中，能够定位引起病症、需要切除的神经元群。在这些病人身上，人类大脑的活动在极高的空间精度和时间精度上被记录下来，可以精确到毫米和毫秒级别。这项技术被逐渐运用到认知心理学任务中，以便研究相关的神经元活动。[4]

毫秒。这项技术就是汉斯·贝尔格发明的脑电图，即著名的 EEG。测量的信号来自离子通道附近的离子运动，这些离子会引起正电荷或负电荷聚集在神经元的各个位置上。如果过多正电荷或负电荷同时存在且相距很近，由此会产生"极电子"，进而改变神经元周围的电位。当这一现象同时在几百万个挨在一起的神经元细胞里出现时，电位强烈的变化就能在几厘米之外的头皮处被侦测到。但是，电极测量到的信号对应于神经元平均的电活动，这些数量庞大的神经元分布在大脑皮质几百平方厘米内。所以这种测量是概括性的，无法明确每个特定的神经元的活动。这有点像观看足球比赛时在体育场里听到的喧哗声。你听到的不是每个观众说的话，而是一片嘈杂，但它依然能让你得知哪个队进球了。脑电图测量的就是神经元的嘈杂声，能够实时追踪在大脑里进行的活动。

20 世纪 90 年代起，研究者们拥有了一项新的技术——脑磁图（MEG），用于测量神经元产生的磁场。18 世纪时，丹麦物理学家汉斯·克里斯蒂安·奥斯特注意到，任何电流，也就是说任何电荷的运动，都会产生磁场；因此，神经元周围电荷的运动就会产生微弱的磁场。和脑电图的情形一样，紧紧挨在一起的几百万个神经元同时产生磁场；只要戴上超导量子干涉器（SQUID）[5]，从头部表面就能侦测到汇聚起来的磁场。这个磁场很微弱，只有普通磁场的百万分之一，但只要让被试进入屏蔽室，坐在类似于巨大的液氦冷却吹风机底下，这个磁场就能被侦测到。脑磁图比脑电图在空间定位上更为精准，但设备的价格也昂贵得多；要不是因为这一点，它可能早就在大多数实验室里取代脑电图了。

总结一下，功能性磁共振成像、正电子发射断层扫描、脑电图和脑磁图是 4 种主要的测量人类大脑活动的技术。前两种技术用于了解在一项认知活动中，最活跃的大脑区域**在哪里**；后两种用于弄明白**什么时候**这些区域被激活。遗憾的是，目前没有任何一项无创伤技术能够同时回答"在哪里"和"什么时候"的问题，这也就是为什么本书经常会提到在动物身上进行的研究，或者与癫痫症患者合作，将其脑内电极记录下来。

● 一门全新的科学

至此，我们对当今认知神经科学的回顾告一段落。你肯定已经明白了，在研究注意时任何技术和任何方法都是平等的。我们应该在多个层面上通过各种互相补充的学科研究注意。研究者们可以通过各种方法在各种水平上研究注意的机制，从离子通道到大脑左右半球，从 0.1 毫秒到几分钟。尽管技术多样，但认知神经科学其实并不复杂。这门科学还很年轻，与物理、数学这样的学科比起来，目前还相对"简单"。进入实验室的学生通常在不到几个月的时间里就能掌握相关的概念和技术，进而设计具有原创性、有趣的实验。所以，请记住这个原则：大脑里发生的事情其实都很简单。你现在知道的已经很多了，足以讨论与注意有关的问题。

注释

[1] Cheng W. F., Collet H., *Ah! Le printemps, le printemps, ah! Ah! Le printemps. Haikus de printemps*, Millemont, Moudarren, 1991, p. 46.

[2] Neisser U., *Cognitive Psychology*, New York, Appleton-Century Crofts, 1967.

[3] Milner A. D. et col., *The Cognitive and Neural Bases of Spatial Neglect,* Oxford, Oxford University Press, 2002.

[4] 本书援引了若干此类型的记录，因为作者经常采用该项技术。

[5] 超导量子干涉器：借助于超导电性测量极其微弱的磁场的设备。

03

注意有什么用？

> 在柳树下，
>
> 两三头牛
>
> 等待着船。
>
> ——正冈子规 [1]

从 19 世纪下半叶起，注意就成为了实验心理学的一大重要主题。然而，当时的研究方法还不够严密，无法得出令人信服的科学结论。根据所谓"扶手椅"心理学① 的原则，詹姆斯和他的同代人参考当时研究精神所使用的主要技术，试图首先通过内省的能力来理解注意。这种方法乍看之下非常合理，但它把心理学引向了死胡同。由于缺乏能够在不同的实验室里进行验证的客观观察，内省心理学家们陷入无意义的争辩中："我觉得……""我清晰地感觉到……" [2]

我们之前已经说过，内省主义最终让位于追求具体、客观和可测量的行为主义。由于注意具有突出的主观性，它在这场变革中变得过时了，而言语等外在表现更为明显的心理活动流行起来。然而，即使只是出于实用

---

① 又称理论心理学，不采用实证方法，而是通过多种理论思维的方式对心理学现象进行探索。理论心理学家宣称不用离开椅子就能解决问题。

——译者注

性考虑，实验心理学为了理解注意对表现的影响，也无法长期忽视对注意的深入研究。英国军人对这种影响尤其感兴趣，他们在第二次世界大战期间交给顶级心理学家们一项棘手的任务：研究并改善负责长时间监视雷达屏幕的操作员的表现。此时已经不是哲学争论的时代了。要完成这一任务，就必须仔细地研究注意。诺曼·麦克沃斯等研究者发明了人类历史上最无聊的实验：比如盯着座钟两个小时，察觉出秒针极细微的加速。[3]人们不仅发现了人类的警觉性是有限的，还发现了研究注意的新方法。一些心理学家在完成研究雷达相关的军事任务之后，重拾对注意的调查，下决心就这一主题开展实验研究。其中，爱德华·柯林·彻里考察了鸡尾酒会，然后提出了选择性注意的概念。鸡尾酒会这一场合可比雷达监控室轻松多了，宾客们手握酒杯，三三两两愉快地交谈着（参见图 3.1）。

"鸡尾酒会"效应

在鸡尾酒会上，一位优雅的女士似乎正在听她的同伴吐苦水。她频频点头，让人觉得她听得很认真，然而实际上并非如此：她身后的两个人正在谈论一本她刚刚读完的小说，她其实是在专注地听他们说话。这就是彻里感兴趣的"鸡尾酒会"效应：人人都可以巧妙地"离开"一段对话，去听旁边的人在说什么。在嘈杂的鸡尾酒会上，这位女士的大脑把好几个声音汇聚成**声流**，声音流之于听觉就相当于物体之于视觉。这些声音流通常包括来自同一地点或在时间上同步的好几种声音，比如一个人或一组人的说话声，像合唱队一样分为不同声部。"鸡尾酒会"效应说明每位宾客的大脑都能暂时优先处理其中一种声音流，之后如有必要可以换成其他声音流。

图 3.1 "鸡尾酒会"效应

在酒会上，这位年轻女士可以任意把注意力转向周围人的对话，同时不让同伴发现她已经没有在听他说话了。

彻里注意到，在这些晚会上，人们可以巧妙地转移自己的注意，在整个房间里的不同对话之间"切换"。彻里开始在实验室里重现这一效应，设计了经典的**"双耳分听"**[4]实验，它直到今天仍是最常用的实验情景之一：被试戴着立体声耳机，左耳和右耳会听到两个不同的声音信号，任务是听其中一个（参见图 3.2）。在这个实验最初的版本里，两边的耳机都会播放一段文章，被试需要边听其中一段边复述。但从这个实验原型可以衍生出无数的变体，不一定要求被试复述他听到的内容，还可以把文章换成音乐或其他声音。这一场景的优点是符合实际；它不仅可以重现"鸡尾酒会"效应，还可以重现"你能把电视声音调低一点吗，我在打电话"效应。双耳分听实验不仅可以研究大脑如何在日常声音环境中优先处理其中的几个声音，还能考察这种选择对被试真正感知到的东西所产生的影响。当有人跟我们说话，而我们没有加以注意时，我们到底听到了什么？

最早的双耳分听实验证实了人人都知道的事实：同时听到两段对话的细节是不可能的，所以鸡尾酒会上的那位女士不再听她的同伴说话了（参见"'鸡尾酒会'效应"）。当实验结束时，被试往往无法说出他没有被要求听的那段文章的内容，除了一些支离破碎的元素，比如几个尤其突出的词汇，或者这段话是男人还是女人念的。这个结果证明了听觉信息选择过程的存在和它的必要性：根据心理学家们命名为**听觉选择性注意**的选择过程，大脑只能处理一部分接收到的信息。双耳分听实验原型定义了这种注意类型，就像波斯纳的实验定义了视觉选择性注意一样。这个定义非常客观，因为它正是来自于观察：两个信息中的一个被好好记住了，另一个却没有。被试觉得自己对听到的两个声音中的一个更加注意，但双耳分听实验没有从这种主观印象出发去定义注意。

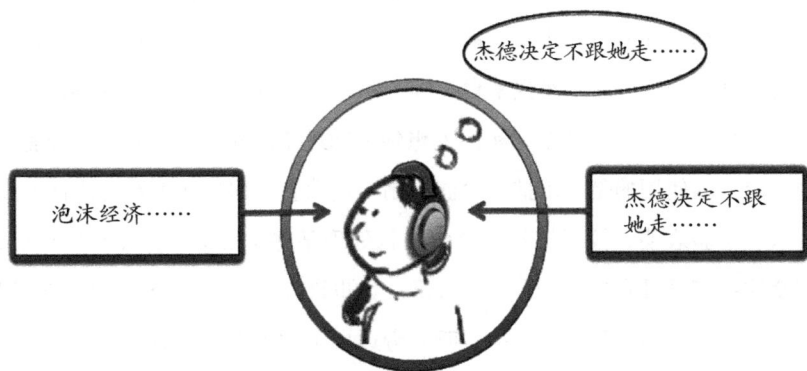

图 3.2 双耳分听实验中用到的实验设备
这名被试应该听左边耳机传来的信息，忽视右边耳机。

注意过滤器

听觉注意的定义使我们能够客观地区分出"追随耳"和"非追随耳"，

53

并且比较大脑处理两只耳朵听到的信息的方式。彻里发现的结果证明了大脑优先处理来自追随耳的声音信息，就好像存在一个过滤器，只允许来自特定来源的信息通过。另一位英国心理学家唐纳德·布罗德本特注意到这种相似性，提出模型，准确地把注意定义为一种感觉信息的过滤系统。[5]这一模型由于符合常理、通俗易懂而迅速走红。过滤，就是让一部分通过，同时阻碍另一部分。夜总会或体育场的入口处会对人群进行过滤，我们会过滤别人打来的电话……对于所有需要面对超出承受能力的机构来说，过滤是一种方便甚至是必要的解决措施。

　　大脑和大型体育或文化活动的安检部门面临着同样的问题。面对无数感觉信号，大脑不可能每一个都处理。所以，优先选择模式是根据简单的物理标准进行的提前过滤，在感觉分析的最初阶段就可以毫不费力地确立这些标准。在听觉情景中，标准主要是声音的频率和空间来源，大脑在听觉皮质最初级的分析水平上就能进行评估。在双耳分听的情景下，只处理来自右耳的信息，完全忽视来自左耳的信息，这就相当于确立的标准。

　　彻里最早的实验结果确实让人想到早期过滤的模式。然而，是否能从中断定大脑使用的是"笨拙"过滤机制？这简直是向如此美丽的器官上泼脏水。实验表明，注意选择系统会另行处理某些重要信号，让它们通过，即使这些信号没有达到所有入场标准。你也许经历过这种场景，你在饭馆里和朋友们热烈地聊着天，突然听到旁边桌子的人提到你的名字。这种情形直接违背了早期过滤器的原则：和你的朋友们一起吃饭时，你的听觉注意就像在彻里的实验里，会优先处理声音空间的某一个区域，在这里指的是和你同桌吃饭的人。如果注意是一个早期过滤器，那你根本不可能听到坐在旁边桌子上的人说出你的名字。这种情景不仅在饭馆里会发生，在实验室里也是：大多数参加双耳分听实验的被试都能注意到他们本该忽视的那一侧念出的自己名字。

早期过滤或后期过滤?

如果说注意是一个过滤器,那么它是哪种过滤器呢?根据选择依据的标准的数量和复杂程度,过滤机制从最简单到最复杂分为多种。我们能想到的最简单的标准就是到达顺序:过滤器让所有信息通过,直到系统饱和……但是,这么一来,它就不是真正的过滤器了。万幸的是,注意不是这样工作的,最简单的过滤器并不总是最好的。反过来说,过于复杂的机制往往反应太慢,想想机场安检处一眼望不到头的队伍就知道了。慢还是快?简单还是复杂?最有效的过滤器是什么样的?让我们以法国网球公开赛这样的体育盛会的入场过滤系统为例。要进入体育场就得佩戴胸卡,原则上所有参赛选手都配有胸卡。这种过滤系统被称为早期过滤,因为安检部门采用的是简单而迅速的标准:只需扫一眼胸卡。但这种早期过滤有时是无效的;特别是在选手忘记佩戴胸卡时,而这很有可能发生。如果公开赛使用严格的早期过滤系统,选手就只能回宾馆拿胸卡了,这样一来,他很可能无法及时到场,失去比赛资格。幸好安检部门通常比较灵活。在大多数情况下,安检人员把管理者叫来就能确认选手的身份,解决问题。这种向管理者求助的程序是一种后期过滤的模式,因为这是在深入考察选手的请求和身份之后才决定让他入场。后期过滤比早期过滤更为智能,它考虑了每种特定情况的特别之处。然而,每天都有成千上万名观众在等着进门,这种特殊对待的过滤机制无法应用于每个人。这就是为什么组织方通常会采用笨拙、麻烦的过滤机制,因为它更适用于数量巨大的场合。

这一观察引发了著名的关于过滤器类型的争论，注意使用的究竟是早期过滤还是后期过滤呢？过滤器在哪里？它参与了感觉处理的哪个阶段？斯坦福大学的戴安娜·德驰和 J. 安东尼·德驰[6]赞成智能的后期过滤器的说法，而布罗德本特则坚持早期过滤器的看法。然而，这两种意见看起来都不大现实：早期过滤器模型无法解释在饭馆中观察到的现象，而后期过滤器模型明显违反了注意选择的理念。如果大脑能够以令人满意的程度处理所有感觉信息，从而辨认出和自己的名字一样复杂的声音，那为什么还要做选择呢？

• 在注意之前：就像香槟瓶塞

为了解决这一矛盾，心理学家们必须在感觉信息的处理中区分出两个阶段，也就是**前注意**阶段和注意阶段。实际上，在注意力还未转向一个声音，或者更宏观地说，一个感觉刺激时，感觉系统就能从中提取大量信息，我们称之为**前注意分析**。大脑可以在不加以注意的情况下做很多事情，特别是自发地决定注意的对象。关于感觉刺激具体意义的其他信息大多逃过了这一处理阶段，只有吸引到注意时才能被提取，除非是在特殊情况下，比如听到自己的名字。如果想争论注意过滤器是早期的还是后期的，得先弄明白在未加以注意时从感觉刺激中提取出来的信息性质。要回答这个问题，就得先回到视觉模型的情景，人们对视觉模型的研究远远多于听觉模型，理解也更深。

根据视觉系统的研究，我们能够确认一些大脑在注意范围之外提取的信息。为了研究这个问题，心理学家们尤其关注视觉搜索，也就是人在周围环境中寻找物体的情景。谁都知道绿叶上的一朵蓝花是多么吸引眼球，从黑色的物体中找出一个红色的物体是多么容易，这种现象被称作**跳出**（pop-out）**效应**（参见图 3.3 和"跳出效应"）。

这一现象吸引了众多研究者。其中,安娜·特瑞斯曼和她的同事盖瑞·格拉德在 20 世纪 90 年代初提出了著名的理论。[7]特瑞斯曼和格拉德认为,跳出效应是因为视觉皮质中存在简单物理特征(比如红色)的侦测系统,从而迅速定位所有符合这一特征的物体。具体来说,这个系统能够同时分析视觉空间的所有区域,找到红色的物体,相当于一张准确标出每个红色物体所在位置的地图。所以,该系统先于注意,能指导注意力的转移——它也就是前注意系统。

图 3.3 两种视觉搜索
在这两张图片中,实验的内容都是尽可能快地找出字母 T。在上图中,搜索花费时间长,因为必须一一扫过字母才能找到目标;这被称为序列搜索。在下图中,字母 T 和其他字母的区别很明显,由于它具有一个简单的物理特征:它就像香槟瓶塞一样跃入眼帘。这就是**跳出**搜索。

为了更好地理解安娜·特瑞斯曼和盖里·格拉德的解释,让我们先来看几条简单的关于视觉系统运行的原则。20 世纪 60 年代,大卫·休伯尔和托斯坦·威泽尔的一系列工作为他们赢得了 1981 年的诺贝尔医学奖。人们由二人的研究成果得知，在初级视觉皮质，也就是来自视网膜的信息到达的 V1 区，神经元关注图像基本的特征，尤其是组成图像的每根线条的朝向。举个例子：当你盯着法语单词 présence 中间的 s 时，你的 V1 区中的某些神经元会因为 s 左边字母 é 上面的闭音符而活跃起来。这些神经元在你视野的这一位置上侦测到指向右上方的小短线。如果出现的是开音符（è），附近的其他神经元将会活跃起来；而它们不喜欢也不负责侦测闭音符的朝向，所以看到闭音符时不会被激活。如果你把目光稍稍移向右边的 e，指出存在闭音符的神经元就会停止活动，因为你在转移视线的同时，也把闭音符移出了神经元那小小的关注区域，我们把这个区域称作**感受野**。闭音符现在位于其他神经元的关注区域中，而这些神经元马上开始活动。在 V1 区，神经元的感受野很小很小：它们只关注极小的一部分视野。

跳出效应

黑色先生只喜欢买黑色的衣服，不料他的妻子刚刚为他买了一副红色的手套。1 月的清晨天寒地冻，黑色先生把自己平时戴的黑手套落在了朋友五彩先生家。他想起了妻子送给他的礼物，于是打开五斗橱寻找红手套。他一眼就发现了红手套，鲜艳的红色在其他黑色衣服组成的背景上十分显眼。他拿起红手套，戴在手上，然后出了门，准备应对朋友和同事们的取笑。

红色手套确实"跃入"了黑色先生的"眼帘"。为了描述这一现象，以英语为母语的研究者们使用了 pop-out 这个表达法，他们认为 pop 这个词能让人联想到香槟瓶塞跳出的声音。这种搜索是几乎瞬间完成的，根本不用加以注意——红手套就像跳出的瓶塞一样显现在抽屉中。

如果你现在盯着 V 这个字母，右边的斜线会激活一小群神经元，后者会优先处理位于注视点右边的向上的斜线；左边的斜线则会激活另外一小群神经元，专门应对位于注视点左边的向下的斜线。于是，这两组神经元同时活动，指出在你的注视点附近有一个 V。这意味着，有一个能够监视两组神经元活动且更复杂的神经元在视野的中心区域充当着 V 的探测器。这个神经元琢磨着："第一组看到了朝左上方的斜线，第二组看到了朝右上方的斜线，所以此刻屏幕这个位置上有一个 V。"实际上，当两组神经元都活跃起来，这个高级的神经元才会被激活，而它的活动就表示存在 V。如图 3.4 所示，这有点像一个盲人在过马路之前问他的两个朋友路上是否有车，一个朋友看左边，另一个看右边；盲人把两条片面的信息结合起来，然后了解整体情况。同样地，视觉系统神经元只能得到来自 V1的片面视觉信息，它们全部的任务就是把这些信息放在一起，推导出更全面的信息。

通过回顾这一组织模式，我们很容易预测存在这样一种神经元：只有当"V 在左边"探测器和"A 在右边"探测器一起活动时，它才会被激活，形成"VA"音节的探测器。理论上，从该组织原则中可以想象出各种各样的探测器，甚至是"VACANCES"（假期）这个法语单词的探测器。还是根据同一原则，我们很容易想象出圆形、方形甚至是红色（某些特定神经元偏好于特定颜色）探测器。所有这些探测器可以毫无困难地同时运行，这么一来，在黑色图形的背景中搜索一个红色的圆，原则上这对视觉系统来说轻而易举：只需要一个红色探测器，专门盯住红色图形出现的区域，一旦红色探测器被激活，就能发现红色图形。这就是**跳出效应**。

特瑞斯曼和格拉德认为，多亏了这个系统，我们才能在一大堆黑袜子中瞬间找出一双红手套。我们的注意马上被红手套吸引过去，注意的转移使我们能在接下来的时间里确认这是手套，而不是一双红袜子。当然了，我们也能同样迅速地找出蓝手套或橘黄色手套，甚至是黑帽子，只要我们搜索的物体在某个简单的维度上（如颜色、大小）和抽屉里的其他物体截然不同。特瑞斯曼和格拉德的理论推广了这种效应，他们假设存在各种各样的探测器，对应每种颜色或一定数量的简单特征，如大小、速度和形状，只要这些特征不过于复杂。我们几乎不需要加以注意，就能很容易地在几个圆中找到一个叉——"OOOOOXOOOO"，或者在静止的物体中找到一个正在运动的物体。

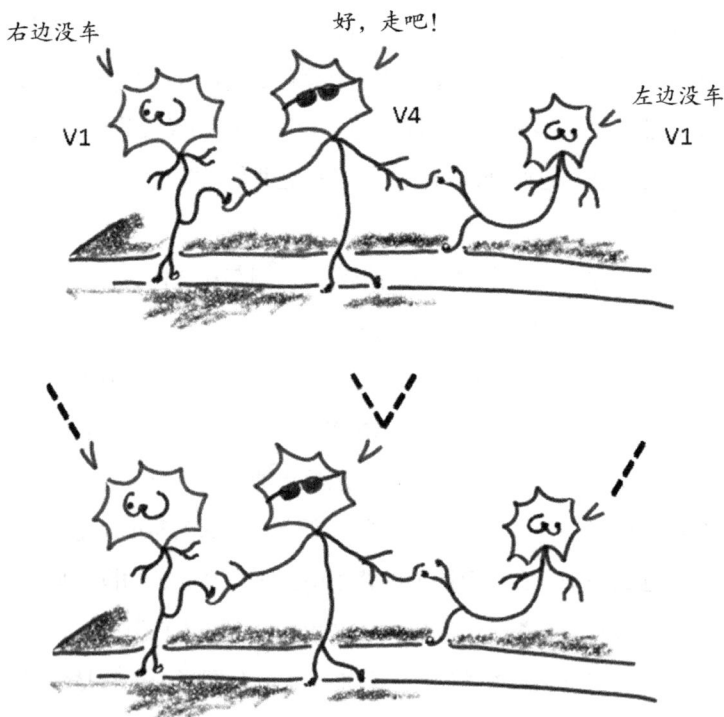

图 3.4　视觉系统中的信息整合

在这幅图中，位于中间的盲人把两个同伴告诉他的信息整合起来，然后推导出更完整的信息。这一整合机制是大脑感知世界的基础之一。

当需要到处搜索时

我们现在来考虑一下五彩先生的处境。黑色先生在出门前打来电话，问五彩先生有没有看到他的黑手套。五彩先生回答说他可能没有留意，把黑手套和他自己的衣物一起收了起来，他这就去找。五彩先生可没有黑色先生那么挑剔，他什么颜色都喜欢，包括黑色。他打开抽屉，发现五颜六色的衣物里有几件是黑色的。手套就在这些黑色衣物里，但没有一下子跳到他眼前。五彩先生一件一件地检查，终于在属于他的黑色衣物里找到了手套。在认知神经科学中，这种对所有物品系统性地依次查找被称为"顺序"搜索或"序列"搜索。在顺序搜索中，人们必须把注意力依次转向每一个物体，直到找出正确答案。孩子们非常喜欢这项活动，《威利在哪里?》系列图书的成功就是证据。在这套书里，读者的任务是找到威利，他戴着圆眼镜，身穿条纹衫，迷失在虚构的背景中。找到威利或黑手套所需的时间与要搜索的物体总数大致成正比：如果五彩先生拥有的黑色衣物的数量是目前的两倍，那他找到黑手套所需的时间也会延长将近一倍；这恰恰说明了这种搜索的序列性。

还有很多其他形式的搜索。如果你走进一间认知神经科学实验室，研究者们不会让你打开装满袜子的抽屉，而是让你看电脑屏幕上由各种颜色的图形构成的画。这些画使他们能够准确地测量被试在一堆红色正方形和黑色的圆中间找到一个红色的圆所花费的时间。他们可以轻松地增加图形的数量，并观察到被试用了更长的时间去寻找目标：红色的圆没有跳入眼帘，这种情况被称作"序列"搜索。在这种简单的情景下，每增加一个物体，搜索时间会延长大约 0.02 秒。这也证明了转移注意比移动视线的效率高得多，因为每秒钟视线只能移动三四次。在实际生活中，搜索时间当然还取决于目标和屏幕上其他图形（我们称之为**分心物**）的相似度。显而易见，如果你要从你的朋友和他的 7 个孪生兄弟中辨认出他的面孔，那可是相当费时间的。

如果说我们需要一个个地看抽屉里的黑色物体，或者一个个地检查屏幕上的图形，才能找到红色的圆，这是因为不存在这样的自动的前注意探测器，它们对应于简单物理特征的**结合**。不管是红色的圆、一双黑手套，还是《威利在哪里？》系列图书的主人公，它们都是一种结合，也就是说，简单物理特征的某种特定组合或合并。形状和颜色的混合最常见：圆 + 红色、手套的形状 + 黑色等。跳出效应无法出现在每一次搜索中，是因为不可能每个搜索目标都有自己的探测器。

尽管如此，大脑里仍有可能存在若干专门对应于复杂结合的探测器，这些结合对人体来说至关重要。比如几大类物品或图像，它们标志着我们附近有人影、面孔、动物或文字。梭状回位于颞叶底部，它的某些神经元只有在我们看到文字时才会被激活，[8]其他神经元则在看到面孔时开始活动。这些神经元的感受野很广，可以在我们没有紧盯着看的情况下侦测到文字或面孔，所以它们能很好地在我们所处的环境中侦测到这些视觉刺激。下次你从一幅广告旁边经过时，你会发现自己的注意和视线将自发地转向广告上的面孔和文字区域。你的大脑能在加以注意之前定位这种刺激。[9]注意力只用于接下来仔细分析刺激。所以，视觉系统拥有这样的神经元，能够以前注意的方式辨认出超越颜色和简单形状的几大视觉分类。不过，在前注意阶段，这些神经元的工作仅限于迅速而粗略的分类；它们跟法语单词"VACANCES"的探测器一点关系也没有。这些神经元也不能准确判断引起自身活动的刺激所处的位置，因为一般来说，它们的感受野非常广阔，比 V1 的神经元广阔多了。

假期太长了！

法语单词"VACANCES"（假期）由 8 个并排在一起的图形组成，即构成单词的 8 个字母；所以单词是一种图形的结合。如果大脑里有专门侦测"VACANCES"一词的神经元，那么也存在专门侦测所有 8 个字母组合（26^8 也就是将近 2500 亿个，其中包括毫无意义的组合，如"XHTFBFHY"）的神经元。侦测所有 8 个字母、7 个字母、6 个字母等组合的神经元数量将大大超过我们大脑实际所拥有的神经元数量。所以，大脑里不存在对应于每一种可能结合的探测器，这不仅指单词这种图形的组合，还尤其指结合了形状、颜色、结构等特征的物体。因此，从数学的角度来说，前注意探测器的系统只能应用于一些简单的特征。

如果某些感觉刺激一直对个体有特殊的重要性，大脑就会在结构上发生变化，以便对它们采取更强烈的反应。一个最经典的例子：当婴儿在两层楼之上、大门紧闭的房间里哭时，妈妈会马上中断谈话。由于无法精确测量年轻妈妈们的大脑活动，乔纳森·弗里茨和他的团队训练了一批白鼬，让它们侦测所处环境中某种频率的声音，就像婴儿呼唤妈妈时那种特定的小声音，然后研究白鼬听觉皮质的变化。[10]研究表明，原本习惯于对更响、更尖的声音做出反应的神经元逐渐改变了它们的偏好，变得更适应需要侦测的频率，这就像负责侦测对白鼬来说最重要的频率的神经元会增加一样。借助这种可塑性，大脑能够对最重要的刺激变得更加敏感。就这样，妈妈们和一些爸爸发展出了对孩子的哭声几乎超自然的敏感性。通过学习，人类大脑能够生成特殊的探测器，它们负责侦测的刺激可能很复杂，但数量很小，并且非常重要。从这一点出发，到猜想听觉皮质会发展出专门侦测自己名字的神经元，只差一步之遥。依靠这种机制，大脑主要采用早期过滤器，根据简单的物理特征挑选出刺激——相当于法国网球公开赛的胸卡和门票检查，然后采用数量有限、更具体的过滤器，让某些更复杂的形式通过——相当于印有选手照片和名字的名单，根据名单，可以让没有胸卡或门票的选手入场。

• 我全部的注意集中在唯一的物体上

由于存在这个系统，我们的大脑能够瞬间在屏幕上找到所有的圆形和所有的红色物体，但找不到**那个**红色的圆形。我们很快就知道，在红色的圆形出现的地方，有一个红色的物体**和**一个圆形，但我们不知道那儿有一个红色的圆形，否则这个红色的圆形会跳入我们的眼帘，而实际上不是这样。这看起来很奇怪，但安娜·特瑞斯曼并不感到吃惊。对她来说，只有当注意被转移到目标上时，对特定结合——"圆形"的形状和"红"颜色——的搜索才能实现。所以，只有当我们注意到时，红色的圆形才是它原原本本的样子。

这一切看起来真的很奇怪。那么，当一个蓝色的正方形和一个红色的圆形处在我们的注意范围之外，十分短暂地出现屏幕上时，我们究竟看到了什么呢？从特瑞斯曼的理论中可以推导出一个奇怪的结论：我们清晰地看到了圆形、正方形、红色和蓝色，但没有看到红色的圆形和蓝色的正方形。尽管这个结论看起来不可思议，但在实验室里观察到的现象就是这样：很多被试都说他们看到了蓝色的圆形和红色的正方形！我们把这种现象称为"虚假的结合"（参见图3.5）。这再次证明了，注意对组合形状和颜色来说必不可少。[11]对应于颜色"红"和"蓝"、形状"正方形"和"圆形"的前注意探测器正确地认出了眼前的这些颜色和形状，但在注意范围之外，这些颜色和形状的组合往往是随意的。而物体就是形状、颜色、结构等特征的组合体。我们由此可以得出一个重要的结论:视觉选择性注意的作用是原原本本地看到物体。我再强调一遍这 4 个字:原原本本。在虚假结合的实验里,我们也看到了屏幕上的带颜色的形状,但我们无法把形状和颜色一一对应起来,感知到两个不同的物体。我们要想原原本本地看到这两个物体,就得集中注意。

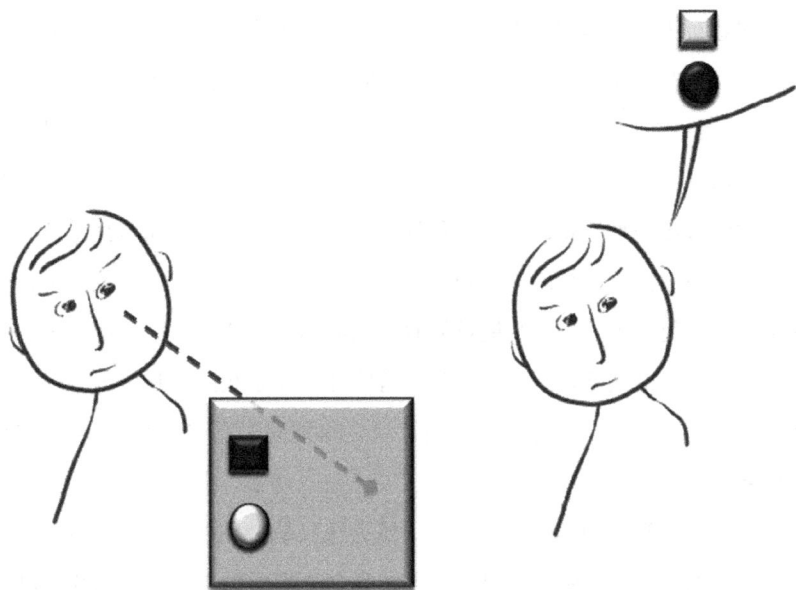

图 3.5　虚假结合现象

这个年轻人在他的注意范围之外看到一个黑色的正方形和一个白色的圆形,这两个图形很快就消失了。过了一会儿,我们问这个年轻人,他回答说看到了一个白色的正方形和一个黑色的圆形。在没有加以注意的情况下,形状 - 颜色的组合出现了错误。

　　这就是视觉选择性注意最重要的功能。波斯纳实验表明,注意能让我们在绿灯亮起或捕食者出现时反应时间提前几十毫秒,可是说到底,这又有什么意义呢？跟肌肉的热身和快速的奔跑比起来，这点时间微不足道。如果注意的作用只是加快我们的反应速度，那我们还不如在进化中锻炼出发达的肌肉。诚然，注意还有利于在低能见度下的视觉搜索，比如雾天或夜幕降临时；不过，除非你是参加比赛的一级方程式赛车手或在雾天里全速前进的飞行员，这一点才有用。视觉性注意的主要功能还是正确地感知并认出物体。[12]

注意对于原原本本地看到物体来说必不可少，这种观点与我们的直觉正相反。我坐在桌前，面对电脑，我清晰地同时感觉到面前有键盘、屏幕、桌子和几把白色的椅子，还有攀爬着植物的墙。我觉得自己同时看到了所有物体，尽管我知道自己不可能同时关注它们之中的每一个。难道这种同时性只是一种幻觉吗？在某种程度上，确实是的。我知道我左边的白色物体是一把椅子，是因为我曾经专注地看着它，明白这是一把椅子，然后我此刻想起来了。所以我能够同时认出面前的这些物体：几把椅子、一张桌子……但这究竟是同时感知到所有物体，还是我的大脑根据储存在记忆中的信息在事后的重建呢？难道让我觉得能同时看到面前所有物体的，只是某种小把戏吗？

目前，认知心理学研究更倾向于认为这只是个小把戏。这些研究值得相信吗？如果同时看到多个物体的印象来自于事后的重建，那么我们可以推论，专门影响这一机制的大脑病变将破除这一幻觉。大脑受损的病人患有一种奇怪的综合征，他们无法同时看到多个物体；病人永远生活在最简单的视觉世界里，全部的注意力集中在唯一的物体上：一个红色的咖啡杯、一把勺子或一张桌子。尽管这种病听起来很荒诞，但它真的存在，被称作**同时性注意力缺失**，指的是无法同时注意两个物体。[13]它是巴林特氏综合征的重要组成部分，后者由双侧的顶叶－枕叶连接处的病变引起（参见图 3.6）。

同时性注意力缺失

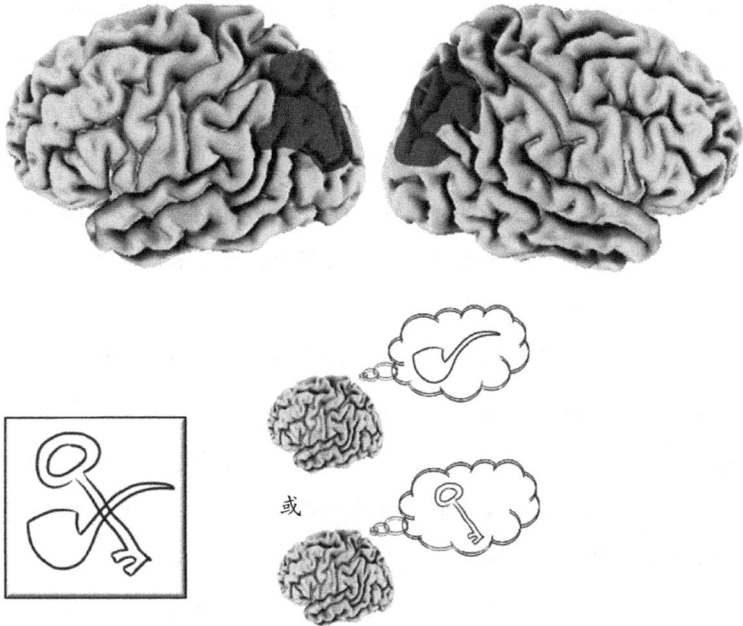

图 3.6 同时性注意力缺失

图上以深色标出的双侧顶叶发生病变之后,部分病人失去了同时看到两个物体的能力。他们或者感知到烟斗,或者感知到钥匙,但永远无法同时看到这两个物体。只是大脑的一个区域受损,病人却失去了整个世界。

同时性注意力缺失提出了一个近乎哲学范畴的问题,并且做出了回答:什么是一个物体?如果医生在纸上画两条平行的竖线,病人无法进行比较并判断哪条线更长。但是,如果医生在两条竖线之间画一条横线,把两条竖线连起来,形成 U 的形状,那么病人就能完成这项任务了。因为这么一来,就只剩一个物体了,病人便能够看到它的全貌。只要把两个物体连接起来就能帮助病人同时看到它们,前提是这种连接确实让人觉得两个物体变成了一个物体。

物体的概念看起来是天生的。如果你拿着一张照片，上面有一艘帆船航行在波涛汹涌的海上，你毫不费力地就能在照片上划分出 3 个区域，分别是船、天空和海。船由船体和帆组成。这一切看起来理所当然。然而，对电脑来说，在同一个场景中区分不同的物体是伟大的成就，也是伤脑筋的难题。船体和帆是两个独立的物体，还是"船"这个物体的组成部分？我们能把每朵浪花看成独立的元素吗？都行。大部分物体可以被视作更基础的物体的组合；反过来说，把不同的物体划分成组，往往可以构成更大的物体。船就是这样，鱼群和鸟群也是。所以，我们似乎可以无休止地争论某种物体是一个物体，还是一组物体。但是，任何患有同时性注意力缺失的病人都会毫不犹豫地判断是"一个"或是"一组"。对大脑来说，结果只有一个。如果几个字母构成一个单词，病人就能同时看到它们。如果一个单词和一张图片词义相关，比如说"狮子"这个单词写在狮子的图上，病人也能同时看到二者。同时性注意力缺失告诉我们，对于大脑来说什么是一个物体；它帮助我们理解什么是**一个**，什么是**两个**。

在一张画着烟斗和钥匙的图片面前，患有同时性注意力缺失的病人要么看到烟斗，要么看到钥匙，但永远无法同时看到这两个物体，即使它们重叠在一起。美国神经学家罗伯特·拉法尔甚至遇到过这样的案例。在测试时，一滴水在图片的某个位置上留下了很小的痕迹。他的病人十分困惑，抱怨连连："医生，我什么东西都看不到了，这个水的痕迹也太让人分心了！"我们很难想象患有同时性注意力缺失的病人过着怎样的生活。当你看到一场足球比赛时，这些病人只能看到一个到处跑的球或一个到处跑的穿着短裤的人。很奇怪吧？

● 注意，一门优雅的射箭艺术

同时性注意力缺失被认为是一种注意力障碍。它凸显了同时注意几个物体时固有的甚至是比较夸张的困难，也说明了注意在感知物体中的重要作用。它还证明了视觉注意首先针对的是物体，而不是空间区域；否则，当烟斗和钥匙重叠在一起时，患有同时性注意力缺失的病人应该能同时看到两者，因为它们处于完全一样的空间位置。所以，注意和物体的概念密不可分，表现在两个方面：注意创造了物体，这指的是对于大脑来说，在把注意转向物体之前，这个物体无法以原本的样子存在；但注意瞄准的也是物体。这似乎是自相矛盾的，如果一个物体只有在注意转向它时才出现在大脑中，那它又如何成为注意的目标呢？一个弓箭手怎么能将箭射向只有射中时才出现的靶子呢？如果在注意范围之外，烟斗和钥匙构成的画面对大脑来说只是一堆线条，那大脑是怎么把注意精确地转向烟斗或钥匙的呢？难道大脑不是应该事先知道，这些线条表现的是两个独立的物体、两个潜在的注意目标吗？这是先有鸡还是先有蛋的问题——是先有物体，然后被选择，还是反过来？这一直是个未解之谜，但研究者们给出了好几种解释。首先，注意可能在第一时间里集中于烟斗 - 钥匙的组合上，然后迅速重新集中在钥匙上：当注意集中在这两个物体所在的区域时，钥匙和烟斗开始互相分离，这使得注意能够选择其一，从而扩大二者的区别。通过迅速地集中于一个图形的过程，物体和注意的目标在同一时刻互相确认。第二种方案认为，在注意转向这两个物体之前时，自动的低水平前注意机制已经区分了二者，只是还没有辨认出来——这么一来就没有问题了。区分先于选择和辨认。可是问题还没有完全得到解决。这场争论比较技术化，但很有趣，表明了注意具有复杂的一面，尤其是当我们关注它在感知物体中扮演的角色时。

• 大猩猩和喷气发动机

如果你在读这本书，那你几乎不可能患有同时性注意力缺失。你也许还不愿意承认自己无法**同时**看到面前的所有物体。这很正常，因为我们总是容易高估视觉系统的能力。好在哈佛大学的丹·西蒙斯和巴黎第五大学的凯文·奥瑞根帮助我们粉碎了幻觉。如果你在网上搜索**变化盲视**这个关键词，你会找到一系列令人吃惊的视频，它们也许能让你更了解这一点。这些视频几乎都遵循同样的规则：屏幕上出现第一张图片，然后短暂黑屏，出现第二张图片；再次黑屏之后，又是第一张图片，循环往复；第一张图，黑屏，第二张图，黑屏，第一张图，黑屏，第二张图，黑屏……这两张图看起来几乎完全一样，大部分人看了几十秒也没能发现有什么不同之处。然而，仔细地按顺序检查图片的每个部分，观众们就会惊讶地发现

图 3.7　翻到下一页，然后再翻回来。你发现两张图有什么不同了吗?

两张图有很明显的区别。一个有名的例子是，两张图片展示的是巨大的机翼，其中一张图片上没有喷气发动机。怎么会看不出喷气发动机不见了呢?（参见图 3.7 和图 3.8。）这个问题其实与注意有关，一旦注意集中在正确的位置上，变化盲视就消失了。只是因为我们对视野边缘看得不够清楚吗? 不是的，当图片变小且位于中心时，变化盲视的现象依然存在。这也许是最让人感到意外的地方，因为在这种情况下，理论上来说，视觉注意是可以涵盖整张图片的。但实际上并非如此，这再一次证明了注意**依次**集中于构成图片的每一个物体上。

有些人批评喷气发动机图片的实验不够贴近现实生活。我们很少看到两张几乎一样的图片迅速交替出现。我记得丹·西蒙斯为了回应这种评

图 3.8　关于变化盲视的航海图
当屏幕上交替出现这张图和上一页的图时，大部分人都看不出它们有什么不同……他们只觉得两张图衔接紧密，依次出现。其实在这张图里，海平面比上一张图里高。

论，在一次会议上放映了一个小短片，展现的是两个人在工地附近聊天。这个片子多少有点怪怪的，因为扛着木板的工人不停地从两个人中间穿过，每次木板都会挡住站在屏幕右边的那个人。除了有点搞笑，这个场景里没有任何不对劲的地方，直到西蒙斯为我们指出，当工人经过时，右边那个被木板挡住的人时不时地会换成不同的演员。在座的任何人都没有发现换人了。

这个神奇的现象再一次揭示了注意范围之外的感知经验是多么贫乏。有些专家甚至假设，我们只能看到我们注意到的东西。这种观点可能有些极端，但很难反驳。怎么能在没有加以注意的情况下，说出我们在注意范围之外看到了什么呢？就像一个火车上的乘客，经过观察，认为所有的铁道路口都是关闭的，我们也许觉得能看到在注意范围之外的东西，而且永远没有办法推翻这种假设。[14]内省法的限制就在于此。这是著名的冰箱里的灯的问题：怎么证明当关上冰箱门，灯就灭了呢？[15]在我们的注意范围之外的世界是什么样的呢？

还没有确切的证据能够证明我们只能看到我们注意到的东西。但是，这一点似乎越来越明显：在视觉注意的有限所及范围之外，世界只是一堆杂乱无章的形状和颜色。只需要一点注意，这些杂乱之物就会焕发新的生机，变成一个个清晰可辨认的物体；不要忘记，我们感知到的视觉世界永远都是大脑的创作，是一件艺术品。为了能够最终说服你，让我们来看最后一个著名的例子，由丹·西蒙斯和克里斯多夫·查布里斯设计，在研究注意的圈子里被称作"看不见的大猩猩实验"。[16]在这个实验里，主试要求被试看一小段视频，视频展现的是 6 个年轻人在玩两个球。其中 3 个人穿白上衣，另外 3 个人穿黑上衣。情节很平淡：穿白上衣的人两两传球，穿黑上衣的人在传另外一个球。被试要做的只是数穿白上衣的人传了多少次球。如果你打算在网上看这段视频，[17]我建议你先看视频，再读接下来的部分。视频持续几十秒,看完之后被试需要回答传球次数,再说一下视频里是否有什么让他感到意外的东西。大多数被试都能正确回答第一个问题,而且不觉得视频里有什么不对劲的。此后,主试再给被试放一遍视频,让他们注意一个特别的事件:在视频放到一半的时候,一个装扮成大猩猩的人穿过人群,朝镜头打了个招呼,然后从另一边出去了。之前没看到大猩猩的被试感到非常震惊,不敢相信:"不可能,这不是之前的视频!"但他很快就会承认,是他自己漏过了大猩猩的出场。当然了,他以后再看这段视频的时候,一定会看到大猩猩的(参见图3.9)。

图3.9 大部分观看西蒙斯的视频的观众没有看到这只著名的大猩猩:它简直就是隐蔽的代名词!

(图片由丹·西蒙斯提供。实验发表于以下文章: Simons D. J., Chabris C. F., "Gorillas in our midst: Sustained inattentional blindness for dynamic events", *Perception*, 1999, 28, p. 1059-1074.)

这个实验的巧妙之处在于让观众数穿白上衣的人传球的次数。由于穿黑上衣的人也在传球，这个实验的难点在于要忽视他们，以便在数数中不分心。因为黑上衣和白上衣明暗对比强烈，这个任务变得比较简单。大脑只需要把注意力集中在浅颜色的图像上，忽视所有深色的元素。于是，身披黑色毛皮的大猩猩就被放逐到注意范围之外了。观众可能看到了一团黑色的物体在移动，但他没有加以注意，事后也不记得了。如果没有注意力的参与，那么通过形状、颜色、动作以及其他物理特征对物体"大猩猩"的重建就不复存在。所以观众无法原原本本地看到大猩猩。更确切地说，他从深色的背景上只分离出了 3 个穿浅色上衣的人和他们传的球，没有看到大猩猩。

● **在没有注意的情况下我们可以有意识，反之亦然？**

前面的例子不仅探讨了注意在感知物体中扮演什么样的角色，也探讨了注意**单纯**在知觉中的作用。尽管对其他感觉方式的研究不及视觉研究透彻，不过之前的内容同样适用于听觉、嗅觉、触觉和味觉，只需要稍作改动。再一次提出问题，我们在注意范围之外究竟看到了什么，感到了什么？我们真的意识到那是什么了吗？就那个像著名的问题：如果没有人在听，森林里倒下的树发出声音了吗？在我们视野左右的图像不是黑色的或灰色的，而是空无一物，是不存在的。根本就没有图像。我们看不到脑袋后面或者鼻子下面的东西。这样就通过否定给出了视觉意识经验的定义——**视觉意识**。如果你一下子失去了所有视觉意识，你面前的场景不会变成黑色，而是不存在了，就像你脑袋后面的虚空一样。剥夺视觉意识不是关上电视，而是转动身体 180 度，背对电视。

我们能在不加以注意的情况下意识到一张图片或一个声音吗？这个问题引起了很多争论。变化盲视的实验会让我们认为，被试在每一个时刻只能看到图片的一部分。不管怎么说，如果被试看到了整张图片，他就应该能看出图上的一个明显的元素消失了，比如机翼上的喷气发动机。如果他没发现喷气发动机不见了，按理说，他根本就没看到它。只有盲人才看不到喷气发动机在眼皮子底下消失了……除非是被试看到了喷气发动机，或者至少看到了一个巨大的灰色物体，然后在下一张图片出现之前的短暂时间里忘记了。

原则上，大脑能够在不加以注意的情况下侦测到图片上突然的亮度变化。如果房间一角的一盏灯突然亮了，你肯定会注意到。在喷气发动机的实验里，两张要比较的图片被黑屏分隔开来；如果没有黑屏，喷气发动机不见了这个事实会一下子跳出来，因为两张图片这个位置的亮度变化很明显。然而，两张图片之间的黑屏模糊了线索，这么一来，整个图片都突然变了。被试的大脑只能通过比较屏幕上的图片和记忆中出现在黑屏之前的图片，才能发现不同。变化盲视的现象不一定说明被试没有看到整张图片；他可能看到了，但没有记住细节。这个实验更多地表明，在注意范围之外，对看到的图片的记忆不够准确，即使这张图片才刚刚消失。

粗线条的视觉世界

下次你坐火车的时候，花一点时间观察一下窗外飞驰而过的景色，然后闭上眼睛。你对刚刚看到的东西还记得什么？几乎什么也不记得了。也许是广告牌上的一张女人的脸，但是除了若干细节，其他的只是总体印象，说英语的心理学家们称之为 gist，也就是整个场景的"要点"：头顶上是灰蓝色的天空，左边可能有几棵树，右边大概是黄色的田野，还有一块下面也许写着字的广告牌。但你忘记了大部分细节，这很正常：只有位于初级视觉皮质 V1 区的神经元——就是能够侦测到法语单词 présence 里的闭音符的那些神经元，处理了这些

75

细节，它们的感受野非常小。然而，这些神经元不负责记住视觉信息；它们做不到，因为它们必须每时每刻保持关注，同时尽可能忠实地展现眼前发生的事情。一个神经元无法既把信息保存在短时记忆里，又对外界做出反应。在神经元的层面上，短时记忆就是神经元活动保持稳定，在记忆期间不停地重复同样的活动，故而在短时间内不再参与对感觉信号的分析。梭状回的神经元能够侦测到广告牌上的人脸，并且暂时离开，因为我们很少会看到持续的新面孔。但是对最微小的视觉细节敏感的初级视觉皮质神经元就不能随意休息了，因为这些细节随着目光每次转移，始终在变化。所以这些神经元无法进行记忆。这是一种恶性循环。对最微小的细节敏感的视觉区域也应该最需要快速适应，因为最常发生变化的恰恰是细节。这就是为什么人们无法记住一个场景的每一个细节，尽管只过去了一瞬间。

因此，有可能存在一种此时此刻的经历，一种在记忆中留不下任何痕迹的意识。对这个问题感兴趣的研究者们把这种意识称作**现象意识**。现象意识是一种"意识镜子"，一种对此时此刻的瞬间反映。我们很容易想到，这种现象意识引起了激烈争论，因为根据它的定义，我们无法用实验来验证它是否存在。好比你早上醒来的时候，觉得夜里没有做梦。怎么能够确定你是不是忘记了做过的梦呢？从实验的角度来看，研究被试是否有意识地感知到一张图片或一个声音，只能通过事后问他是否看到了或者听到了什么东西。答案不一定要说出来；大部分实验只要求被试在觉得看到了什么东西的时候按一下按钮。让我们来看一个**阈下图像**的例子，也许你已经听说过。2000 年，美国总统大选在戈尔和小布什之间展开。共和党想到在电视上播放一则短片，展示艾伯特·戈尔的几张照片。没有人注意到有什么不对的，直到有人慢放短片，发现在这位民主党候选人的照片正中出现了 RATS（老鼠）这个单词，仅持续几十毫秒。当一张图片夹在其他图片之间，在这么短的时间里出现，人类大脑是不可能记住它的，这就是阈下图像的原理。然而，好几个实验已经清晰地表明，这种图像还是被大脑加工了，足以引起一种模糊的情绪——在 RATS 情景里引起的是负面情绪。大脑把这种负面情绪和接下来出现的照片联系在一起，于是观众在看到艾伯特·戈尔时感觉不大舒服，尽管不明白这是为什么。布什的竞选团队使用这种古老的认知心理学把戏，目的就在于此（参见图 3.10）。如果图像只出现不到四五十毫秒的时间，一般来说，它就是阈下图像。如果出现的时间更长一些，观众就能看到并记住图像，根据被试宣称看到或没看到图像，这时比较大脑的活动更方便。

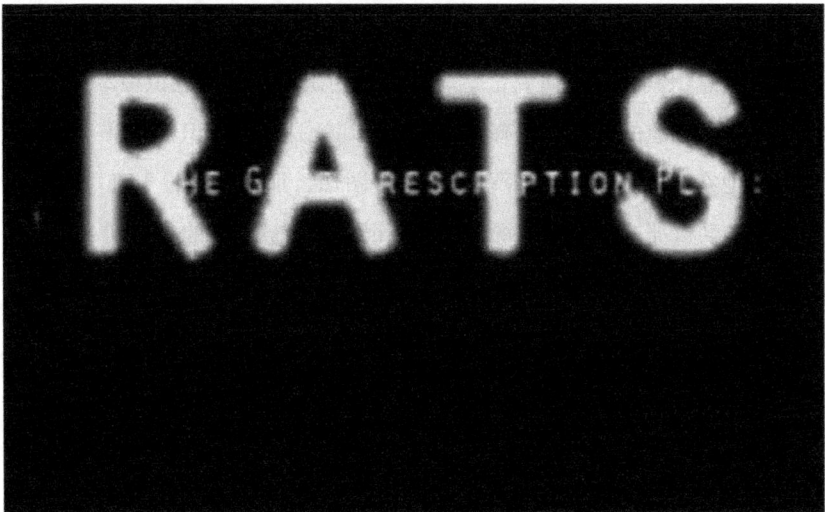

图 3.10　这是从乔治·W. 布什的竞选团队制作的短片中截取的图片，这张图片以阈下的方式出现，企图降低竞争对手民主党候选人戈尔的可信度

　　原则上，阈下图像不该再用于政治领域，但在认知神经科学中它经常

被用来研究意识。如果被试看到了图像，那就是他有意识地感知到了图像。因此，大多数研究意识的认知神经科学实验要求被试看到了图像的话就按按钮。不过，你稍稍想一下就会发现，这种实验并不能真的证明被试看到了图像，只能证明被试在 0.2 或 0.3 秒之后决定按按钮的那一刻记得自己看到过图像。这个看起来微不足道的时间差在当今的认知神经科学领域引起了轩然大波。这个微小的延迟迫使研究者们使用一个专门的术语来指代他们要研究的对象——**存取意识**。任何询问被试是否看到什么东西的实验考察的其实都是存取意识，而非单纯的意识。但是，怎么才能不问被试就知道他是否看到了什么东西呢？还有谁能回答这个问题呢？

　　存取意识指的是一种主观经验，能在图像过去哪怕一瞬间之后被想起来。很多研究者不认同现象意识和存取意识的区别。存在两种意识经验的想法不那么令人满意。有些人认为，存取意识只是现象意识残留的记忆，研究存取意识其实是在研究记忆。其他人则认为，现象意识根本不存在，只是理论上想象的产物；只有一种意识，那就是存取意识：如果一个人无法说出他在 0.25 秒之前是否看到了一个图像，那他就是没看到。在飞机的喷气发动机那样的变化盲视实验中，很难说清被试真的只看到了图片的一小部分，还是他清清楚楚地看到了整张图片，然后马上忘记了大部分细节。尽管实验让人觉得被试只看到了他注意的部分，但如果承认存在现象意识，就无法证明事实就是如此。不管是没看到喷气发动机，还是不记得看到过喷气发动机，被试无法同时比较两张图片，于是喷气发动机没有被感知到。

　　如果存取意识和现象意识之间的区别让你觉得有点混乱，那么放心吧，很多人都这么觉得。不管怎样，你现在明白了问题的棘手之处：注意和意识的关系扑朔迷离。如果我们坚持认为存取意识确实存在，那问题就相对简单了。若干实验清晰地表明了，一般来说，注意对存取意识和短时记忆有利。关注喷气发动机的被试会发现它在接下来的图片里不见了，这也证明他记得在前一张图片里看到过喷气发动机。

然而，注意一个空间区域不等于你能有意识地感知到处于这个位置上的刺激，代号为 G. Y. 的病人遇到的情况就是这样。由于左侧视觉皮质受损，他患有一种罕见的综合征——**盲视**，英语称作 blindsight。神经心理学家按照惯例，用姓名的首字母缩写指代这位病人。G. Y. 宣称自己看不到右侧视野，他的总体行为也证明了这一点；但他的盲视有点特别。如果我们让一个盲人坐在电脑屏幕前，要求他在屏幕右边出现图像的时候按按钮，这个盲人做出的回答一定是随机的。但 G. Y. 不是。他"看"不到屏幕的右半部分，但能在图像出现的时候准确地按下按钮——不管怎么说，比随机回答的正确率高多了。G. Y. 的次要视觉通道完好无损，所以他能够从看不见的那侧视野中提取某些视觉信息，但意识不到他看到了图像。英国杜伦大学的鲍勃·肯特里奇决定采用波斯纳的实验原型测试 G. Y. 的注意能力。[18]结果惊人：当 G. Y. 收到注意某侧视野的信号时，他能够更快、更正确地侦测出现在该侧视野的图像。根据波斯纳对视觉选择性注意的定义，G. Y. 很好地注意了右侧视野，尽管他宣称看不到这侧视野的任何东西；所以，存在脱离意识的注意……即使我们很难想象"注意右边"的信号对 G. Y. 来说意味着什么。卡特琳·塔隆-鲍德里在巴黎领导的团队进一步区分了注意和意识。他们对 G. Y. 和健康的被试进行了磁脑造影术，认为注意和意识对应着不同的神经元。[19]注意不等于意识，意识也不等于注意，尽管二者联系紧密。

那么，注意究竟有什么用呢？对于生活在 1890 年的威廉·詹姆斯来说，注意是为了感知、想象、辨别、回忆和更快地反应。[20]一个多世纪之后，差不多还是这些结论，尽管詹姆斯当年也许未曾想到大脑在注意之前就已经对外部世界有所认识，以及注意对于重构世界，或者至少是重构我们对世界的感知，有着何等重要的意义。但詹姆斯最想知道的，恐怕不是注意"产生"什么结果，而是注意如何"运行"。可惜他在 1910 年就去世了，没有赶上认知神经科学的出现。而认知神经科学在这个主题上有那么多、那么多要说的话题……

注释

[1]　Cheng W. F., Collet H., *Ah! Le printemps, le printemps, ah! Ah! Le printemps, Haikus de printemps*, Millemont, Moudarren, 1991, p. 131.

[2]　德国心理学家卡尔·斯图姆夫和研究音速的著名奥地利物理学家恩斯特·马赫决定一同考察注意对认知准确度的影响。在这一著名的实验中，他们坐在斯图姆夫位于布拉格的实验室里听风琴演奏，意见未能达成一致。斯图姆夫说："马赫非常清晰地听到（声音）变大，而我一点也没听到。"引自 Titchener E. B., *Lectures on the Elementary Psychology of Feeling and Attention*, New York, MacMillan, 1908.

[3]　Mackworth N. H., "The breakdown of vigilance duting prolonged visual search", *Quarterly Journal of Experimental Psychology*, 1948, 1, p. 6-21.

[4]　Cherry E. C., "Some experiments on the recognition of speech, with one and with two ears", *Journal of the Acoustical Society of America*, 1953, 25, p. 975-979.

[5]　Broadbent D., *Perception and Communication*, London, Pergamon Press, 1958.

[6]　Deutsch J. A., Deutsch D., "Attention: Some theoretical considerations", *Psychological Review*, 1963, 70, p. 80-90.

[7]　Treisman A. M., Gelade G., "A feature-integration theory of attention", *Cognitive Psychology*, 1980, 12, 1, p. 97-136.

[8]　Cohen L., Dehaene S., "Specialization within the ventral stream: The case for the visual word form area", *Neuroimage*, 2004, 22, 1, p. 466-476.

[9]　Lewis M. B., Edmonds A. J., "Localisation and detection of faces in naturalistic scenes", *Perception* 2002, 31.

[10]　Fritz J. et col., "Rapid task-related plasticity of spectrotemporal receptive fields in primary auditory cortex", *Nat. Neurosci*, 2003, 6, 11, p. 1216-1223.

[11]　Treisman A., Schmidt H., "Illusory conjunctions in the perception of objects", *Cognitive Psychology*, 1982, p. 107-141. 安娜·特瑞斯曼和她的丈夫——诺贝尔

经济学奖得主丹尼尔·卡内曼认为，注意使得把一个物体的各个特征组合在一起并最终看到这个物体成为可能，参见 Kahneman D. et col., "The reviewing of object files: Object-specific integration of information", *Cognitive Psychology*, 1992, 24, p. 175-219. 此前，卡内曼尤其以他的实验心理学成就而著称。

[12] "物体"在此的意义比较宽泛，指的是"视觉对象"，既包括咖啡杯等物品，也包括人类。对视觉系统而言，坐在我面前的人也是一个视觉对象。

[13] Rafal R. D., "Balint's syndrome", in D'Esposito M. (ed.), *Neurological Foundations of Cognitive Neuroscience*, Cambridge, MIT Press, 2003, p. 259-279.

[14] 火车上的乘客自然而然地会认为铁道路口都是关闭的。大脑很容易滥用这种效应。如果你此刻两只手都空着，可以试一下：把两只手轻轻地并在一起，只有指尖互相接触，左手拇指对着右手拇指，以此类推。然后闭上眼睛，保持手指接触，有节奏地分开再并上两只手。最后小幅度地旋转手指。过一会儿你就会感觉你的手指碰到了一个平面，就好像有一块竖直的木板把你的两只手隔开了。你的大脑无法推翻这种假设，因为不管你怎么挪动手指，它们都会遇到阻力。

[15] 实际情况就是这样的；把闪光灯关闭、调至延时模式的照相机放进冰箱里就能证明了。

[16] Simons D. J., Chabris C. F., "Gorillas in our midst: Sustained inattentional blindness for dynamic events", *Perception*, 1999, 28, p. 1059-1074.

[17] http://www.theinvisiblegorilla.com/

[18] Kentridge R. W. et col., "Spatial attention speeds discrimination without awareness in blindsight", *Neuropsychologia*, 2004, 42, 6, p. 831-835.

[19] Wyart V., Tallon-Baudry C., "Neural dissociation between visual awareness and spatial attention", *J. Neurosci.*, 2008, 28, 10, p. 2667-2679.

[20] James W., *The Principles of Psychology,* New York, Holt, 1890.

04

注意的机制

从远处传来的钟声，

缓缓行走在

春天的薄雾中。

——上岛鬼贯 [1]

当注意摇摆不定时，我们跟世界的所有联系也随之天翻地覆。我们读的句子不再有意义，跟我们说话的人的声音变成了噪声，我们看的电影情节支离破碎……如果你忙了一整天，现在正昏昏欲睡，或者房间一角的电视被打开了，你可能就不太容易集中精力继续阅读了。当精神涣散时，就算我们认真地看每一句话，也不明白它们的意思，似乎那些词汇被关在了大脑的门外。

不管是读还是听，有时，外部世界好像无法渗透进我们的精神层面。正如俗语所说："左耳进右耳出。"注意似乎引起了一种**认知渗透**，我们可以把它定义为大脑感知周围环境的能力。这种认知渗透随时间变化：当你好好睡了一觉，第二天早上重新打开书，那些词汇似乎冲进你的精神世界；它们穿过入口，跑到各个楼层，打开每一扇门。

实验表明，这个比喻接近于神经生物学观察到的结果；大脑里确实有需要攀爬的楼梯。法国格勒诺布尔大学附属医院的菲利普·卡安的团队试图研究为什么阅读的时候必须集中注意。为了回答这个问题，让我们来看

看安娜·诺布雷、特鲁特·埃里森和格雷格·麦卡锡设计的简单实验，[2]
然后比较在注意和不注意两种条件下，大脑如何分析一个词。实验要求被
试看电脑屏幕上一个接一个出现的红色和绿色字词。不同颜色的字词连起
来会成为两个故事，也就是绿色的故事和红色的故事。两种颜色的字词随
机出现，被试不需要读所有字词，只需读出绿色的故事即可——我们在这
里用黑体表示绿色的字词："故事**从前**要**有**一个词**一天**接一个词地**在读森
林里**……"然后被试在实验结束时讲一下这个故事："从前有一天在森林
里……"为了使实验更严谨，字词出现的时间很短，只有 0.1 秒，这样一来，
被试在红色字词出现的时候也不能看别处或者闭上眼睛。所以被试睁大眼
睛，紧盯着屏幕中央，看到了每个字词出现，不管是什么颜色。然而，实验
结束时，没有任何一个被试能讲出红色的故事——就像我们心不在焉地读一
段文字时，什么也没记住。相反，他们都能讲出绿色的故事。显而易见，
对于绿色的字词，大脑是可渗透的，而对于红色的字词，则不可渗透（参
见图 4.1）。

时间

图 4.1 诺布雷的实验原理

被试看到屏幕上出现一系列两种颜色的字词（红色和绿色，这张图里对应灰色
和白色）。被试的任务是默读某种颜色的字词，忽视其他字词。被试接下来要讲
出这些字词逐渐形成的故事。

但对大脑来说，这种可渗透性的概念意味着什么呢？这个词用在冲锋衣或滑雪服上倒是很好理解，但用在神经元上是什么意思？为了弄清楚这一点，我们请求格勒诺布尔医院的癫痫病人们跟我们合作，他们准备通过外科手术摆脱疾病的困扰。在手术之前，必须进行定位，也就是把电极直接插进他们的大脑。目前，这种创伤性方法是唯一能够在空间和时间上准确测量大脑活动的方法。于是，我们请求几位病人配合完成诺布雷的实验，一是为了辨别与认知可渗透性有关的神经元，二是为了定位手术需要避开的语言处理区域。[3]

经过分析，我们用电脑模型再现了大脑在实验中看到不同颜色的字词时做出的反应。视频从侧面展示了专门负责语言处理的左半球，额叶在左，枕叶在右。我之前说过，大脑从侧面看就像一只拳击手套，颞叶相当于拇指部分。这只朝左的拳击手套装饰着各种鲜艳的颜色，它们以毫秒为单位，标记红色或绿色的字词出现时神经元的活动。[4]短短几秒里发生的故事大致如下：在屏幕上出现字词之后的前0.2秒里，大脑以同样的方式对红色字词和绿色字词做出反应，从后向前（参见图4.2，该图中的大脑图为从右向左）逐渐激活，从大脑最后方的视觉皮质沿颞叶——也就是拳击手套的拇指部分，直至额叶。过了这个最初的阶段，大脑才开始区分绿色的字词和红色的字词。0.3秒之后，绿色字词引起的激活波继续前进，占领额叶左侧（手套的前部）和对语言理解必不可少的著名的布洛卡区；红色波则彻底停住脚步，似乎被挡在穿越颞叶和额叶的分界线上（参见图4.3）。这一事件标志着红色波的终止，它只得迅速消失，包括在大脑后部。与此相反，绿色波沿连接额叶和视觉皮质的一大片区域前行若干时间，途经颞叶和所有负责语言分析的脑区；它以共振的方式延缓波的自然减弱。总之，对于绿色字词，这一现象维持0.5秒钟，而对于红色字词仅仅维持0.25秒，然后大脑回到初始状态，等待下一个字词出现。在绿色字词的情况下，神经元的活动波一直传到额叶，在视觉皮质短暂停留；这个字词被读出来、理解并记住。在红色字词的情况下，活动波局限在大脑的后半部分，被困在底层，然后消失不见，这个字词也就被忘记了。所以，大脑对红色的字词来说并非不可渗透，还是产生了红色的活动波的。但是，在额叶的层面上，认知渗透性的概念符合生物现象。整体上看，红色的字词似乎无法渗透进额叶。

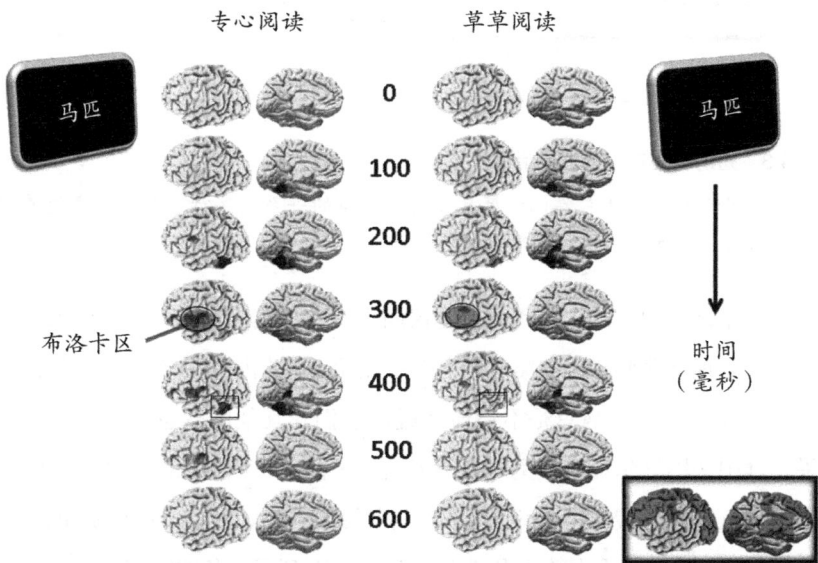

图 4.2　大脑对屏幕上出现的字词的回应随时间发生变化，字词是被专注地看到还是被忽视了，这一变化过程也会有所不同

从屏幕上出现字词开始，时间以毫秒为单位计算。请注意梭状回（方框中的区域）和布洛卡区（圆圈中的区域）的活动的区别。非注意条件下，这一区域的视觉任务在 300 毫秒时开始衰退，也就是说，神经元不及在字词出现之前活跃。右下角的方框展示了在实验中被记录的大脑区域（浅色部分）。

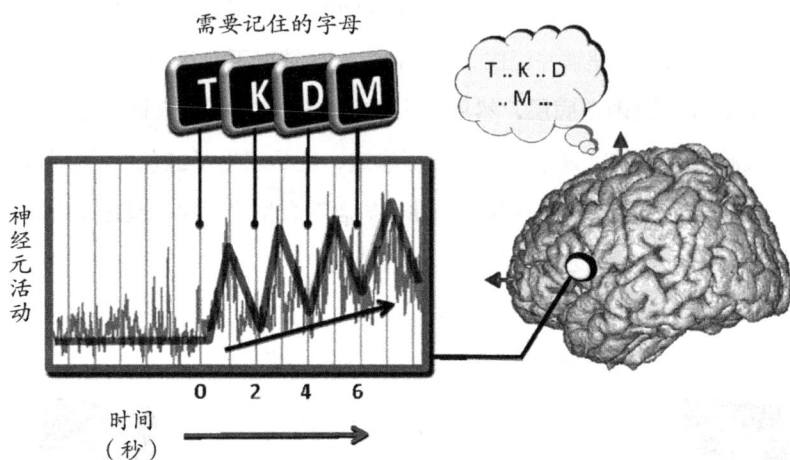

图 4.3　短时记忆期间的额叶活动

在这个实验里，被试需要记住屏幕上连续出现的一系列字母。曲线代表随着字母被记住，在布洛卡区附近测量到的活动。

这个结果很有趣，于是我们建议病人们参加其他实验，再次要求他们专注地处理某些刺激，忽略其他刺激。结论总是相同的：额叶对被忽视的刺激无动于衷。大脑只是不情愿地碰碰它们。其他团队也发现了同一结果，其中法国奥尔赛实验室的斯塔尼斯拉·德亚恩领导的团队通过实验得出结论，这种入侵额叶的现象决定了刺激能否进入意识。[5]此前那个讲故事的实验不符合这种情况，因为被试清楚地看到了红色的字词，但什么也没做。字词消失了，没有留下长久的痕迹，就像一滴水划过鸭子的羽毛。

变化盲视的现象能不能在这里找到解释呢？也许大脑以处理红色字词的方式处理了飞机的喷气发动机，没有好好参与工作，所以没有记住？在格勒诺布尔做的另一项实验表明，只有当被试为了记住信息而去注意它时，额叶区域才会活动起来。于是我们完全有理由认为，每个绿色字词出现之后，在额叶观察到的大脑活动的共振至少在一定程度上被用于记住这个字词。这不一定能形成长时记忆，因为被试不记得实验里出现的所有字词；但一定是短时记忆，维持的时间足以把这些字词整合成句子，并理解句子意思。如果没有这种短时记忆，你就无法读这本书，甚至这句话，甚至 ausgezeichnet[①] 这个单词。

每个到达大脑感觉系统的物体信号都有着明确的目标：让位于大脑最前方的额叶做出反应。声音或图像的任务就是让其承载的信息到达额叶各个区域，唤醒它们的好奇心。如果信息成功抵达，这些区域就会派出增援，使感觉区域的活动在短时间内保持稳定，细致地分析刺激并记住它。让我们举个现实生活中的例子。刺激就像一个为了找工作而寄出简历的人。他的目的是让人注意到自己，这样他才能参加面试，展示自己的细节。当你看屏幕上的字词时，如果你注意了，那么前 0.25 秒用来读简历，从第 0.5 秒开始用来面试"应聘者"。

前进一步，后退一步

大脑似乎分两次提取来自外部世界的信息。[6]以视觉为例，信息首先经由一条上升的通道传递——英语里称作 bottom-up，意思是自下而上，从位于大脑后部的初级视觉皮质，到主要位于大脑前部的额叶里面的高级皮质。这种信息传递也被称为**前向反馈**（feedforward，意为"向前的"）。在接下来的信息交流中，大脑前部和后部互动更为频繁。高级皮质似乎在询问低级皮质，以便"深入调查"。这一阶段的感觉信息分析似乎是大脑顶峰主导的，因此在英语里被称为 top-down，意思是自上而下的通道，或者**后向反馈**（feedback，意为"向后的"），对应于这些脑区在大脑中的级别或位置。

---

① 德语，意为杰出、优异。——译者注

这一切就像侦探电影里的情节：当一件罪行刚刚发生，警察马上通知探长——这是自下而上的通道或前向反馈；探长马上乘鸣着警笛的警车到达犯罪现场，仔细搜查，询问所有在场者——这是自上而下的通道或后向反馈。在自下而上的阶段，底层选择何种信息值得上报。警察通知探长是因为他觉得这件事很重要。在自上而下的阶段，高层决定什么重要什么不重要（参见图 4.4）。

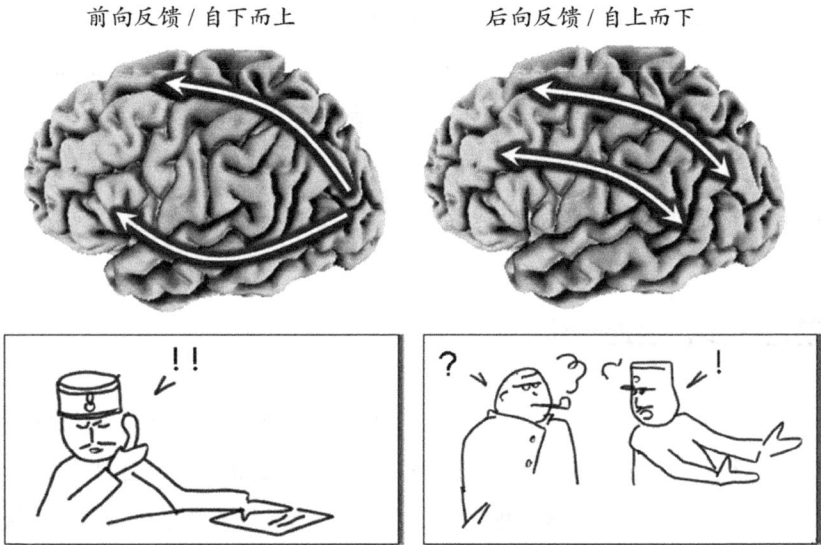

图 4.4　前向反馈通道和后向反馈通道

信息传递的第一个阶段被称为"前向反馈"或"自下而上"，从初级脑区到达高级脑区。警察通知探长刚刚可能发生了一件重要的事情。在第二个阶段，也就是"后向反馈"或"自上而下"期间，不同级别的脑区通过对话进行交流。探长和警察交谈，展开调查。

不管是招聘一名员工、维护治安还是分析感觉信号，最终问题总是差不多：要处理的信息太多，时间太短。人力资源经理不可能跟所有应聘者见面，探长在同一个时刻分身乏术，**前额叶皮质**（PFC）也无法对任何微小的感觉刺激都做出反应。一旦开始，每项细致的分析都需要时间，大量的时间。但探长决定赶往案发地，他就无法处理其他不法行为。所以不可能让他介入每个自行车盗窃案或街头斗殴。前额叶皮质也面临同样的限制。一些奇怪的现象（比如我之后会详细谈到的**注意瞬脱**）表明，额叶区域一旦被占用，将需要 1/3 秒的时间才能关注下一个事件。所以前额叶皮质不是用来实时处理所有外部世界信息的。我们跟世界的关系必须依赖于一个低水平的感觉信息分析系统，它负责同时以最快的速度处理大量事件，然后把真正值得关注的信息发送给级别较高的区域……我们又回到了之前提到的过滤器。

第一轮分析是**前注意**的，因为它先于注意选择；所有到达我们感官的信号都被包括在内，不带任何**成见**，就像警察应该记录所有向他汇报的案件。只有几个案件会在接下来成为深入调查的对象。这一阶段的分析依赖于我们提到过的探测神经元。这些神经元随时以快速、自动、同时、大规模的方式分析我们周边的环境，从中侦测尤其值得关注的特征：这边是蓝色，那边是向右移动的物体，再远处是一张面孔或一个动物。[7]一眨眼的工夫，信息按照前向反馈模式传递到前额叶皮质；在那里，信息会按照后向反馈模式发起或者不发起第二轮更加详细的分析。如果发生第二阶段的分析，大脑就能准确地辨认面孔或动物，并决定接下来应该采取的措施。这个刺激吸引了注意。

显而易见，问题的关键在于知道额叶付诸行动的标准是什么。我们在接下来的章节将看到，这些标准首先考虑的是简单的物理特征，比如刺激的大小和亮度。黑暗中的照相机闪光灯肯定会吸引我们的注意。但是，存在很多更复杂的标准，认知心理学难以一一列举。被自己的名字吸引就是其中一例，其他还有很多。通过讲故事的实验，我们认识到被试没有系统性地忽视所有红色字词。有些红色字词尽管没有佩戴绿色的胸卡，还是成功地混入了额叶。这通常是一些专有名词，如"曼哈顿"或"巴黎"；普通一点的词，表面看来比较容易被忽视，如"做"和"更"。被试还很难忽视能正好嵌进绿色句子结构的红色字。一个被试刚刚读了这4个绿色字："那——只——小——猫"，如果下一个字是"吃"，他就很难忽视；如果是"房子"，他就容易忽视。因为"那只小猫吃"这个句子是有意义的，而"那只小猫房子"没有意义。[8]从这些观察中我们可以得知，过滤的过程总是参照好几条标准，颜色这种简单标准不足以消除所有分心物。前额叶皮质不可能在决定是否参与其中之前快速地介入这种判断过程。然而，有些专家认为"注意过滤器"的概念有点夸张，而更愿意认为这是一种衰减现象，因为一个真正的过滤器是不会让任何红色字词通过的。[9]如果一个咖啡过滤器让咖啡壶底部的颗粒通过了，你对它有何评价？讲故事的实验涉及的其实是被忽视的字词引起的神经元活动衰减的过程。日常生活中大部分过滤系统更像是衰减器，而不是咖啡过滤器。一段时间过后，总有什么人或什么东西骗过了这个系统的警觉，**潜入**内部。以机场的安检为例：尽管这肯定是一种过滤器，但总有乘客能够逃过它，把危险物品带上飞机。安检没有消除危险，只是降低了危险。

注意和咖啡过滤器的区别

英国心理学家约翰·邓肯设计了一个有趣的实验，在很短的时间内给被试展示一张图，上面是用4种颜色写成的16个字母：4个红色字母，4个蓝色字母等，这些字母随机排成4行，每行4个字母。[10]被试的任务是事后列举绿色的4个字母，或者第三行的4个字母。当然了，没人能做到。这很正常，因为在不事先得知会被问到哪4个字母的情况下，要能答出任意4个字母组合，就只能把16个字母都记住了。没有人能记住 16 个字母，除非它们构成 4 个单词，但图上的字母根本构不成单词。这个实验证明了工作记忆的内在局限性，它只能记住 7 个左右的字母或物体。[11]不过，只要改变实验的一个小细节，那么所有被试都能记住 16 个字母里的任何一个。这里的逻辑很巧妙，所以请仔细阅读。这个方法就是在展示图片之前提问。一旦提前知道要记住哪些字母的颜色（比如绿色的字母）或位置（比如第二行的字母），被试每次都能成功。当然了，他们记不住其他颜色或位置的字母，而只能记住要记住的字母。这个小实验再次表明，注意能够根据简单的标准（这里是颜色或位置）对信息进行过滤，并对记忆产生影响。如果图片由数字和字母构成，被试提前得知要记住字母，那么这个方法依然有效。所以，注意过滤器能够区分不同种类的视觉刺激，这已经暗示了前注意分析具有一定的深度（参见图 4.5）。

阿姆斯特丹大学的维克多·拉姆对这个结果很感兴趣，他想弄明白，图片消失后马上提问题，这个"机关"是否还有效。在最初的实验里，图片消失几秒之后才提问题，所以被试记不住字母。但如果图片消失后马上出现一个视觉线索，告诉被试要记住的颜色，比如一个绿色的小点，要求被试记住绿色的字母，结果又会怎样呢？答案非常出人意料，被试毫无困难地记住了 4 个绿色的字母。对维克多·拉姆来说，这证明被试可以在图片消失后整整 1 秒的时间里记得所有视觉信息，只要他在此期间不转移视线。所以图片消失之后，注意过滤器应用于它在记忆中留下的痕迹。这个实验还表明，各种感觉皮质完全有能力顾及所有抵达的感觉信息，甚至在很短的时间里记得它——这种记忆被称作**映像记忆**。这就是为什么绿色波和红色波起初那么相似。然而，对信息的加工、更高层次的解释和维持中等时间的记忆就必须有额叶的参与。也正是在这个阶段，不同的形状被组合成了物体。

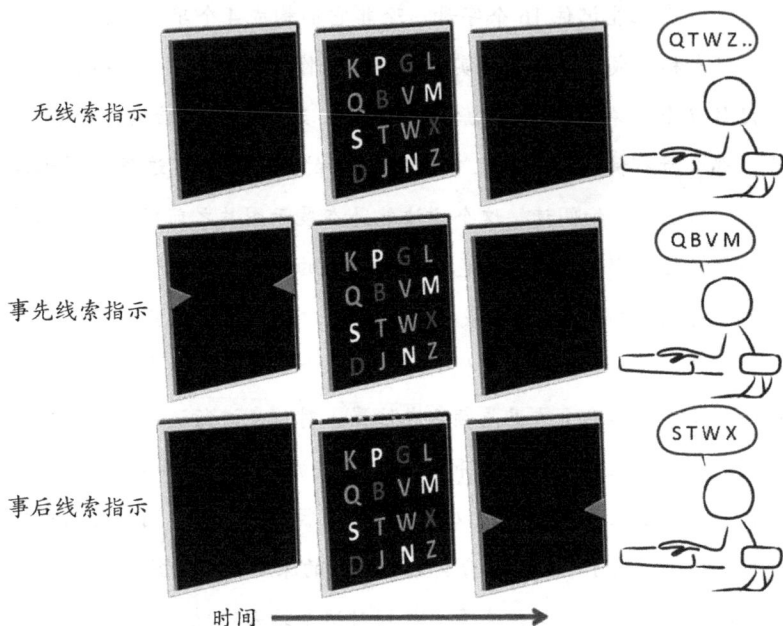

图 4.5　这个实验展示了注意和映像记忆之间的关系

在第一种情况下，被试只需要尽可能多地想起看到过的字母；被试记住的字母一般不超过 4 个。在第二种情况下，一个微小的视觉线索告诉被试要记住第二行的字母。于是被试会把注意转向这 4 个字母，轻松地完成了任务。最后一种情况跟前一种相似，但线索出现在字母消失之后。然而，被试**事后**把注意转向线索指示的那行字母在记忆中留下的痕迹，成功地完成了任务。这种记忆被称为映像记忆，可以通过注意来研究。

沙滩上的鼓声

　　为什么有些感觉信息能够引起额叶区域的反应，有些却不能呢？一谈到这个问题，我就会想起勇敢的菲迪皮茨，他在马拉松战役期间跑了 42 千米，宣布雅典取得胜利之后就精疲力竭，倒地而死。怎么把消息从枕叶的最后方传递到大脑前部呢？乍一看，刺激引起的活动波必须在**前向反馈**的上升阶段维持能量，直至额叶。为了做到这一点，神经元合理运用了若干技巧——如果处在类似的情况下，我们也会自然而然地想到这些方法。但我们不是神经元，所以我建议你想象一个更为人性化的情景，跟皮质细胞面临的状况相似：一群打击乐演奏者搁浅在一个荒无人烟的小岛上，努力想让远处路过的船注意到他们，而岛上除了他们的打击乐器什么都没有了。每个演奏者都相当于一个神经元，每打一下鼓就发出一个动作电位；远处的船相当于额叶，或者可以通知额叶的视觉系统中层级更高的皮质区域。其中一个演奏者从海滩上看到了路过的船。出于职业的直觉，他拿过鼓敲了起来，希望能被船上的人听到。但他好几天没吃饭了，体力不支：他敲了一下，停下动作，气喘吁吁，然后再敲，再停下；鼓声太微弱了，船上的人根本听不到。他必须更用力、更快地敲鼓，但这个可怜的人做不到。于是他跑去找后援。很快，岛上的 100 名鼓手都开始敲鼓，汇成一片有气无力的嘈杂声：一些人敲的时候，其他人就停下来喘口气，导致同时在响的鼓从来不足 10 只。"得有 10 倍数量的鼓才行！"有人说。但所有人都已经在沙滩上了。突然，另一个人指出了错误："我们应该所有人同时敲鼓！"原来如此！鼓手们马上决定一起敲鼓，同时用力。这次的鼓声非常响亮，传到了一个水手的耳朵里。船向小岛驶来，救出了鼓手们。我们从中得到的经验教训：要想被听到，要么力气大，要么人多且动作整齐——当然了，两者兼具更好。

适用于荒岛的法则同样适用于大脑。美国人约翰·雷诺兹和鲍勃·德西蒙通过对视觉皮质 V4 的研究，发现神经元使用类似的方法，让其他大脑区域听到自己的声音。[12]V4 是视觉皮质（所以它的名字里有个 V[①]）的一个区域，负责粗略地分析刺激视网膜的图像。在视觉皮质中，V4 比 V1

---

① 字母 V 代表单词 vision，意为视觉。——译者注

的级别高，所以数字更大。V4 的神经元关注图像相对复杂的特征，比如某些 V1 和 V2 无法辨认的特殊形状。雷诺兹和德西蒙的工作在于记录猴子的大脑皮质中 V4 神经元对视觉刺激的反应，研究这种反应如何随注意力的变化而变化。研究 V4 的内部活动这个想法棒极了，不仅因为这里比较容易插入电极，还因为此处的神经元感受野明确，精于侦测形状、颜色等有趣的特征。和大多数视觉脑区一样，尤其是初级视觉脑区，V4 的每个神经元都有自己的感受野，也就是各自负责监视的一小片视野。只要足够耐心，就能训练猴子把注意转向视野中的任何地方，尤其是神经元监视的区域。这么一来，通过在这片感受野中呈现视觉刺激，就能研究注意转向该感受野或其他地方时神经元的反应。

雷诺兹和德西蒙正是这么做的，他们观察到，注意发挥的作用在很大程度上取决于屏幕上刺激的对比度。对比度指的差不多就是刺激和背景的明暗差异。浅色背景上的浅灰色图形对比度很低，就像大雾中看不清的物体。一旦大雾散去，同样的位置上的同样的物体对比度提高，变得可见了。大家都知道，雾天时，开车要格外注意。接下来你就会明白这是为什么。

雷诺兹和德西蒙的实验结果可以概括如下：当神经元的感受野中出现一个对比度很低、以至于不可见的图形时，神经元毫无反应，就像这个图形根本不存在一样。这个图形当然在屏幕上，只是远低于知觉阈值。在这种情况下，注意无能为力：即使猴子的注意集中在这个图形上，神经元也不做出反应。相反地，如果对比度高，图形非常清晰，这个神经元就会产生一系列动作电位，但这种反应不会随注意集中而增强：不管注意图形还是别处，神经元的反应保持不变。无论如何，图形都清晰可见，不会在注意的作用下变得更明显。只有当对比度居中时，也就是图形略低于或略高于知觉阈值、勉强可见时，注意才会发挥作用。在这种情况下，如果注意转向图形，神经元会对刺激做出激烈得多的反应；动作电位的数量大大增

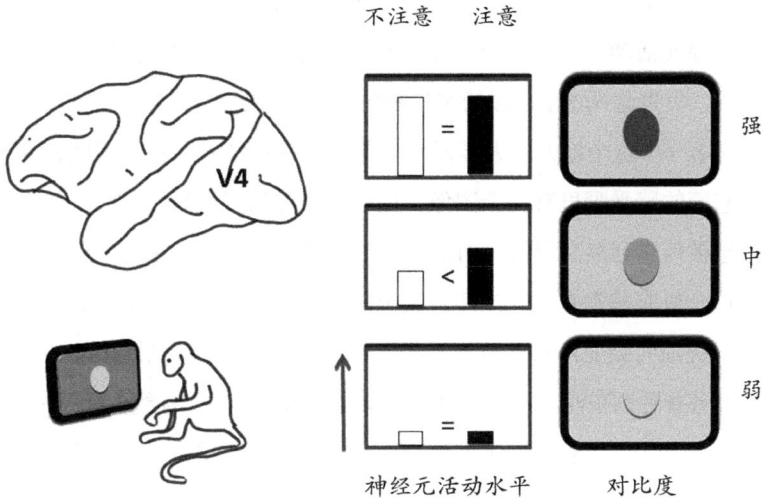

图 4.6　注意对低对比度的图形的作用

纵向长条表示在一只猴子的视觉脑区 V4 中记录的神经元活动水平，这只猴子在看屏幕上各种对比度的图形。在对比度相对较低的条件下，当猴子注意这个空间区域时，神经元活动更激烈（黑色长条更长）。当对比度更低或更高时，也就是图形几乎不可见或十分清晰时，这种作用就消失了。

加，仿佛刺激的对比度提高了，实际上，猴子确实表现出能更清楚地看到图形的样子。在 V4 和皮质下区域，注意能够提高难以分辨的物体的可见度。这就是为什么雾天或夜里开车时要尤其注意。在这种天气情况下，注意力能使我们看得更清楚，进而更快地做出反应（参见图 4.6）。

　　这一作用使得 V4 的神经元活动能更好地朝着额叶的方向传递。别忘了，在视觉皮质稍高一点的层级上，其他神经元正在听 V4 的同事们通过沿轴突前进的动作电位报告它们看到了什么。这有点像盲人的朋友们告诉他，他们看到了什么，以此帮助盲人过马路。当负责监视某片视野的 V4 神经元保持沉默，更高层级的神经元就会认为什么都没有发生，这片区域空空如也。于是信息停止传递，永远无法到达最高层级。当刺激勉强可见时，这种神经元活动扩展机制的重要性就显现出来了：当你把注意集中在身边某处时，负责监视这个区域的 V4 神经元就会做出反应，如同图像的对比度更加显著——这个地方的大雾慢慢变薄。这些神经元打破了沉默，开始报告在它们的感受野里有一个图像，比如雾中隐约可见的指示牌。然后，这个信息被传递到最高层级，而最高层级会活跃起来，更好地观察指示牌。

这个机制非常有效，当注意集中在某个空间区域时，感受野覆盖这个区域的神经元会变得异常敏感，甚至在刺激出现之前就活跃了起来：它们随时准备着看到东西。这个著名的现象在英语中被称作**基线位移**（baseline shift），意思是基准活动水平的提高。神经元骚动不安，活动水平甚至提高了 30%。这就像在进球那一刻的喜悦爆发之前，观众席上已经蠢蠢欲动。

这种"预热"机制有利于在刺激出现时扩展神经元的活动，让被试更快地做出反应，就像在波斯纳的实验里那样。此外，这种现象很普遍，不仅能在 V4 中观察到，在很多其他大脑区域中也能观察到。根据大脑将注意一个物体的颜色还是运动，在专门分析这两个特征的区域之一里，神经元的窃窃私语增多，甚至在物体出现之前。

很厉害，对吧？我要在壁橱里寻找网球拍的那一刻，我就开始"预热"专门侦测网球拍的神经元，这么一来，我就能马上找到它。嗯……还是有什么地方不太对头。思考一下：如果这是真的，为什么五彩先生无法迅速在抽屉中找到黑色手套呢？实际上，这种预热系统有两个局限性：第一，我们已经说过，就是我们的大脑里不一定存在专门侦测黑色手套或网球拍的神经元；第二，即使存在这样的神经元，大脑还得能够找到它们，让它们随时准备看到网球拍才行。我承认这看起来有点奇怪；难道大脑不知道它的神经元都在哪里吗？所有这些问题都需要解释。

喂，斯特拉斯堡？

不难理解，这种预热作用来自大脑。注意能够集中在视野的某个特定区域，这是因为大脑的某些区域有选择性地预先激活了负责监视目标视觉区域的 V4 神经元。这些大脑区域位于顶叶和额叶，我之后会详细谈到。它们通过相对稳定的远距离连接和 V4 神经元接触，进而改变 V4 中的神经元活动。这些连接使它们和 V4 神经元"取得联系"，就像打电话一样。上述大脑区域很容易就能调节负责监视同一片视野的所有神经元的活动，因为这些神经元离得很近。如果负责监视目标区域的神经元分散在不同地方，当额叶和顶叶区域打算预先激活它们时，就很难只选择激活它们，而不激活其他神经元。总的来说，出于简单的连接性原因，注意促进机制更适用于离得不远的神经元群。假设你明天需要通知斯特拉斯堡市的 26 万居民，准备见证一个大事件，你可以衡量一下预算，在当地报纸上发广告和通知就行了。但如果你需要通知 24 万名叫马丁的法国人，那就困难多了，因为他们住在法国各地。在大脑中，对某些特征的侦测时常建立在距离很近的神经元的基础上，空间位置、运动方向或颜色等都是如此。这些神经元更容易被预先激活，而对应的特征也就更容易成为注意的目标。

庆幸的是，这一切不是一成不变的。人们总有办法通过不断学习，变得对世界上的某些方面更敏感。我们还是以侦探调查为例：如果探长认为罪犯总是在巴黎第十三区游荡，他就可以要求在那里巡视的警察提高警惕，一旦有什么反常之处就要向他汇报。这样一来，他就把注意转向一个空间区域，如同额叶作用于 V4 时一样。如果他知道罪犯经常光顾酒吧，他就可以命令专门巡视这种商业场所的警察更警觉。这样一来，他就把注意转向一个简单的特征，就像大脑把注意转向蓝色。这些都很简单。但是，如果罪犯喜欢去配有《空间入侵者》电子游戏、桌上足球机以及朝南窗户的酒吧，探长的任务就棘手了，因为没有专门负责监视这种场所的警察。他只能一间一间地搜查酒吧，花费大量时间找到坏人。然而，假如出于某种原因，很多罪犯都开始频繁出入配有电子游戏、桌上足球机和朝南窗户的酒吧，警察局可能就会成立一支专门的小分队，那么这些地方有任何风吹草动都会被迅速发现。在神经生物学中，这种重组被称为**可塑性**。当某些刺激获得特殊而持久的重要地位时，大脑就会组建一支神经元小分队，用来侦测这些刺激。我们已经在乔纳森·弗里茨关于白鼬的听觉皮质的研究中看到了其中一例。一个刺激对大脑越重要，负责侦测它的神经元就越多，这个刺激也就越不容易被忽视。

理论上，雷诺兹和德西蒙发现的促进系统可以应用于侦测比较复杂的特征，但前提条件是，相关神经元能够很容易地"被联系上"，而且有可能的话应该挨在一起。如果你去钓过螃蟹，你就可能会发现，过了很长时间还是没找到螃蟹的时候，近处或远处任何看起来像螃蟹的东西都会吸引你的注意，哪怕它只是石头下面一小团黑色的水藻。大脑发展出一种针对任何与螃蟹相像的东西的超敏感性。这种超敏感性可以用跟雷诺兹和德西蒙在 V4 中观察到的结果相类似的一种机制来解释。这种机制会促进负责侦测螃蟹特征的复杂神经元的活动。根据德西蒙发现的原理，这些神经元会变得更敏感、更活跃。然而，水藻的例子清晰地显示出这个系统的局限性：只有经过第二阶段的深入视觉分析，才能辨别它到底是不是螃蟹。

团结一致

近年来，人们似乎发现了另一种注意力的促进机制。请回想一下遭遇海难的鼓手们为了能被路过的船只发现而采取的策略：他们一起努力，敲出更响亮的声音。2001 年，德西蒙和雷诺兹跟帕斯卡·弗瑞斯合作，探讨 V4 神经元是否也会利用这种同步性，更好地把声音传递到其他大脑区域。由于每个空间区域都有很多 V4 神经元负责监视，从理论上来说，只要这些神经元同时发出动作电位，就能让更高层级听到它们。现在，只需要用实验证明存在这种机制，德西蒙的团队成功地做到了：当注意转向相关视野区域时，V4 神经元倾向于同步发出动作电位。它们不是以随便什么节奏发出动作电位，而是采用了相当宽广且迅速的频段——超过 40 赫兹，即 γ 波段。我之前说过，振荡对注意来说很重要。正是在注意的影响下，神经元像有节奏地鼓掌的人群一样，有节奏、分阶段地活动，每秒几十次，甚至上百次。[13]与此相反，当注意转移到该区域之外时，动作电位的发出节奏就比较混乱了，没有精确的时间组织；每个人按自己的节奏鼓掌，跟身边的人不同步，于是声音自然变小了。因此，神经元群可以通过同步性扩大影响，而不一定要增加动作电位的数量。这种注意促进非常"实惠"，岛上的鼓手们也发现了这一点。俗话说："太阳底下无新事。"即使是在太平洋小岛沙滩上柔和的阳光之下，鼓手们想到的方法和神经系统一样古老。

不公平的比赛：作弊！

当白天没有雾的时候，注意还有什么用呢？我们已经知道，当一个 V4 神经元在它的感受野中看到一个清晰物体时，它会采取反应，向倾听它的神经元报告这个物体的存在。从原理上来说，这时雷诺兹和德西蒙描述的扩展机制毫无用处，只有同步性看起来还是有用的。但 V4 遇到了另一个需要注意解决的问题：视觉世界的复杂性。

让我们来看一个具体的例子：对一个准备接球的职业网球选手来说，

对手准备动作中的某些细节，比如握拍的方式，能够让他预先判断球会从正面过来，还是朝着双打边线斜扣。接球手必须在 20 米开外的地方提取出这一视觉信息。这项任务仍有一部分归 V4 神经元担当，它们负责分析发球手的手所在的视觉空间区域。这是一项很复杂的工作，因为 V4 神经元不只看到手，还会看到荧光粉色的球拍拍柄、场地后方的树、对手佩戴的手表，以及其他大量占据感受野却既没用又让它们分心的元素。所以，接球手得排除这些物体，把注意集中在唯一有用的信息上——对手握拍的方式。V4 神经元需要在注意的作用下完全忽视其他的分心元素，就当它们不存在，继而处理这一图像。这就是实际发生的情况，约翰·邓肯和鲍勃·德西蒙发明了"不公平的比赛"一词用来形容其中的作用机制。[14]

因此，在能见度良好的情况下，问题的关键不是看到物体，而是把它们区别开来。当白天天气好的时候，视觉世界如此丰富和复杂，每个 V4 神经元看到的图像都不止一个，而是好几个。即使是从锁眼中看世界，感受野覆盖的区域里通常也同时存在着好几个物体。要理解 V4 神经元做出了怎样的反应，就得知道 V4 和 V1 一样，对不同物体反应的热情和力度也有所不同——神经元们有自己小小的偏好。感受野本身就是一种对出现在视野某个确切位置的图像的偏好，但神经元的反应还取决于呈现给它们的物体：有的神经元喜欢蓝色，有的喜欢粉红色，有的喜欢某些特定的简单形状，等等。具体来说，当一个 V4 神经元在其感受野中看到自己喜欢的刺激时——比如荧光粉色的球拍拍柄，它会变得非常活跃，发出一系列动作电位，如同用来通知更高层级神经元的鼓声。还是同一个神经元，当它看到不是那么喜欢的刺激时——比如发球手的手，它就会懒洋洋的，只发出 2 个动作电位，而它对喜欢的刺激能发出 10 个动作电位。但是，如果这个神经元看到两个刺激出现在一起，不难猜到，它不会发出 12 下鼓声，而是热情减退，只发出 6 下。当 V4 神经元在感受野中同时看到好几个图像时，它的反应强度通常是这些图像单独出现时引起的反应强度的平均值。

德西蒙研究了 V4 神经元面对两个物体时的反应，但这时，注意只集中在其中一个物体上，好比接球手注意粉色拍柄或者发球手的手。[15]在这种情况下，V4 神经元的反应几乎如同注意只有一个目标时一样。如果猴子注意它喜欢的刺激，神经元会敲 9 下鼓，而不是 6 下。当注意转向另一个刺激时，它会敲 3 下。对于住在隔壁房间，也就是在更高一级视觉系统中的神经元来说，一切证据都表明，V4 神经元只看到了两个刺激的其中之一，另一个被抹去了。所以注意让旁边的神经元相信，V4 只看到了一个刺激。邓肯和德西蒙把这种现象命名为"不公平的比赛"（参见图 4.7）。当注意集中在别处时，两个刺激为了控制神经元的活动而进行激烈的斗争。第一个刺激鼓励神经元敲 10 下鼓，表明它在这里；但第二个刺激却阻止神经元这么做，因为它希望神经元敲 2 下，报告在这里的是它。战争毫不留情，最终导致谁都不满意的妥协——神经元敲了 6 下鼓。这时候，"注意"来了，它就像网球比赛的裁判，让其中一个刺激决定最终走向，解决争端。未得到注意青睐的刺激只好选择放弃，比分被判给了"发球手的手"这个刺激。这场比赛不公平，有人作弊！

这种不公平的比赛机制只有一个不便之处，就是有点慢。德西蒙的实验表明，"注意"这位裁判需要 0.2 秒才能到达 V4，这也许是从额叶出发，继而穿过各个皮质所需的时间。而**基线位移**的机制与此相反，它能在刺激出现之前预热神经元，但无法在手和拍柄之间做出选择。如果从网球选手把目光转向发球手的手的那一刻起记录 V4 神经元的反应，我们就会发现，这个神经元一开始什么都"看到"了：荧光粉色球拍拍柄、手、手表和后面的树。前面已经说过，这时神经元的反应水平居于平均值。差不多 0.2 秒之后，反应稳定下来，似乎拍柄、手表和树都被擦掉了。在第一波前注意的**前向反馈**到达时，这种不公平的比赛机制似乎还没有开始运

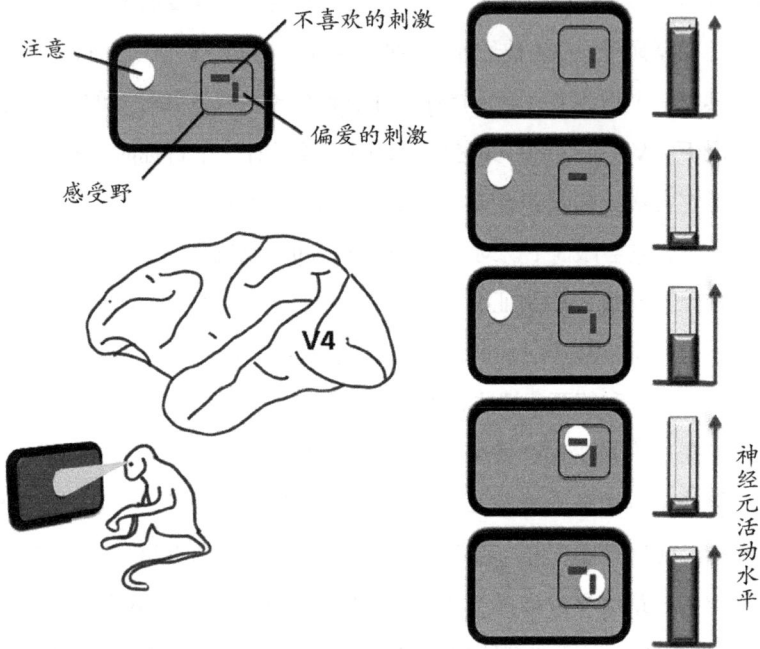

图 4.7 不公平的比赛

在 V4 神经元的感受野中呈现两个图形时，它的反应水平居于两个图形单独呈现时测量到的结果的中间值（见上面 3 个屏幕）。然而，如果猴子把注意转向神经元的感受野内部，这个规则就不适用了。在这种情况下，神经元的反应水平和猴子注意的这个图形在单独呈现时测量到的结果一致。猴子的注意"擦掉"了另一个图形。

转。这很符合逻辑，因为只有注意才能解决比赛的问题，这更多是一种**后向反馈**或下行的机制。出现这一延迟让我们想到，这种作用是从最高层级发出的，很可能是额叶，就像从高处流向低处、**自上而下**的瀑布。此外，实验表明，不公平的比赛不只存在于 V4，而是在几乎所有层级的视觉皮质中都有。与视觉刺激出现的时间相比，比赛略有延迟。层级越高的区

域，延迟就越短，好像裁判实际上是从高处出发的。比如，我们先在 V4
中观察到对发球手的手的偏好，然后才再在 V1 中观察到。某些刺激能够
作用于前额叶皮质，而其他刺激却不能。并非是不公平的比赛机制导致了
这一事实，因为前者更像是后者引发的结果。使额叶活跃起来的能力更像
是受益于基线位移预热系统或同步性。在额叶区域的推动下，不公平的比
赛介入第二阶段，以便仔细地分析或许是很重要的感觉信息。这是探长和
巡视警察交谈的结果。

　　很奇怪，所有这一切都让我们想起讲故事实验里的红色波的活动。请
回忆一下，在一开始的 1/4 秒里，视觉皮质对红色字词和绿色字词做出了
同样的反应，直到红色波最终衰退。1/4 秒，这正是大脑擦掉红色字词或
荧光粉色球拍拍柄留下的所有痕迹所需要的时间；在此之后，大脑做出了
选择，事情也就重新变得简单了。

　　这种不公平的比赛机制在大脑各个层级上都存在。在人类身上进行的
神经图像实验表明，在忙于完成任务的被试大脑中，处理重要信息的区域
的活动会增多，而其他区域的活动会减少。任务越难，这种现象也就越明
显。在极端的情况下，也就是要完成的任务非常困难时，这些"没用的"
区域的活动甚至会消失，也就是说，达到了没有刺激时的水平。比如视觉
脑区 V5，一般在大脑感知到运动的物体时会活跃起来；但如果一个人专
注地观察运动物体的颜色，V5 的活动就比它把注意集中在运动上时要弱。
如果实验很难，必须非常专注，V5 的活动就会消失，好像这个物体根本
没有运动。[16]这仍然是不公平的比赛中的"擦掉"现象，只是这次用在了
运动这个特征上。英国研究者尼莉·拉维通过研究指出，要完成的实验越
是需要集中注意，这种现象越能发挥作用。

　　注意可能还有其他的把戏，但我们在好几个例子中看到，大脑可以用
很简单的机制解决问题。在结束这一章之前，我还需要强调一下，适用于

视觉的注意机制同样适用于其他感觉系统。图像、声音和气味性质不同，不同感觉系统的情况当然也有所不同，但原理是一样的。比如，如果有人跟你说话的时候你没有听，而是在看书，那么负责分析声音的听觉皮质区域和左侧额叶的活动就很弱。如果别人觉得你"与世隔绝"，那是因为这种注意机制限制了对所有与阅读无关的外部刺激的处理。如果你暂时松动视觉注意，去听别人跟你说什么，负责阅读的区域的活动就会减少。你的大脑对每个词的反应停在额叶的大门之外——又是那个红色波。听到的句子和看到的句子互相交替，导致处理语言和处理阅读的两个系统左右摇摆，结果是，只要直接测量你的大脑活动，就能知道你有没有听别人跟你说话。现在想象一下，如果参加鸡尾酒会的宾客头上都戴着微型功能性磁共振成像设备，那么每个人都能知道他旁边的人是否在认真听他说话。这场晚会该多么美妙啊！

注释

[1]　Cheng W. F., Collet H., *Ah! Le printemps, le printemps, ah! Ah! Le printemps, Haikus de printemps*, Millemont, Moudarren, 1991, p. 23.

[2]　Nobre A. C. et col., "Modulation of human extrastriate visual processing by selective attention to colours and words", *Brain*, 1998, 121 (Pt 7), p. 1357-1368.

[3]　Jung J. et col., "The neural bases of attentive reading", *Hum. Brain Mapp.*, 2008, 29, 10, p. 1193-1206.

[4]　这种活动由大脑以频率为 40~150 赫兹的频段发出，也就是 γ 波所在的频段。它能直接衡量神经元在大脑执行任务时（此处指阅读）的参与水平。

[5]　Gaillard R. et col., "Converging intracranial markers of conscious access", *PLoS Biol.*, 2009, 7, 3, p. e61.

[6]　Lamme V. A. et col., "Feedforward, horizontal, and feedback processing in the visual cortex", *Curr. Opin. Neurobiol.*, 1998, 8, 4, p. 529-535.

[7]　Van Rullen R., "The power of the feed-forward sweep", *Advances in Cognitive Psychology*, 2007, 3, 1-2, p. 167-176.

[8]　Treisman A. M., "Contextual cues in selective listening", *Quarterly Journal of Experimental Psychology*, 1960, 12, p. 242-248.

[9]　安娜·特瑞斯曼在她的衰减理论中明确地提出了这种注意衰减的想法。Treisman A. M., "Monitoring and storage of irrelevant messages in selective attention", *Journal of Verbal Leaning and Verbal Behavior*, 1964, 3, p. 449-459.

[10]　Duncan J., "The locus of interference in the perception of simultaneous stimuli", *Psychol. Rev.*, 1980, 87, p. 272-300.

[11]　Miller G. A., "The magical number seven, plus or minus two: Some limits on our capacity for processing information", *Psychological Review*, 1956, 63, 2, p. 81-97.

[12]　Reynolds J. H. et col., "Attention increases sensitivity of V4 neurons", *Neuron*, 2000, 26, 3, p. 703-714.

[13]　Fries P. et col., "Modulation of oscillatory neuronal synchronization by selective visual attention", *Science*, 2001, 291, 5508, p. 1560-1563. 稍早时，彼得·斯坦梅茨和他的团队在负责分析触觉的躯体感觉皮质中发现了同样的现象；这清晰地表明，适用于视觉皮质的原理也适用于其他感觉系统。Steinmetz P. N. et col., "Attention modulates synchronized neuronal firing in primate somatosensory cortex", *Nature*, 2000, 404, 6774, p. 187-190.

[14]　Desimone R., Duncan J., "Neural mechanisms of selective visual attention", *Annu. Rev. Neurosci.*, 1995, 18, p. 193-222.

[15]　Moran J., Desimone R., "Selective attention gates visual processing in the extrastriate cortex", *Science*, 1985, 229, 4715, p. 782-784.

[16]　Rees G. et col., "Modulating irrelevant motion perception by varying attentional load in an unrelated task", *Science*, 1997, 278, 5343, p. 1616-1619.

05

抓小偷！注意捕获

夜莺！

我的双手在水槽上

停了下来。

——智月尼[1]

大自然没有想到，人们会发明广告，并想出各种各样的把戏来吸引或分散注意。对很多物种来说，被注意到或不被注意到的能力是事关生存的大问题。为什么樱桃是红色的？为什么绝大多数的花都不是绿色的？花和果实与绿叶形成鲜明对比，动物和昆虫才能注意到它们，带走果核、种子和花粉，促进这些植物繁殖。

相反，对游荡在捕食者狩猎范围内的动物来说，吸引对方的注意将是致命的错误。把这些话告诉变色龙吧。你找不到变色龙？问问自己是为什么吧。俗话说："想活得幸福，就要隐蔽地活着。"这解释了伪装术存在的原因，这是一门不把别人的注意吸引到自己身上的艺术。对很多物种来说，伪装术不是幸福不幸福的问题，而是能不能活下来的问题。对捕食者来说也是这样，它们得在接近猎物的同时不让对方跑掉。我们人类同样不能违背这条规律，在南非布尔战争①期间，英国人付出了巨大代价才学会

---

① 南非布尔战争是英国人和布尔人（居住在南非的荷兰、法国和德国白人移民后裔形成的混合民族）为争夺南非殖民地而展开的两次战争。——译者注

了这一点：当英国士兵还穿着鲜红色的传统制服时，布尔人早就穿上了土黄色的军装；在接下来的战役中，英国人不得不改头换面，采用不那么显眼的装束。

前几年在法国服兵役的年轻人们还会在课堂上学到 FOMECBOT 这个首字母缩写组合，它总结了监视人员要想不被发现就必须关注的几个重要方面：F 指形状（Forme），O 指阴影（Ombre），M 指运动（Mouvement），E 指亮度（Eclat），C 指颜色（Couleur），B 指声音（Bruit），O 指气味（Odeur），T 指痕迹（Trace）。[2]只要在其中一个方面上与周围环境不同，就有吸引敌人注意的危险。大部分字母指的都是简单的物理特征：谁都知道明亮（E）的物体或发出声音（B）的物体会吸引注意。形状（F）的作用可能不那么显而易见；但要知道，过于规则或过于常见的形状，比如圆形或人脸，也会吸引注意。在战争片里，我们经常会看到战士们把脸涂成黑色，像《第一滴血》的男主角兰博那样，这就是为了"破坏"形状。

咦，这到底是什么？！

这些伪装术法则并不是认知神经科学家发明的，而是面对真实战场的军人们发明的。研究者以可控的方式在实验室里重现了这些场景，以便更好地理解军人们希望避免的注意捕获现象。双方互相交流，共同学习。

此外，实验还可以研究战场上实地无法侦测到的十分短暂的注意捕获现象。我们已经在前面举的例子中看到，在红色和蓝色字母中找到红色的字母 O 花费的时间会随着屏幕上的字母数量增加而变长；但还要知道，如果其中一个字母稍稍推后出现，搜索也会变慢。[3]即使这个字母不是 O 也不是红色，这种作用依然存在：略微的推后出现足以捕获被试的注意，在搜索过程中引起小小的延迟。这正是注意离开分心物所需的时间，一般不超过几十毫秒。通过测量这一搜索延迟，研究者能够量化这种十分短暂的注意捕获现象。这个例子展示了，新鲜事物具有强大的吸引力——新出现的事物往往更容易吸引人们的注意。[4]

在这种任务中，还有很多其他捕获注意的方式。比如说，被试需要在朝着各个方向的灰色字母 L 中找出灰色字母 T，搜索的时间取决于 L 的数量。但如果其中一个 L 是红色的，即使所有字母同时出现，L 的数量也没有增加，搜索时间也会变长。注意再一次被捕获了。注意也很容易被移动的字母，或者更明亮的字母捕获。总的来说，只要一个字母在某个简单的物理特征上明显区别于其他字母，即使它和目标字母形状、颜色不同，它都能捕获被试的注意（参见图 5.1）。这种现象在日常生活中也很常见：假如你刚从火车上下来，在用目光寻找来接车的人，你的眼睛可能会短暂地停留在戴橘黄色鸭舌帽的高个子先生身上。有些刺激强烈地吸引着注意，

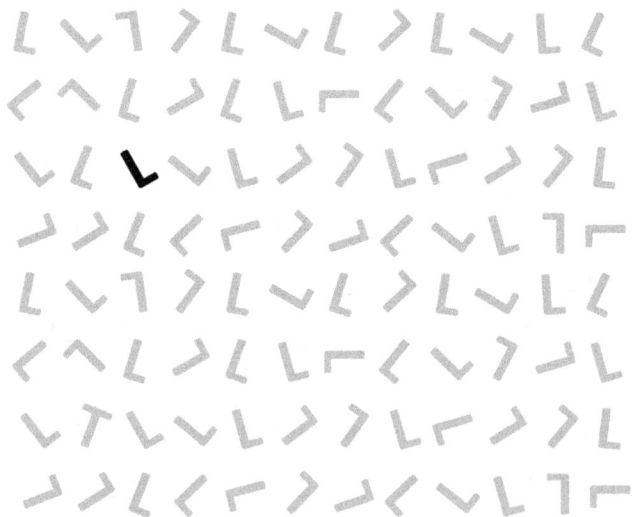

图 5.1　注意捕获

找一找灰色的字母 T。你被黑色的 L 分心了吗？

就像磁铁吸引金属那样，甚至还会把目光也吸引过来，因为目光往往随着注意转移。荷兰心理学家扬·思威斯在一篇文章中指出了这种被称为**眼动捕获**的现象，文章的题目意味深长——《我们的眼睛并不总是看向我们希望它们看的地方》。[5]

只要走近一块广告牌，你就会发现某些图像的吸引力有多强。一辆新汽车、咯咯笑着的婴儿和漂亮的妙龄女子，哪一个更能吸引注意呢？当然，这取决于广告瞄准的目标对象。要证明这一点再简单不过：让男人们和女人们看电脑屏幕中央，然后短暂地呈现两张图片，婴儿在左边，妙龄女子在右边。精确地测量被试目光的转移，重复几次，不时交换两张图片的位置。一般来说，眼睛会稍稍偏向更吸引注意的图片那一侧。眼睛微不足道的移动表明存在伴随注意捕获现象的眼动捕获。目光会自动朝向更吸引人的图片那一侧。猜猜实验结果如何。你也可以稍稍改变实验，要求被试以最快速度看向妙龄女子或婴儿出现的方向。西蒙·托尔普和他在图卢兹的团队进行了这种实验，比较人脸和风景的吸引力：被试只用不到0.1秒的时间就把目光转向了人脸的那一侧！[6]由此可见，我们的注意尤其会被人脸吸引（参见图5.2）。在另一个版本的实验中，在图片消失的那一刻，主试时不时地把其中一张图片换成一个绿色的圆，要求被试在看到绿色的圆时尽快按下按钮。通过比较圆代替婴儿或妙龄女子图片后被试的反应时间，不难猜到他的注意集中在哪一侧。因为根据波斯纳的理论，当圆出现在对被试来说更有吸引力的图片那一侧时，他的反应一般会更快。这种方法可以直接测量妙龄女子和婴儿、人脸和风景的吸引力有多强，而无需测量眼睛的运动。

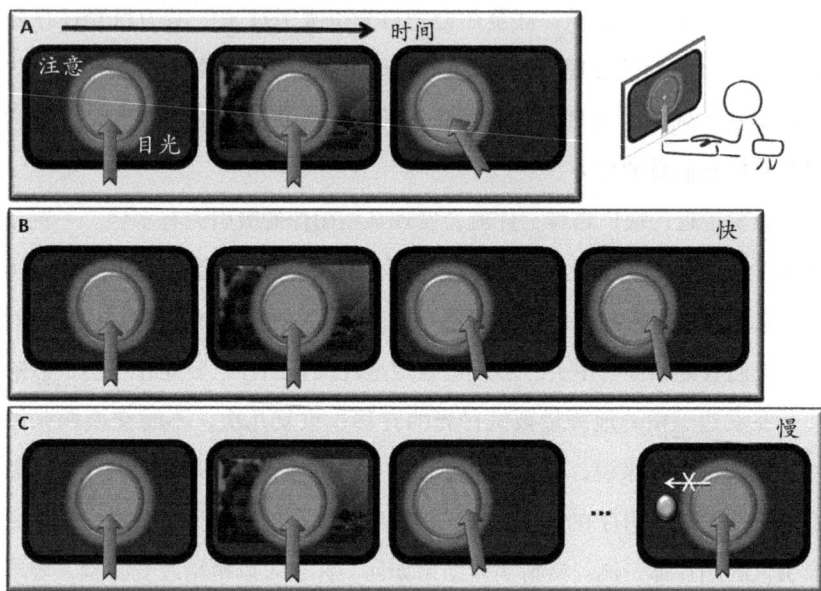

图 5.2　注意捕获和目光捕获

在这个实验里，被试在十分短暂的时间里看到两张图片，一张是人脸，另一张是风景。他会尽快地把目光转向人脸那一侧。注意和目光在不到 0.1 秒的时间里被捕获（A）。如果我们在面孔一侧呈现一个被试应该能侦测到的白色图形，这种捕获就会表现为更短的反应时间（B）。如果目标推后出现，反应时间就反而会变长，因为注意又回到了屏幕中央，而且不会再轻易回到刚刚离开的地方（C）。这种现象被称为**返回抑制**。

困在反方向上的注意

在这些争夺注意的小小比赛中，我们观察到一个有趣的现象，它揭示了注意运行的方式。如果绿色的圆没有在图片消失后迅速出现，而是过了大约 1/4 秒才出现在更有吸引力的图片那一侧时，被试需要更长的时间才能按下按钮。这个结果跟圆在图片消失后迅速出现时恰好相反。这种现象被称作**返回抑制**[7]，表明注意天生不爱待在同一个地方，而是喜欢转移：图片一消失，偏向左边或右边的注意就会重新回到屏幕中央，因为它的工作已经结束了，没有什么要看的东西了。注意有点像家里围着饭桌打转的小狗。当小男孩没有什么吃的能喂它时，小狗会跑去表姐那里。如果小男孩又找到了一块肉，那就活该小狗倒霉，谁让它已经跑了。返回抑制现象说明注意被反向制约了；当注意回到中心时，绿色的圆在它"背后"出现。这种作用在 1/4 秒之后最为明显，这正是大脑认识到这儿没有东西、去别处看看所需要的时间。1/4 秒之后，额叶会决定是否参与其中，就像在红色故事和绿色故事的实验里那样。所以，如果我告诉你目光同样是以每秒三四次的节奏转移，[8]直到落在它感兴趣的物体上，你也一定不会感到惊讶。此时，小狗停了下来，开始啃它刚刚找到的骨头。

所以，视觉注意是有节奏和速度的：返回抑制现象证明了注意转移的速度是有限的；如果注意被困在反方向上，那是因为它具有一定的惯性。最近，荷兰乌得勒支大学的三位研究者[9]计算出注意需要150 毫秒（约 1/6 秒）转移 7 度视角——这相当于将五指分开后，目光从食指移到小指所经过的角度。根据这支团队的评估，你的注意从食指转移到小指需要约 1/6 秒。当你面朝街道时，视觉注意比自行车还慢，甚至比不上你前方 6 米以 15 千米 / 小时的速度慢跑的人。

你知道街角有什么不错的店吗？

视觉注意喜欢转移，但它既不能很好也不能很快地转移。这补充说明了为什么大脑必须配备一个能对周围环境进行前注意分析的系统，让它能把注意引向原则上最有趣的东西。这个系统每时每刻都会提供一张旅游地图，标明主要关注点的位置，有点像米其林地图。这张地图定义了所谓的**显著性**，即吸引注意的能力。所以，这是一张显著图，多方证据表明它位于，或至少部分位于顶叶。[10]实际上，在神经元显著性图中，神经元的活跃水平更多地取决于观察对象的重要性，而不是它的形状、颜色或速度（参见图 5.3）。我们在顶叶区域的**顶内沟外侧区**（**LIP**）观察到了这一点。顶内沟外侧区属于视觉系统，这里的神经元甚至有感受野，但它们的活动并非简单地标明某个特定的形状或运动是否存在；尤其，激烈的活动表示

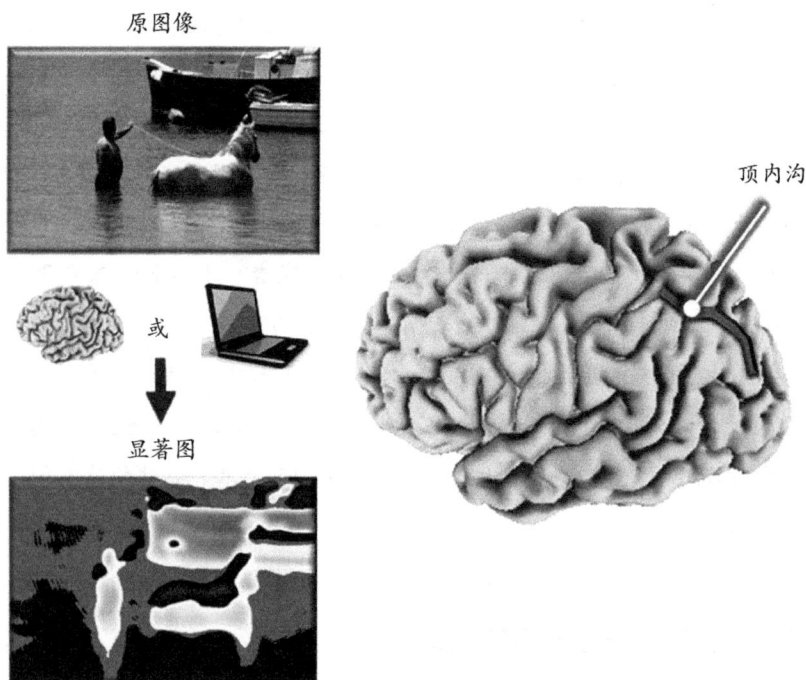

图 5.3　显著图

顶内沟能够把一张图片转化为显著图，标出原则上信息量最大的区域。这张图展示了大脑从这张图片中推导出的显著图，白色部分是最值得关注的区域。借助直接受大脑工作机制启发而研究出的程序，电脑也可以做出显著图。

个体将会把注意转向这片空间区域。换句话说，只要测量你大脑中所有顶内沟外侧区神经元的活动，就能八九不离十地猜出你的视觉注意会转向何处。在大自然合理的安排下，这些神经元旁边就是其他参与目光转移的顶内沟外侧区神经元。于是，大脑能够在**上丘**这个皮质下区域的帮助下，轻松地协调目光转移和注意转移；眼动捕获的现象也许就是由此而来。

计算显著性

　　显著图是感觉脑区内部的自动计算产生的结果。在视觉中，V1、V4 和 V5 等区域的神经元在不到 0.2 秒的时间里迅速分析图像，从中提取不同物体的轮廓、速度、颜色和各种各样有用的信息。视网膜图像原本只是一系列根据两个维度组织起来的亮度值，比如浅红色和深蓝色。这个分析过程把视网膜图像转换成了一个由同质区域构成的整体，模模糊糊地"让人想到咖啡杯"或"让人想到一张面孔"。显著图是这个消化图像的过程带来的产物之一。它凸显了图片中与周围环境有着明显区别的元素。

　　如今，人们已经充分掌握了决定显著性的神经元机制，而且能够在电脑上将其再现，甚至设计了一些程序，用来辨认图片中最显著的区域。[11]仔细想想，这有点令人担心；理论上讲，这意味着机器可以预言图片上哪些元素将首先吸引你的注意……如此一来，人还能保留自由意志吗？不过，放心吧：这些程序还很不精确；但这还是证明了我们的注意有多敏感，并且在某种程度上"受制于"周围的环境。注意符合一定的规律，而了解这些规律的人可以在某种程度上控制它。

当额叶决定参与其中，仔细分析并记住一个刺激时，注意就完全被这个刺激捕获了。因此，"显著"指的就是能够引起一连串反应。在大多数情况下，这种连续反应表现为感觉区域内强烈、同步的回应，具体内容请参见上一章。所以，感觉事件的显著性直接取决于它激发的神经元活动波的响亮程度和协调程度。一个刺激若能产生声音最大或最有组织的回应，就会吸引到全部的注意。这是一种"胜者为王"的机制。这条简单的规律足以解释为什么闪光或炮声能够自然而然地吸引注意，因为在感觉皮质中，神经元反应的密度直接随着刺激的对比度和密度的增加而增加。FOMECBOT 警示中的大部分元素就直接参照了这个机制。

魔术，魔术

有些人以控制其他人的注意为职业，比如说魔术师。魔术直接利用了注意系统的某些缺陷，这在最近引起了几位神经科学家的兴趣。[12]本书的小读者们可能会感到失望，不过魔术师确实没有真的从帽子里变出兔子；他们趁人不注意时使用了某些机关。再说了，就算观众在没有注意的情况下看到了机关也没什么关系：最精彩的魔术把戏都是在众目睽睽之下进行的，这一点已经被证实了。好几项研究通过精确测量观众目光的位置，确认了优秀的魔术师知道如何在观众的眼皮子底下变戏法，而不被任何人注意到。

如果观众什么都没注意到，那是因为魔术师巧妙地岔开了观众的目光和注意。你现在已经知道，**看着**一个空间区域不等于**注意**这个区域里所有的东西：注意可能转移到别处了，就像波斯纳的实验里那样；它也可能固定在一个特别显著的物体上，以至于没有发现丹·西蒙斯的视频里的大猩猩。所以，魔术师可以掩饰自己的动作，使用更显著的感觉事件抓住观众的注意，比如黑色背景上的白鸽，或者只是大厅里的阵阵笑声，因为用来抓住注意的刺激不一定非得是视觉的。时间也是一个重要的因素，魔术师知道他还可以依赖所有观众的注意都涣散的那些时刻，比如魔术结尾处大家鼓掌的时候。由此可见，注意在空间和时间中的转移受到某些规律的控制，而魔术就建立在对这些规律的深入且直观的认识之上。魔术师能够辨认并利用观众们注意中的"漏洞"。

新鲜事物的吸引力

如果我们对以上描述的机制坚信不疑，那么显著图应该是静止的，而注意会不可救药地固定在停在街边的汽车的转向灯上。这当然不符合事实：转向灯确实是非常显著的刺激，但它很快就会失去捕获的能力；注意会迅速转移，看向其他地方。因此，显著图会迅速发展变化，把注意引向尚未探索的事物。我们前面讲过的返回抑制现象，就是这种发展变化的一部分，能阻止注意马上回到已经探索过的区域。时间再长一点的话，被称为**习惯化**的另一种现象同样会促进对新鲜事物的搜索：当一个神经元反复几次面对同一个场景，它的回应就会逐渐减弱。举个例子，当你在咖啡馆里和朋友聊天，注意力集中在朋友身后的墙上挂着的玛丽莲·梦露的大幅照片上。此时此刻，梦露的照片在你的腹侧视觉通路中产生了相当强烈的神经元活动。这一视觉通路位于颞叶后部，称为**内嗅皮质**或**嗅周皮质**的区域及其相邻结构内，后者有着一个漂亮的名字——**海马体**（参见图 5.4）。但每当你的目光落在照片上，[13]这种反应就会减弱，直到最终触底，不足以引起 额叶的回应：习惯化的现象使梦露没有那么显著了。总的来说，大脑对新鲜事物反应更激烈，这也在一定程度上解释了为什么注意那么喜欢新鲜事物。所以你的目光很难离开电视屏幕，因为上面的图像一直在变。

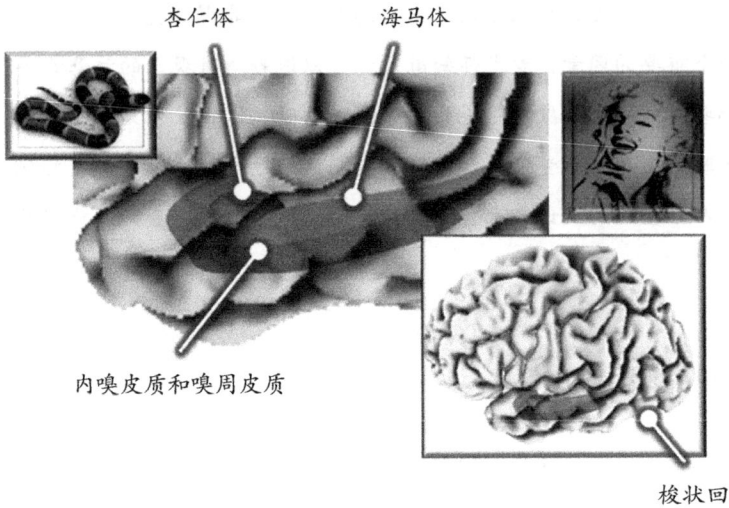

图 5.4　颞叶的角落

对视觉而言至关重要的几个结构都位于颞叶的中间部分：杏仁体、海马体、内嗅皮质和嗅周皮质。杏仁体对能够引起正面或负面强烈情绪的图像尤其敏感。

注意，有危险！

即使考虑到习惯化和返回抑制，还是没有任何电脑程序能够准确地预言，一个人的注意会集中在图片的哪一部分上。注意自发的转移依赖于很多其他因素，其中有些因素因人而异。在新鲜事物之外，注意也很容易被具有强烈感情色彩的事物吸引，当然，这取决于个体的敏感程度。所以，生气的脸一般比没有表情的脸更容易吸引注意。这样很合理，情绪刺激理应吸引注意：我们不能允许自己忽视一条蛇或一个愤怒的人冲自己扑来。自然而然，事件或刺激的显著性也取决于其感情色彩，无论积极或消极。事实正是如此：在向几十个被试呈现蛇的照片、恶犬的叫声、生气的面孔或声音，以及种种可怕的刺激之后，研究者们得出结论，与中性刺激相比，感情色彩强烈的声音和图像会在感觉皮质中引起更强烈的反应，即使被试身处舒适的实验室中，知道自己没有任何危险。梭状回中专门负责分析面孔的"梭状回面孔区"，对表达恐惧的面孔反应更强烈，哪怕只是电脑上一张小小的照片。[14]

在海马体中，神经元对情绪刺激的反应很早就开始增强，面孔在屏幕上出现后 0.2 秒之内就发生了。这种作用并非来自额叶推动的**自上而下**的注意重新定位，因为额叶在过了 0.2 秒或 0.3 秒之后才有所反应。刺激性感情特征引起的反应增强是注意重新定位的原因，而不是结果；这种增强是为了提高显著性。大脑能够在加以注意之前就辨别出图像或声音的感情色彩。的确，感情特征突出的刺激比其他刺激更显著：在一堆图形中找到一张表情丰富的面孔比找其他面孔所需时间更短。同样，人们发现蜘蛛或蛇也比发现花朵或猫的速度要快。

注意的朋友——杏仁体

这种神奇的能力究竟是什么？视觉皮质中存在专门侦测蜘蛛或愤怒面孔的神经元吗？其实，愤怒的面孔不会像春天麦地里的一朵虞美人那样跃入眼帘；这并不是特瑞斯曼提出的**跳出效应**，会使用视觉和听觉皮质中的特殊探测器。当面孔周围出现更多的物体时，搜索就会花费更多的时间，这跟"跳出"机制完全相反。所以，这种加速搜索的原因出在别处。就目前而言，最大的可疑分子恐怕就是**杏仁体**，一个小小的杏仁形状的大脑结构。杏仁体位于颞叶前部（参见图 5.4），属于边缘系统，负责控制情绪。大脑有两个半球，也就有两个杏仁体，每侧一个。认知神经科学家关注杏仁体很长时间了，因为它在恐惧习得中扮演着重要角色。如果我们把切除了杏仁体的猴子领到装有食物和塑料蛇的透明箱子前，它会毫不犹豫地拿走食物。而大脑未受损的动物会表现出恐惧和沮丧，不敢打开箱子。同理，杏仁体受损的病人很难辨认面孔是否表现出恐惧。[15]

杏仁体尽管很小，却拥有强大的识别和记忆情绪价值的能力。你可能听说过这个著名的实验：俄国生理学家伊万·巴甫洛夫成功地让一只狗在听到铃声时分泌唾液。如果一只狗总是在听到铃声之后就得到食物，它的大脑就会把这个声音和紧随其后的食物联系起来，以至于狗在听到声音时表现出得到食物时的样子，也就是分泌唾液。这就是所谓的**条件反射学习**，巴甫洛夫凭借这一发现获得了 1904 年的诺贝尔奖。纽约的丹尼尔·萨尔兹曼和他的团队受巴甫洛夫的启发，让猴子看一系列图片。[16]他们展示其中几张图片之后，会给猴子食物；展示另外几张图片之后，会往猴子的鼻子上喷气，这令它们很不舒服。这种条件控制反复出现，猴子自然而然地明显表现出对第一组"好兆头"的图片的偏好。然而，研究者的目的并不在于折磨猴子，而是研究杏仁体在学习过程中的表现。实验结果清晰地表明，杏仁体的神经元起初对图片无动于衷，但很快就开始有选择性地对其中一组图片产生反应。某些神经元开始对"好兆头"图片有所反应，其他神经元会对"坏兆头"图片有所反应。然后，杏仁体就记住了感觉事件的积极或消极的感情色彩，而且这种学习是很灵活的：实验结束时，萨尔兹曼和他的同事们改变了游戏规则，在以前的"坏"图片出现后给猴子食物，在以前的"好"图片出现后喷气。经过几次调整，对以前的好图片有所反应的神经元就只对以前的坏图片有所反应了，反过来也是一样。这样一来，每个神经元可以继续报告刺激是好兆头还是坏兆头。由此可见，杏仁体能够迅速、灵活地学习、记忆并识别刺激正面或负面的特征。由于杏仁体的存在，大脑能够根据感觉事件正面或负面的特征，给它们贴上不同的标签（参见图 5.5）。

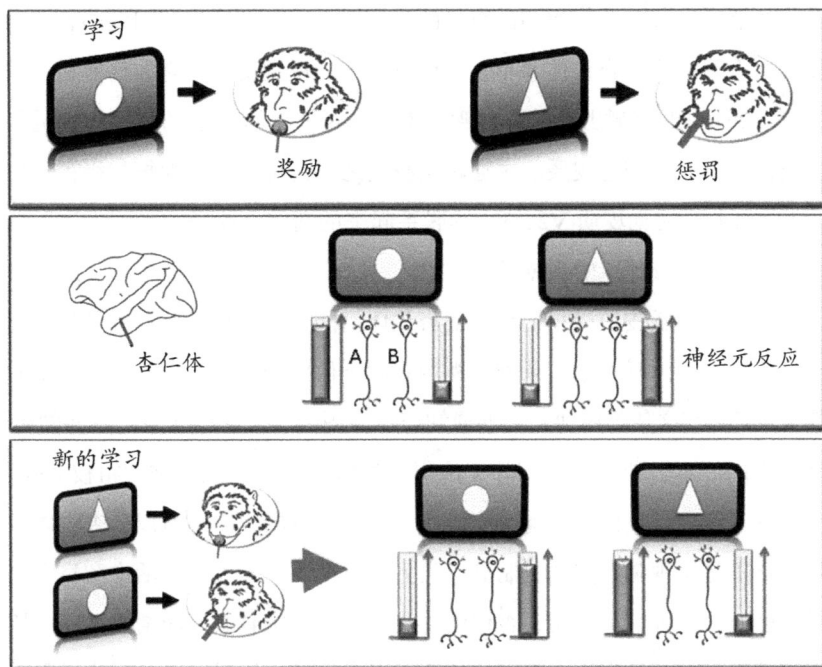

图 5.5　萨尔兹曼的实验

实验起初，每当屏幕上出现圆形，猴子就会得到食物；每当出现三角形，猴子的鼻子就会被喷气。很快，杏仁体中的某些神经元开始对圆形有所反应，其他神经元对三角形有所反应。这种反应会先于奖励或惩罚出现。然后，研究者们在猴子新的学习过程中，改变图片和奖惩之间的关系，把奖励和三角形联系在一起，神经元也随之改变了它们的偏好。于是，这些神经元以固定的方式报告即将发生的事件是否会令人愉快。

　　丹尼尔·萨尔兹曼的实验很有说服力，但不足以证明杏仁体导致了在看到蛇的时候视觉皮质反应增强的现象。诚然，杏仁体能够辨认蛇的危险性，但它是迅速做到的吗？它能增强视觉皮质的活动吗？第二个问题的答案是肯定的：杏仁体与视觉皮质所有主要区域直接相连——从初级视觉皮质到最高级别的视觉皮质，如梭状回。所以，杏仁体能够增强视觉皮质神经元的活动，改变我们看到的事物的显著性。然而，第一个问题的答案就没有那么明确了。杏仁体并不是严格意义上的视觉皮质，它如何能在不到0.2秒的时间里侦测出蛇的存在呢？不过，这还是有可能的，因为视觉信息通过两条通路到达皮质。主通路是我们之前讨论过的，即把初级视觉皮质V1和上级视觉皮质V2、V4等联系起来的通路。这条"光明大道"负责分析整个形形色色的视觉世界。

然而，视觉皮质受损的病人的杏仁体仍能对具有感情色彩的图片做出反应，这是因为存在第二条连接视网膜和杏仁体的通路，无需经过传统的视觉皮质。[17]这条附属通路能够通知杏仁体周围环境中的元素是正面的还是负面的。不过要注意：图片无法得到细致的分析，只能被"粗枝大叶"地查看。这就是我们会把绳子当成蛇、吓一大跳的原因。所以，杏仁体视觉通路不是主视觉通路的复制品，失去视觉皮质的病人在生活中和盲人无异。然而，各种因素表明，杏仁体是神经元对情绪刺激反应增强机制的核心，尤其是在视觉方面。当杏仁体不能正常发挥作用时，这种反应增强也就不复存在。[18]这一巧妙的机制同样适用于听觉。杏仁体使刺激能够引起更强烈的神经元反应，自动提高了该刺激的显著性和吸引力。接下来，一般是注意自上而下地重新定位在该刺激上，判断它是否重要。如果刺激是有害的或负面的，杏仁体将继续给它贴同样的标签；如果不是，杏仁体将做出调整，换一种标签。

事情还不止于此。杏仁体还能促使我们记住刺激和刺激出现的背景。杏仁体位于颞叶内侧，紧挨着几个与记忆相关的重要结构，包括对玛丽莲·梦露做出迅速反应的海马体、内嗅皮质和嗅周皮质。这三个结构对情节记忆至关重要，情节记忆指的是对已发生的事件的记忆："昨天我坐车的时候，天气很好。"杏仁体激活时，会促进这些区域之间的交流，事件也就被更好地记住了。[19]有些研究者认为，这解释了为什么我们能清楚地记得令我们高兴或难过的事情，为什么很多人都记得他们是在什么地方听说"9·11"恐怖袭击事件。由此可见，大脑存在一个高效的系统，能帮助我们侦测并记住最重要的事件，杏仁体居于其核心位置。

注意、百忧解和巧克力

一个人认为重要的事情，其他人未必也认为重要，一切取决于个体，甚至是个体的心情。已经有若干实验证明，焦虑的人更容易被可怕的刺激分心；就像在红色故事的实验里那样，比起"锄头"这种中性词，抑郁的人更难抑制自己读出具有消极意义的词汇，如"死亡"或"疾病"。[20]引起这种结果的确切原因目前还不清楚，但似乎一种叫作"5-羟色胺"的分子在其中扮演了重要角色。我们通常把5-羟色胺这种神经递质和情绪障碍联系在一起。5-羟色胺源自色氨酸，巧克力就含有色氨酸，所以有时候会说巧克力具有抗抑郁的功效。如果大脑得不到色氨酸，杏仁体中的5-羟色胺水平就会下降，里面的神经元将对被判定为"坏兆头"的负面刺激更敏感。于是，负面刺激将变得显著起来：可怕或悲伤的刺激更容易吸引注意，也更容易渗透进大脑。当杏仁体中的5-羟色胺水平重新上升时，这种作用就会消失。很多治疗抑郁的药物就是直接作用于5-羟色胺。一般来说，5-羟色胺把信息从一个神经元传递给另一个神经元，却不会待在两个神经元之间的突触间隙中：发送消息的神经元通过一个微型泵系统再吸收5-羟色胺，以便下次使用。治疗抑郁的药物将减缓微型泵的活动，进而机械性地增加突触中5-羟色胺的数量。这就是再吸收5-羟色胺选择性抑制剂的药理，著名的"百忧解"就属于这种抑制剂。

你在想什么？

下颞叶皮质专门负责识别物体。理论上，通过测量一个人的下颞叶活动，就能知道他在看什么。研究者在猴子身上发现，有些神经元在看到香蕉时反应激烈，但在看到苹果时几乎没有反应。当一只猴子在寻找香蕉时，这些神经元在整个寻找过程中都保持较高的活动水平。[21]这种机制类似于德西蒙提出的预热机制（参见第四章）。一旦香蕉出现在猴子的视野中，神经元就能迅速做出反应。这一机制也用于工作记忆：如果猴子需要记住香蕉的样子，在看到香蕉时有所反应的神经元在整个记忆过程中同样保持较高的活动水平，就像猴子正在寻找香蕉时那样。如果研究者接下来给猴子看两张照片，一张上是苹果，另一张上是香蕉，猴子能够毫不费力地指出几分钟之前看到的是哪张照片。所以，对下颞叶皮质神经元来说，在身边寻找某一物体和记住这个物体没什么两样。好几项研究都证实了这种推测，大卫·索托和他的团队做了以下实验：他们先让猴子记住一幅画着香蕉的画，然后在猴子不知情的情况下向它展示几幅水果画；结果是，猴子自发地把注意和目光定位在香蕉上，似乎香蕉比其他水果更显著[22]（参见图 5.6）。

这意味着，假如一件事在某一时刻占据了我们的思绪，注意会自发地被大脑所想之事的相关元素所吸引。这个现象导致了一个有趣的结果。如果你一边哼着披头士乐队的歌一边走在路上，你很可能在经过书店时，注意到橱窗里有本书的封面上是该乐队成员保罗·麦卡特尼，只是因为这张照片让你想起了刚刚哼唱的歌。封面上保罗·麦卡特尼的照片、歌曲《昨日》的片段、写在纸上的"约翰·列侬"几个字，都会让人想起披头士乐队。在纯粹的物理层面上，这三个刺激没有任何共同点，因为其中一个是声音，而另外两个图像也差别很大；然而，一些在颞叶前部的神经元不加

人类

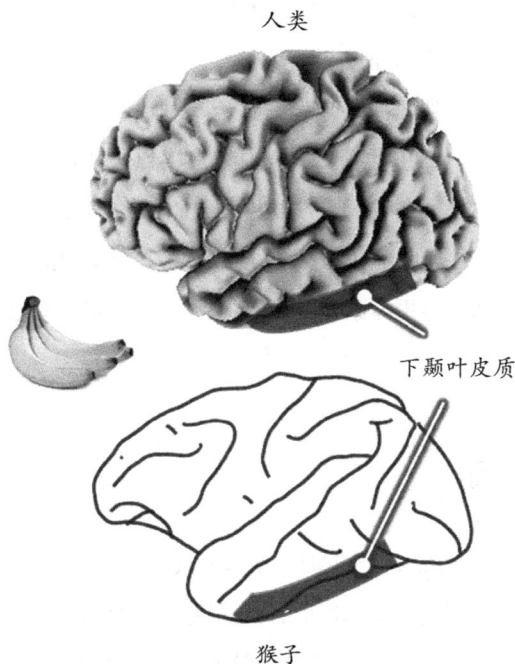

下颞叶皮质

猴子

图 5.6 人类和猴子的下颞叶皮质
当人类和猴子需要感知、寻找或回忆一个水果、一
个人或其他事物时，这个区域就会活跃起来。

选择地对所有能让人想起披头士乐队的元素都做出反应。[23]其实，只要想
到披头士乐队，这些神经元就会被激活；它们对感知到的或想象中的概念
都非常敏感。当你的脑海中响起披头士乐队的歌，这些神经元就会活跃起
来。而它们的灵敏度也随之提高，随时准备对与披头士乐队有关的元素做
出反应。因此，橱窗里保罗·麦卡特尼的照片会轻易地吸引你的注意。

　　由此可见，我们的注意会自主地被我们在某一时刻关注的事物所吸
引。关注的对象可能非常短暂，比如饥饿：当我们饿的时候，与食物有关

的图像更能吸引我们的注意。[24]但关注的对象也可以是更稳定的兴趣，比如一段时间以来热衷的事情。众所周知，当年轻女人们刚刚怀上第一胎时，她们会突然发现到处都是鼓起的肚子。对她们来说，这个世界好像一下子变了，充满了孕妇和婴儿。广告中经常用到这种效应：当所有人都在关注世界杯这种大规模事件时，广告商会把产品包装成让人想到正在发生的事件的样子。在一段时间里，人们会生活在一个不同的世界里，一切与足球有关的事物都变得更显眼了。这就是为什么商家会推出世界杯官方奶酪的原因。

一切取决于背景

下次你走进一个熟悉的地方时，不管是汽车驾驶室、办公室还是地铁入口，请观察一下自己的注意是如何自发地转移的。你会发现，注意总是倾向于沿着固定的路线，瞄准同样的地方。这并不是绝对的规律，而是一种倾向性。每个人都有自己的**注意习惯**。如果让一个人在十字路口的照片上找到交通信号灯，他会自发地从照片右边开始寻找。这是一种常见且高效的策略，因为交通信号灯一般都在右边。这也证明了注意的转移参照了与环境空间布局相关的**先验知识**。我们所处的环境大部分都有着我们熟悉的、固定的空间布局——每个位置上都摆放着固定的东西，每个东西拥有各自的位置。因此，我们通过经验学会了重要的事物位于哪里。当我们开车到达十字路口时，我们必须很快确认这个十字路口有没有交通信号灯，现在是不是绿灯。我们的大脑已经形成了习惯，所以注意会优先集中在灯上，即使交通信号灯的亮度、颜色或大小未必是整个场景中最显著的元素（参见图5.7）。同理，当我们面对一幅肖像画时，目光和注意会沿着熟悉的路线前进，优先集中在眼睛和嘴上，[25]这两个面部器官最能帮助我们识别快乐、气愤或悲伤的表情。大脑还能够根据他人的目光转移注意：如果公交车上坐在你对面的人一直盯着你身后看，那你可能也会转过身去看一眼。这就是所谓的**连锁**注意或**社会**注意，它是一种社会背景决定的注意定位。九个月大的婴儿就已经具备这种能力。[26]大脑会"抄袭同桌的作业"（参见图 5.8）。

图 5.7　注意习惯
在到达十字路口时，驾驶员的注意自然而然地集中在交通信号灯和右转的路上。然而，这两个区域是图上最不显著的两处。

　　面对熟悉的刺激或视觉环境时，大脑习惯于注意信息量最大的元素。这个习惯早在童年时就养成了。受习惯的驱使，注意的"智能"转移很快就自动连贯起来，不需主观意志的努力，就能形成注意习惯：当对手发球时，网球选手的注意自然而然地集中在球拍的运动上，因为这里包含着丰

富的信息，可以预判球的路线。这是网球选手通过不断训练养成的一种习
惯，不需特别留意。这再一次表明，注意的自发转移并不仅仅由
FOMECBOT 这套简单的特征单独决定。负责测量显著图的电脑，以及编
写相关程序的程序员，祝他们好运吧！

图 5.8　连锁注意

注意会自然而然地随他人的目光转移。你身后究竟有什么东西这么有趣？

任由自己分心吧！

　　要保持精力集中并不容易。注意会被明亮、有声音的东西吸引，会被
新鲜、令人感动或念念不忘的事物吸引，会被他人盯着的东西吸引，或者
只是被我们习惯注意的东西吸引。但是，我们真的有必要抱怨吗？如果没
有这种任由自己分心的能力，大脑就会生活在一个封闭的世界里，仅仅关
注考察对象……这可能带来危险。分心和疼痛一样，是一种警报。有些人
感觉不到疼痛，特别是患有先天性痛觉缺失症的病人。这看上去似乎是件

好事，实则不然。这些病人因为无法收到疼痛构成的警报，意识不到自己被咬伤、烧伤、刺伤、割伤，他们的身体经常在不知不觉中受到损害。如果在未来出现让人感觉不到疼痛的神奇妙药，在吃药之前一定要三思！同理，如果有了抗分心的药物，在吃药前也一定要三思，因为你很快就会后悔万分。你可能会上报纸头条："有人在图书馆火灾中丧生。他在阅读时过于投入，没有听到警报和消防队员的呼唤。"分心把注意引向生死攸关的刺激，从而保护着我们。

当我们集中注意时，我们就制造出一种气泡，把自己和一切与正在进行的活动无直接关系的事物隔离开来。然而，有些大脑区域会在必要时粉碎这种气泡。美国圣路易斯医学院的莫里西奥·科尔贝塔发表了几项研究成果，表明某个系统会把注意引向处于任务背景之外、但对生命而言可能十分重要的事件。这是一套监视系统，连最微小的警报也不放过，在大脑集中精力时提醒它外部世界的存在。[27]

这个监视网络最关键的区域之一位于**颞顶联合区**，也就是颞叶和顶叶相连的地方。多亏了格勒诺布尔医院的癫痫治疗团队，我们有幸在一名玩填字游戏的病人身上实时追踪这一区域的活动。我们能够观察到，每当我们让这名病人分心，比如盯着她看、咳嗽或者弄出一点动静，颞顶联合区就会做出反应。反应持续的时间根据意外和分心的程度长短不一；这样我们就直接测量了分心程度，相应地也就测量了注意集中状况（参见图5.9）。

毫无疑问，分心的源头位于大脑。不管你愿不愿意，这套监视系统会伴随你一生，随时准备向你报告周围世界的存在。但是，事情有那么严重吗？分心的代价究竟有多大？在本章开头提到的寻找物体的实验中，分心物捕获注意后，只会使搜索减慢零点几秒。所以，注意捕获是一种短暂的现象，即使额叶区域也采取了行动。一种被称作**注意瞬脱**的奇怪现象使我们能够估算出，前额叶皮质在分心时浪费的时间大约是 0.5 秒钟。[28]

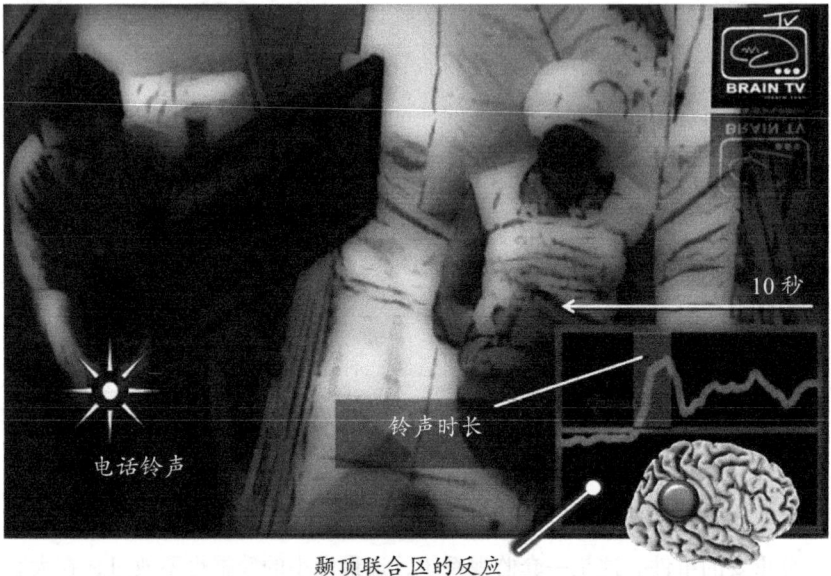

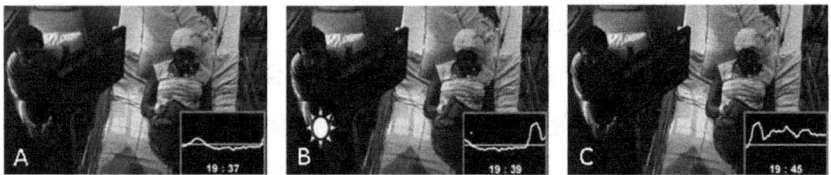

图 5.9 "大脑电视"系统（BrainTV）

左边是一位病人，她在玩填字游戏时的大脑活动被记录了下来。一台电脑实时计算她的颞顶联合区（灰色圆点处）的活动，并且以曲线（图片右下角的屏幕处）的形式表现。当主试让电话铃声短暂响起，曲线突然变化，好几秒钟之后才恢复到起始状态（A、B 和 C）。

注意瞬脱

我们通过实验可以观察到"注意瞬脱"的现象（参见图 5.10）。被试需要专注地看屏幕上的一系列图片，这些图片以每秒钟 10 张左右的频率出现。其中只有 2 张图片上是数字，而其他图片上都是字

母，被试需要识别这两个数字，如果第二个数字仅在第一个数字出现
0.3 秒左右之后出现，这个任务就会变得非常困难。在这种情况下，被
试通常只能看到第一个数字，好像他在第二个数字出现时眨眼了似的。
但他的眼睛其实睁得大大的，所以是注意在"眨眼"。如果第二个数字
晚一点出现，被试就一定能看到。如果额叶区域行动起来，努力记住第
一个数字，也就是第一个数字出现 0.3 秒之后，此时第二个数字出现，
就会发生注意瞬脱；第二个数字就在额叶里堵车了。于是，额叶区域
对第二个数字置之不理。把电极贴在被试头上，运用脑电图技术测量
到的大脑信号显示，第二个数字没有引起额叶特有的活动——300 毫
秒时出现的正电位被称为 P300。全过程就像额叶关门 0.5 秒钟，用来

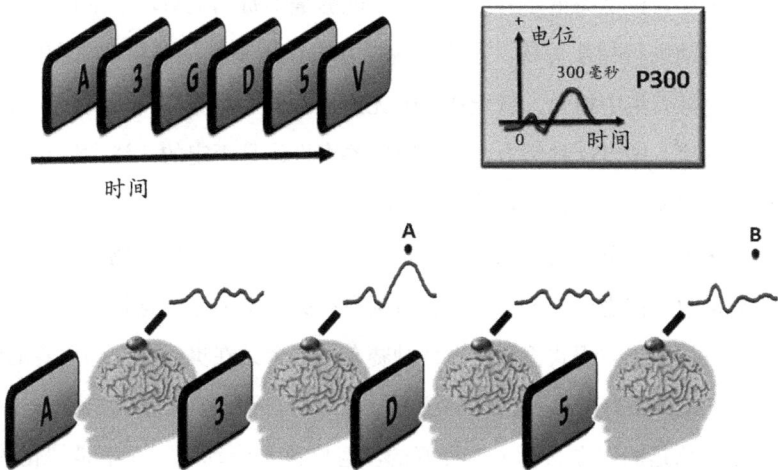

图 5.10　注意瞬脱

被试看到屏幕上迅速出现一系列图片，每秒约 10 张。他的任务是侦测出现
的数字。被试可以毫无困难地发现第一个数字，伴随着一种叫作 P300（数
字出现之后 300 毫秒）的特定脑电波。实验表明，第二个数字很难被发现，
尤其当它在第一个数字之后 2 至 5 毫秒之间出现时。被试像是眨了一下眼
睛，什么也没有看到。实际情况并非如此：这不是眨眼，而是注意瞬脱。

消化第一个刺激。注意捕获确实是一种捕获，它让大脑的某些区域暂时不可用。一旦注意被捕获了，它得先获得自由，才能再次被新的事件捕获。这种捕获和自由的交替最少需要 0.5 秒钟左右完成。时间说长不长，说短也不短。这是分心最小的代价：额叶自由的 0.5 秒钟。

任何抵抗都是徒劳的

如果急救车的警笛声使你在阅读中分心，那你只能自认倒霉。捕获注意的神经元机制层级比较低，它们的活动是自发、自动的。这种机制在生物进化中发展起来，目的是弥补感觉系统处理信息的局限性。这套快速的系统是感觉分析至关重要的组成部分，能够毫不费劲地对环境中存在的所有信息自动进行初步分拣。这套系统站在逃脱危险和侦测猎物的前哨上，你只需要努力集中精力，就能让它悄无声息。但这种努力代价高昂，有可能带来危险。做出这种努力，值得吗？答案也许是否定的。注意捕获是一种短暂的现象，注意会在不到 0.5 秒钟的时间里迅速回到目标上，这段时间仅够认出一个单词或一张面孔。实际上，除非在一些特殊场合，或者需要以毫秒为单位进行测量的情况，否则没有必要费力避免这种捕获。如果你不是正在一级方程式锦标赛上驾驶赛车，或者站在奥运会短跑比赛的起跑线前，或许最好还是任由你的注意游荡片刻。不如省下精力，阻止被捕获的注意总是固定在目标上。良好的注意应该是流动的，而不是僵化的，时刻等待机会让自己被捕获，以便随时了解世界。

注释

[1] Cheng W. F., Collet H., *Ah! Le printemps, le printemps ah! Ah! Le printemps. Haikus de printemps*, Millemont, Moudarren, 1991, p. 74.

[2] 还有其他版本的首字母缩写组合，比如 FFOMECBLOT，多出来的 F 指背景

（Fond），意思是伪装主体不能从背景上凸显出来；L 指光线（Lumière），意思是伪装主体不能比周边物体更亮。

[3] Theeuwes J., "Stimulus-driven capture and attentional set: Selective search for color and visual abrupt onsets", *Journal of Experimental Psychology: Human Perception & Performance*, 1994, 20, p. 799-806.

[4] 注意捕获是实验心理学研究中由来已久的主题。实验心理学的先驱之一，爱德华·铁钦纳就这一主题写道："在最开始的时候，有一种我们无法阻挡的必须付出的注意。或者换一种说法，有一些我们不得不去注意的印象，它们会像暴风雨一样卷走我们的意识。"Titchener E. B., *A Text-Book of Psychology*, New York, McMillan, 1896, réédité en 1924.

[5] Theeuwes J. et col., "Our eyes do not always go where we want them to go: Capture of the eyes by new objects", *Psychological Science*, 1998, 9, p. 379-385. 这种目光捕获现象似乎会随年龄增长而越发明显（Kramer A. F. et col., "Age difference in the control of looking behavior: Do you know where your eyes have been?", *Psychological Science*, 2000, 11, p. 210-217）。

[6] Crouzet S. M., Kirchner H., Thorpe S., "Fast saccades toward faces: Face détection in just 100 ms", *Journal of Vision*, 10 (4): 16, 1-17.

[7] Posner M. I., Cohen Y., "Components of visual orienting" in Bouma H., Bonwhuis D. (éds.), *Attention and Performance X: Control of Language Processes*, Hillsdale, Erlbaum, 1984, p. 551-556. 这种现象并非视觉独有，在其他感觉方式中也存在。

[8] Martinez-Conde S. et col., "The role of fixation eye movements in visual perception", *Nat. Rev. Neurosci.*, 2004, 5, 3, p. 229-240.

[9] Carlson T. A. et col., "The speed of visual attention: What time is it?", *J. Vis.*, 2006, 6, 12, p. 1406-1411.

[10] Gottlieb J., "From thought to action: The parietal cortex as a bridge between perception, action, and cognition", *Neuron*, 2007, 53, 1, p. 9-16. 在顶叶之外，其他脑区似乎也充当了显著图，尤其是丘脑枕和上丘。

[11] http://ilab.usc.edu/toolkit/downloads.shtml

[12] 小偷们也对控制注意很感兴趣。在这里提到的文章中，其中一位作者公开承认自己是职业小偷，并解释了他对注意机制的直观理解如何帮助他进行偷窃。Macknik S. L. et col., "Attention and awareness in stage magic: Turning tricks into research", *Nat. Rev. Neurosci.*, 2008, 9, 11, p. 871-879.

[13] Eichenbaum H. et col., "The medical temporal lobe and recognition memory", *Annu. Rev. Neurosci.*, 2007, 30, p. 123-152.

[14] Vuilleumier P., "How brains beware: Neural mechanisms of emotional attention", *Trends Cogn. Sci.*, 2005, 9, 12, p. 585-594.

[15] Murray E. A., "The amygdala, reward and emotion", *Trends Cogn. Sci.*, 2007, 11, 11, p. 489-497. Pessoa L., "On the relationship between emotion and cognition", *Nat. Rev. Neurosci.*, 2008, 9, 2, p. 148-158.

[16] Paton J. J et col., "The primate amygdala represents the positive and negative value of visual stimuli during learning", *Nature*, 2006, 439, 7078, p. 865-870.

[17] Pegna A. J. et col., "Discriminating emotional faces without primary visual cortices involves the right amygdala", *Nat. Neurosci.*, 2005, 8, 1, p. 24-25.

[18] Vuilleumier P. et col., "Distant influences of amygdala lesion on visual cortical during emotional face processing", *Nat. Neurosci.*, 2004, 7, 11, p. 1271-1278.

[19] Paz R. et col., "Emotional enhancement of memory via amygdala-driven facilitation of rhinal interactions", *Nat. Neurosci.*, 2006, 9, 10, p. 1321-1329.

[20] Cools R. et col., "Serotoninergic regulation of emotional and behavioural control processes", *Trends Cogn Sci.*, 2008, 12, 1, p. 31-40.

[21] Chelazzi L. et col., "A neural basis for visual search in inferior temporal cortex", *Nature*, 1993, 363, 6427, p. 345-347.

[22] Soto D. et col., "Automatic guidance of attention from working memory", *Trends Cogn. Sci.*, 2008, 12, 9, p. 342-348.

[23] Quiroga R. Q. et col., "Invariant visual representation by single neurons in the human brain", *Nature*, 2005, 435, 7045, p. 1102-1107.

[24] Mohanty A. et col., "The spatial attention network interacts with limbic and monoaminergic systems to modulate motivation-induced attention shifts", *Cereb. Cortex*, 2008, 18, 11, p. 2604-2613; Pessoa L., "How do emotion and motivation direct executive control?" *Trends Cogn. Sci.*, 2009, 13, 4, p. 160-166.

[25] Yarbus A. L., *Eye Movements and Vision*, New York, Plenum, 1967.

[26] Nummenmaa L., Calder A. J., "Neural mechanisms of social attention", *Trends Cogn Sci.*, 2009, 13, 3, p. 135-143.

[27] Corbetta M. et col., "The reorienting system of the human brain: From environment to theory of mind", *Neuron*, 2008, 58, 3, p. 306-324.

[28] Raymond J. E. et col., "Temporary suppression of visual processing in an RSVP task: An attentional blink?", *Journal of Experimental Psychology. Human perception and performance*, 1992, 18, 3, p. 849-860.

06

漂亮的俘虏

> 我转过身去看，
>
> 薄雾里
>
> 和我擦肩而过的人。
>
> ——正冈子规[1]

　　让我们再来看一下专心玩填字游戏的病人吧。她的颞顶联合区对每一个分心事件都反应强烈（参见图 5.9）。我们惊奇地发现，这种反应的持续时间通常远远超过辨认分心原因所需要的时间。比如有一次，电话铃声仅仅响了 1 秒钟，神经元的反应却长达 10 秒钟。铃声来自我的手机，病人在房间里也没有电话。所以，没有任何客观理由让病人对这个声音反应如此长的时间。同样的现象也发生在其他病人身上和科尔贝塔发现的其他监视系统区域中。研究者把曲线拿给病人们看，询问他们曲线的意义，病人们总是这么回答："当我分心时，这个区域的活动增多。"的确，当病人全神贯注地阅读或玩填字游戏时，曲线似乎回落得更快。

　　监视系统的这些反应明显完全对应于注意捕获。但为什么它们持续时间那么长呢？在上一章的实验中，注意捕获一直是一种短暂的现象，持续不足 1 秒。那么为什么发现电话铃声只需要零点几秒，而监视系统却有时会花好几秒钟才能恢复平静？我们必须承认，注意捕获后面紧跟着一个持续时间更长的第二阶段。在此期间，注意一直是个**俘虏**，被捕获自己的事件占据。

"这太让我分心了！"在法网赛后的发布会上，一名网球运动员解释了为什么在一名观众喊着"双发失误"之后，他发球下网。运动员的大脑里发生了什么？他的额叶只需要 0.5 秒钟就能发现这名观众喊的内容对比赛没有任何影响，完全可以忽视。然而，和电话铃声的案例一样，他的大脑反应过激，对分心刺激加以过多的注意。所以，问题并非来自捕获本身，而是分心现象延续时间过长。这就是我们平时所说的"心不在焉"。

捕获只是非常短暂的第一阶段。在这期间，大脑会把注意转向分心物，在零点几秒的时间里辨认出它。在上一章的实验中，分心物几乎不会让目标搜索减慢，因为它们只捕获了注意。在被试寻找红色的字母 F 时，我们通过呈现一个红色字母 A 来使他分心。这个分心物不具备任何注意捕获所必需的特征。因为让一件事变得"有吸引力"的特征与让它变得"有捕获力"的特征，两者区别很大。在更贴近日常生活的场景中，捕获的起始阶段只是一连串运动、情绪或认知过程的开头，这些过程使大脑能够以恰当的方式对事件做出反应。当大脑认为这件事足够有趣或足够重要，这串过程就会持续一段时间，时间长短取决于主体此刻集中精力的程度。在第二阶段，注意不再被用于主要任务，不管这个任务是发球，还是玩填字游戏。在这个**入迷**阶段，注意成了劫持者的俘虏。入迷的强度体现为大脑把注意重新转向原来的目标所花费的时间，所需时间超过初次捕获所用的零点几秒。在这一章中，我将详细描述一些运动、情绪或认知过程，它们通常紧随注意捕获之后，减慢了注意回到主要目标的脚步。这样一来，你也许就更能理解，为什么我们这么容易走神。

注意捕获和身体捕获

在过马路时，如果我听到右边传来马达声，我会立刻站住，转身看向右边。我的注意被汽车噪声捕获，自发地引起我的眼睛、头部和上半身的重新定位，使我能够清晰地辨认噪声来自何方。这是我之前提到过的眼动捕获的延长。所以，注意捕获也是一种身体捕获。外部世界牵动着我们的身体，就像木偶操纵者牵动娃娃身上的线。

在神经元层面上，身体捕获牵涉到顶叶——这一广阔的皮质大陆位于头顶下面。顶叶对空间最感兴趣。它不停地提醒我们存在着左边和右边、低处和高处、近处和远处。在顶叶内部，沿着**背侧通路**（又称"空间通路"，the where pathway），大脑对周围物体的位置、轨迹和速度加以分析。这条背侧通路沿大脑"背侧"而上，从位于大脑后部的初级视觉皮质出发，最终到达顶叶顶部，接近头顶下面额叶里的运动区域。背侧通路和被称作**腹侧通路**的另一条视觉通路互为补充。腹侧通路也称为"内容通路"[2]（the what pathway），沿颞叶（拳击手套的拇指部分）而下，负责分析面前物体的形状、颜色和性质。每个出现在你眼前的物体或人都会在你的大脑中引起两种活动波：一个沿腹侧通路下行，另一个沿背侧通路上行。它们一起判断出，一辆黑色的奔驰汽车正朝你疾驰而来（参见图 6.1）。

在横跨顶叶的背侧通路内，一组神经元专门处理空间信息，其中每个神经元都监视着一片精确、固定的空间区域。每个神经元通过活动水平报告其负责监视的空间区域中有没有静止或运动的物体。[3]所以，只要测量这些神经元的活动，就能了解周围任何物体的位置和运动，就像看地图那样。

我们已经在顶叶里遇到过显著图。还有很多其他地图，用于确认周围物体在不同坐标系中的位置和速度。只有当坐标系被确定下来，讨论位置和速

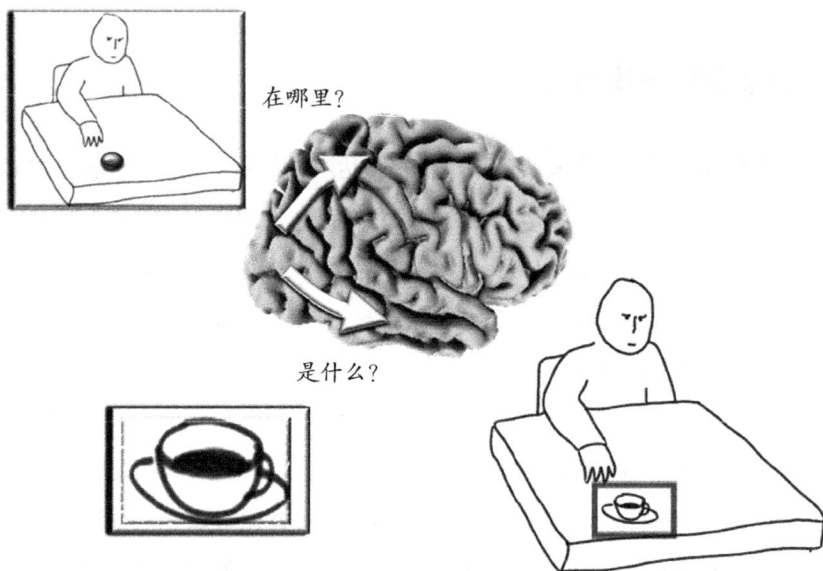

图 6.1 视觉系统的两条通路

沿顶叶而上的背侧通路关注物体的位置和速度——"在哪里？"；沿颞叶而下的
腹侧通路能够识别物体——"是什么？"。这两条通道协同工作，使主体认出咖
啡杯，并确定它的空间位置。

度才有意义：如果我告诉你，我没办法把盐递给你，因为它太远了，那我暗
指的是盐离我太远的事实。只有在和参照位置，即**原点**的比较中，远或近的
概念才有意义。同理，如果我告诉你盐在水瓶的右边，这句话也是毫无意义
的，因为水瓶没有左边和右边，除非我指定这个水瓶的前方和上方。同样，
必须通过和原点进行比较，才能确认与顶叶神经元相关联的区域；原点定义
了远近、左右、上下、前后等各种方向。这就是我们所说的坐标系（参见图
6.2）。顶叶使用好几种地图，以便呈现物体在多种坐标系中的位置和速度。
在视觉皮质初级水平上，最简单的地图使用**视网膜中心**坐标，将物体投射在
视网膜上的图像的位置作为参照。中心对应于视网膜中心，左边对应于你的

左边，上方对应于你的头顶。当我写下这几句话的时候，我面前是一张黑色的小桌子，上面稍稍偏右的地方放着一个咖啡杯。在我的视网膜中心地图中，负责监视右侧视野的神经元对杯子的存在做出反应。但当我把目光转向杯子，这些神经元就会停止反应，因为杯子不再处于它们的感受野之中，这个杯子投射在我的视网膜上的图像移动了。在其他地图中，神经元会对杯子相对于我的右手、头或嘴所处的位置做出反应。[4]

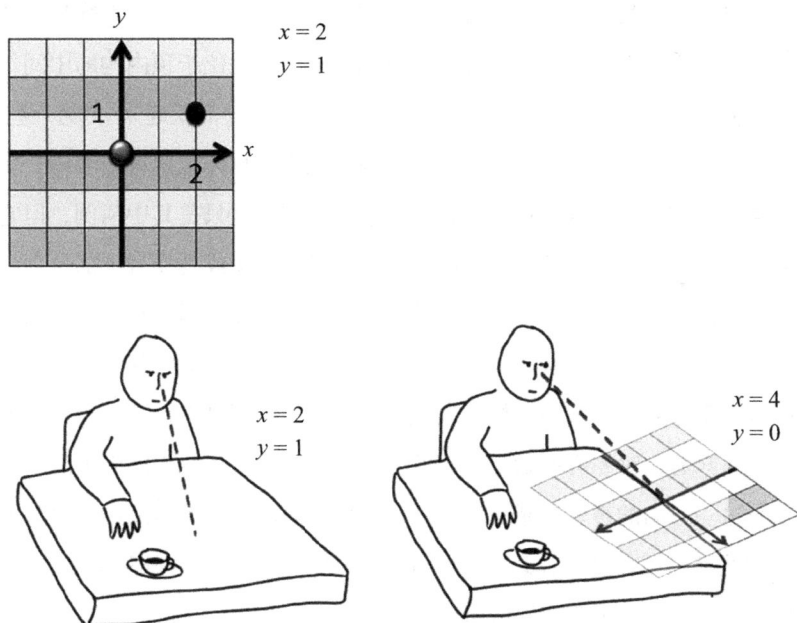

图 6.2　大脑坐标系

坐标系使我们能够通过参照确定一个点的位置。在上图中，黑色点位于中心点右边两格，上面一格。我们用 x 表示横轴，y 表示纵轴，它的坐标就是 $x=2$，$y=1$。下图中的网格代表视网膜中心系统。通过跟观察者视野的中心进行对比，不同的位置表现出来。当他转移目光，咖啡杯在这个系统里的位置也随之改变。与此相反，在以他的右手为中心的系统中，杯子的数据不会发生变化。

这种空间信息的编码方式看起来颇为累赘，但极大地促进了知觉向行动过渡。[5]如果此时此刻，咖啡杯位于我的右手前方 20 厘米处，那么我的大脑里某些活跃的神经元会报告：在"右手前方 20 厘米处"有一个物体。于是，杯子的位置以幅度和方向的形式被编成代码。这一方向就是我把手伸向杯子的动作方向。要拿到杯子，我只需要向前移动右手 20 厘米。而这些神经元只需要把这条信息送到前运动皮质，以便做好准备，随时执行手的运动。**前运动皮质**恰好位于运动皮质的前方，作用是为运动做准备。

大部分顶叶地图沿顶内沟分布，顶内沟是一条自下而上、贯穿顶叶的大峡谷。以手为参照物对物体位置进行编码的神经元位于顶内沟的中间部分，只有物体处于接触范围之内时，这些神经元才会活跃起来。[6]另一些神经元位于顶内沟侧面，以目光的方向为参照物对物体位置进行编码，而且与运动皮质中负责眼球运动的神经元直接相连。这只是其中两例，但它们体现了大脑如何使用巧妙的机制，以手、目光、头或其他身体部位为参照物，瞄准任何一个物体。这一巧妙的系统效率很高，因为它还考虑到了其他感觉模式：在顶内沟里，大量的神经元对触觉、听觉，甚至是耳蜗前庭的刺激都像对视觉刺激一样做出反应，只要这些刺激来自同一片空间区域。这意味着，对左肩的触觉敏感的神经元，也对朝左肩方向而来的图形或来自这一方向的声音敏感。我们只需要用微弱的电击人为地在动物身上激活这些神经元，就能让运动皮质做出反应，引起动物的避开运动反射，就像有什么东西碰了碰它的肩膀似的。[7]

环环相扣：注意捕获引起的运动

正如马克·雅内罗和阿兰·贝尔托兹解释的那样，知觉和行动在大脑中紧密相连。[8]在顶叶中，知觉已经是一种对行动的准备，这条规律也适用于注意：我们不仅要考虑注意在知觉中扮演的角色，还应考虑它和行动的关系。根据德西蒙发现的机制，当注意集中在某片空间区域上，负责监视这片区域的顶叶神经元的活跃度会略有提升。当这种活跃度提升通过与顶叶直接相连的通路扩展至前运动皮质，负责准备目光、头或手的移动的神经元就更容易活动起来。身体自然而然地倾向于转向注意目标。所以，在某种程度上，把注意转向右侧，就意味着已经准备好看向右侧，甚至是抓住右侧的物体。在这个模型的基础上，意大利人贾科莫·里佐拉蒂提出了注意前运动理论。[9]他认为，注意首先是一种前运动机制，用于准备运动。在里佐拉蒂看来，我右边的汽车声音使我转向右边，这件事是完全合理的，这样汽车就移动到了我的视野中央，视觉在那里最为敏锐。

　　如果你观察一下路上的行人，你会发现他们经常转动头和眼睛，就像有看不见的力量拉着他们的脸。这是怎样的力量？想知道答案的话，就做一做下面这个实验吧：下次你走在路上的时候，或者最好在公园里，这样可以避开车辆，努力看前面稍低的方向，决不让目光朝左右偏。你很快就会感觉到，你越来越想看旁边，只是为了满足好奇心，为了瞥一眼彩色的广告或打量和你擦肩而过的人。你的眼睛想移动，你的头和上半身也想跟着移动……环境对身体产生了强烈的吸引力，这在很大程度上归功于顶叶。这就是分心的力量。

注意，行动的指南

　　想象一下，你在城里漫步，走进一家咖啡馆，安静地翻阅着报纸。你正浏览标题，这时，旁边桌子上一个浅色的物体吸引了你的注意。你的目光跟过去，认出那是一个装满花生的黄色小碗。你不假思索地拿了几颗花生，吃掉它们，然后重新开始阅读。这一次，贯穿整个复杂的运动过程，碗不仅捕获了你的注意和目光，还捕获了你的胳膊和手。你只有在完成这一系列动作之后，才能重新捡起主要任务，也就是读报纸，所以分心阶段一直延续到你吃掉花生，远远超过黄色小碗引起的注意捕获。

发生了什么？为了拿到花生，有两个动作是必不可少的：第一个是把手伸向碗，第二个是抓起花生。第一个动作没有任何问题：顶叶神经元计算出碗相对于右手的位置，准确地决定要做的动作。接下来，神经元只需要把这条信息传递给前运动皮质，以便准备并实现动作。可是，抓住花生就是另外一码事了，因为大脑必须把物体"花生"和手指、手要探入碗中所必不可少的特定动作联系起来。这仍然是一种视觉运动联系，但不再是把一个空间位置和到达这个位置需要做出的动作联系在一起，而是将一个物体或图形和抓握动作联系在一起。不管怎么说，负责这一任务的还是顶内沟。相关神经元位于顶叶底部，靠近拳击手套的拇指部分，也就是**顶内沟前部**（IPA）。

这一顶叶区域似乎"记得"我们使用高尔夫球杆或螺丝刀的方式，以及我们对花生做的事情。在看到螺丝刀时反应强烈的顶内沟前部神经元在看到钥匙的时候也会反应强烈，但看到钢笔时就不会；这是因为钥匙的使用方法和螺丝刀相似，都需要旋转。[10]大自然很会安排，顶内沟前部的旁边就是在分辨"是什么"的视觉通路中负责分析物体的颞叶。不管怎么说，知道什么是螺丝刀，就意味着知道怎么使用它。事实正是如此，顶内沟前部受损的病人通常患有**精神性失用症**，[11]也就是说，病人不再清楚如何使用日常生活中的某些物品。举个例子，当病人面对一根蜡烛和一盒火柴，他可能会用蜡烛摩擦火柴盒，试图点着蜡烛。在某种意义上，顶内沟前部神经元只负责观察并记住和每个日常用品相关联的最频繁的行动。而顶内沟前部一旦活跃起来，这种记忆足以通知前运动皮质，做好使用面前物体的准备。此外，在猴子身上，对顶内沟前部神经元的人为刺激足以引起固定的抓握动作，这是因为顶内沟前部和腹侧前运动皮质联系紧密：根据被刺激的神经元不同，猴子似乎会抓住想象中的物体。

由此可见，顶叶能够把每个常见的物体与过去经常和该物体或类似物体联系在一起的运动程序联系起来。的确，是颞叶通过形状辨认了物体；但是，拿取并使用物体需要做哪些动作，是顶叶提出的建议；接下来，再由额叶决定是否执行这些动作。在拿花生的例子里，皮质里发生的事情大概是这样的：首先，颞叶的视觉区域识别出了碗，马上激活顶叶里负责准备用手指捏住花生的动作的神经元；接下来，这一活动扩展至前运动皮质；最后是运动皮质发起动作。在这期间，顶叶的其他区域确定了碗的空间位置，计算出胳膊为拿到碗应该做的动作。这两股信息流在运动皮质中交汇，在皮质下区域和小脑的协助下，引发完美、协调的动作。根据这一逻辑，大脑后部，尤其是顶叶的一个重要功能就是根据眼前的事物和我们的习惯，向额叶的运动皮质提出要做什么动作的建议。看到一杯咖啡了吗？你的"大脑后部"会建议你喝掉它。看到门开着了吗？请进吧！所以，大脑后部会提出各种各样的建议，但有时也会出现错误：你有没有在走向地铁检票口时拿出过钥匙？

对不起，我不是故意的！

注意在上述阶段扮演着关键角色，因为从知觉到行动的一系列过程结结实实地遇上了瓶颈：我们只从大自然那里得到两条胳膊和两条腿，所以无法同时对身边所有物体做出反应，拿花生、翻报纸、挠下巴、结账……我们又不是八爪鱼！因此，必须有一种选择机制，限制到达运动皮质的行动建议的数量。于是，注意又出现了。通过依次选择面前的物体，注意使我们一个行动接一个行动地建立起与世界的互动。注意每次只能优先处理一个物体，避免了各种各样的行动建议堵在关口，导致运动皮质瘫痪。[12]反过来说，当注意集中在某个物体上时，它会自然而然地引起一系列与该物体有关的行动建议。这在一定程度上解释了使捕获延长的**行动捕获**过程。

万幸的是，运动皮质并不执行顶叶建议的所有行动。我想，你很少会因为在去卫生间的路上看到了衣帽架，就在睡衣外面套上大衣准备出门。但这次不是由于运动机能遇上了瓶颈，而是额叶中存在一道防线，能够过滤荒诞的行动建议。当这道防线运行良好时，顶叶的大部分建议我们都意识不到。但只要这道防线上一个部件失灵，大脑后部就能控制身体。[13]这就是辅助运动联合体受损的病人遇到的情况，辅助运动联合体指的是额叶中位于运动皮质前面的皮质区域。[14]这些病人患有各种奇怪的综合征，比如**异肢综合征**。病人的某个肢体不再服从大脑指挥，独立行动，变成了"陌生人"。患有**异手综合征**的病人只能眼睁睁地看着自己的胳膊做规则的运动，比如拿钢笔或玻璃杯。阻止动作执行的控制力量缺失了。如果桌上放着一杯水，病人就会拿过杯子喝掉水，即使他并不口渴（参见图6.3）。

这不单是胳膊摆脱了个体有意识的控制，而是整个系统都失控了，因为激活胳膊的运动区域必须在活跃的视觉系统的帮助下才能拿到杯子。异肢综合征告诉我们，这个系统的常态并非休息，而是服从环境，也就是说，让周围环境不断暗示复杂的运动程序：拿、吃花生，踢脚边的球，等等。病人无法自主控制某一部分身体，于是这部分身体只能随注意的转移对环境刺激做出反应，就像任凭风向和水流摆布的帆船。

那我们呢？我们是船上的舵手吗？答案没那么肯定。和通常情况一样，这些病人的案例只是以极端的方式展现了作用于所有人的机制。如果你观察一会儿自己的动作，你就会毫不费力地发现：你，或者你的额叶区域无法随时控制"帆船移动"的每个细节。并非所有动作都受控制。幸亏如此，否则运动该是多么艰巨的任务！你的身体也喜欢自由活动，所以你才能在看报纸的时候停下来，吃两三颗花生，即使你并不饿，即使这个举动没有经过思考。

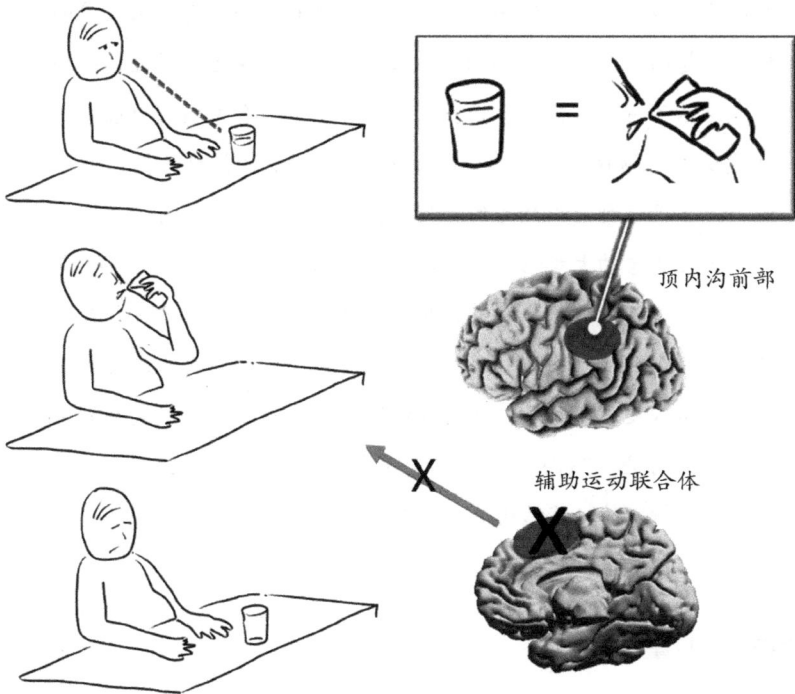

图 6.3　异手综合征

图中这位病人的辅助运动联合体受损。当他面对桌子上的水时，顶内沟前部神经元一看到杯子就向运动皮质建议通常和杯子联系在一起的动作：拿起杯子、喝掉水。辅助运动联合体却无法反驳这一建议，不幸的病人只能任由自己拿水喝，即使他并不口渴。他无法控制自己的左手。

随风而动的生活

你或许和我一样，在想到所有这些**代替**我们决定采取何种行动的机制时，会感到有点头晕。医生用小锤敲击膝盖时，小腿会自动弹起，我们小时候觉得这个现象很好玩。但此处的讨论超过了反射的范畴：这里涉及的是身体一系列整体、机械的行动，只是由简单的注意捕获引起的，没有物理接触——只是看到一碗花生！最近，一个朋友向我介绍了荷兰人提奥·扬森的活动雕塑。雕塑家精彩地展现了这些机械反应。扬森的雕塑只是零件旋转和平移构成的大型机械组合而已。但在风这种简单外力的作用下，雕塑似乎一下子有了生命，像是拥有自主意志的大型动物，可以四处移动。这正是自主行动的人类大脑给我们留下的印象。装着花生的黄色小碗引起的注意捕获就是一阵微风，足以让枕叶、颞叶和顶叶的所有齿轮转动起来。这些齿轮的活动一旦传入皮质下结构，就会最终激活运动皮质，引起复杂到看起来是自发的行为。然而……这难道不是一种**异肢综合征**吗？放松片刻，观察这样精巧的机械结构是多么愉快啊！

习惯的力量

在注意捕获之后，一系列行动通常根据过去习得的习惯机械地依次进行。我们会对花生做什么？放进嘴里吃掉。我们会对自行车做什么？坐上去骑车。一旦注意被捕获，这些习惯对行动如何依次进行具有重要影响，超越了顶叶建议的简单的动作。我们所说的习惯不仅包括运动习惯，还包括认知习惯，[15]也就是语言习惯、思考习惯等。习惯一般由特定的事件或背景引发。于是，行为根据固定的套路展开，可以被预测：这个人会在吃之前把花生抛向空中，那个人会用手指转动碗……每个动作都会自然而然地引起下一个动作，以至于有些人有时会因为顺序被打断而感到不快，例如做一些习惯动作时。

对大脑来说，习惯的习得是一种学习：一些动作会带来快感；发出这些动作的神经元构成的网络得到加强、固定，以便将来能够以同样的顺序被轻松地触发。这就是**强化学习**[16]的原理。构成习惯的不同行动最终被视作同一个程序，能够被优先处理——这是一个超专业化神经元网络，只用于执行习惯。[17]在行为的层面上，我们可以更轻松、更自如地完成一系列行动，就像我们在学习一项新的技能时那样。我记得自己在学打字的时候观察到了这个现象。一开始有点难，但我很快惊奇地发现，自己的手指慢慢变得越来越具有自主性，直到可以毫不费力地敲出脑海中出现的任何一个词语。像敲出"文本"一词这样复杂的运动程序逐渐变得接近自主、自动，我现在可以轻而易举地启动它。同样，拿起花生，抛向空中，在花生落下时吃掉它——这个行为一开始也很困难，但在反复练习之后，变成几乎是反射性的运动程序，在任何场合下都能被触发。

这一系列自动化的动作在很大程度上导致了**分心**的现象。当我们精力集中时，突然发生的事件捕获了注意，使我们离开正确的道路。这不仅是心理上的，也是身体上的。突发事件使我们精力涣散，离开中心。通过作用于顶叶，它拉动我们的眼睛、头、上半身和四肢，让我们转向它，对它做出反应。"分心"（distract）一词来自拉丁语 distrahere，dis 的意思是"分开"，trahere 的意思是"拉扯"。这个单词很好懂：分心物拽着我们的身体，仿佛要把身体撕裂，就像足球防守队员在阻止对手的进攻时撕坏了对方的球衣。利用阅读这段时间，关注一下分心对你的身体产生的作用吧。有人在你对面坐下了？有人咳嗽了？观察一下你的身体在眼睛、面孔、脖子或胳膊的肌肉层面上做出了哪些反应；你是否觉得这些肌肉微微发紧？这些微弱的紧绷反映出，大脑里试图让身体活动起来的神经元和努力让身体保持不动的神经元之间正在相互斗争。这是顶叶和额叶这两个巨人之间的同室操戈。只要观察一下这些紧绷是如何出现的，就能使它们恢复原样，帮助你回到中心……精力集中。

分心的愉悦

很不幸，外部世界还有其他把戏扣留我们的注意。外部世界不满足于控制我们的肌肉，还擅长玩弄我们的情绪，以引诱、蛊惑我们。我们在前面已经看到，在杏仁体的作用下，具有强烈感情色彩的刺激是如何比中性刺激更轻松地捕获注意的。正如神经学家安东尼奥·达马西奥所说："我们面对某个物体时感觉到的情绪反应在很大程度上决定了这个物体是否能吸引我们的注意。"[18]但这还没完。一旦注意被捕获，我们接触到 分心物时的感觉会影响下一步行为：注意会不会逃脱？达马西奥认为，起决定性作用的仍然是情绪：注意会不会停留在分心物上取决于主体进一步接触到分心物后感觉到的情绪状态。[19]如果分心物得到了感情的认可，注意就会保持被捕获的状态；这是神经元版本的"斯德哥尔摩综合征"——人质对绑架者产生了依恋。再一次，注意捕获后面跟着一个入迷阶段，但这回不是在运动层面，而是在情绪层面。达马西奥用术语"注意滞留"（attention dwelling）描述这种现象，很好地体现了持续的感觉——英语中 dwell 就是"停留""居住"的意思。入迷主要取决于人们面对物体时感觉到愉悦或不愉悦的强度和质量，似乎捕获的目的就是延长或缩短这种感觉。

在法语中，分心这个词还经常和愉悦的概念联系在一起。分心就是消遣，比如从工作中脱身，转向能够换换脑筋的愉快活动："先别工作了，放松一下吧！"有时，我们很难在魅力十足的分心物面前保持精力集中。

一级方程式赛车冠军简森·巴顿可以证明这一点，他在某次大赛后声称，在弯道出口的广告上，衣着暴露的模特让他很是困扰。很明显，让大脑感觉到愉悦的回路在分心现象中扮演着至关重要的角色。追求愉悦是分心的一大动力。幸运的是，已经有很多关于愉悦回路的研究，我建议你先了解一下，以便更好地理解为什么漂亮女人的照片会严重损害赛车手的注意（参见图 6.4）。

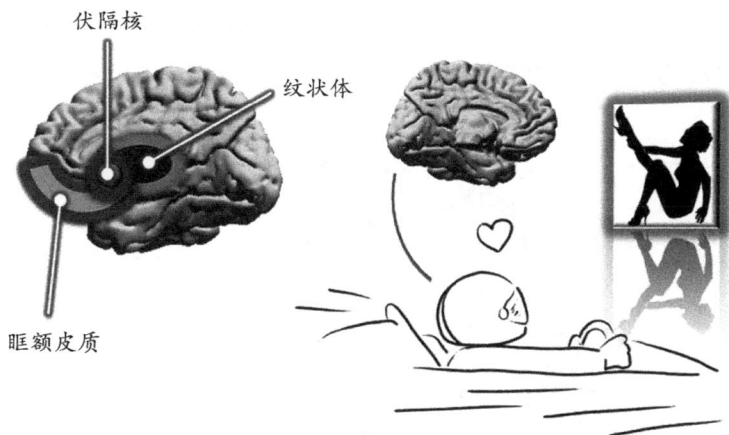

图 6.4　吸引或分心?

赛车手在转弯处看到了这幅充满诱惑的广告，图片刺激了他的奖赏回路。奖赏回路主要由伏隔核、纹状体和眶额皮质构成。伏隔核剧烈活动，鼓励赛车手把注意保持在图片上。

　　和以前一样，我们对神经元愉悦感的认识主要来自动物研究。动物无法描述自己的感觉，因此，研究者更喜欢采取奖赏和惩罚的方法，而不是评估愉悦或不愉悦，因为这种主观感觉难以在小鼠身上确认。根据动物付出多大努力以获得奖赏或避免惩罚，我们从动物在实验中的行为推导出奖赏或惩罚的客观强度。举个例子，食物对饥饿的小鼠来说是一种奖赏，对吃饱了的小鼠来说就不是了。

20 世纪 50 年代，加拿大麦基尔大学的詹姆斯·奥尔兹和彼得·米尔纳突发奇想，把几只小鼠的皮质下区域和一个小踏板连接在一起。[20]小鼠按下踏板，相连的神经元就会被微弱的电击激活。奥尔兹和米尔纳惊奇地发现，他们的小鼠把这项活动排在了所有活动前面，以至于不吃不喝，一天按 700 次踏板（参见图 6.5）。大脑的**奖赏回路**就这样被发现了：大脑里某些神经元的激活就是一种奖赏，强度甚至高于摆在饥肠辘辘的人面前的一顿大餐。这一回路同样存在于人类大脑中。而回路受损的病人很难感觉到愉悦，这种症状被称作**快感缺失**。

图 6.5　奥尔兹和米尔纳的实验装置

每当小鼠踩下踏板时，实验装置用电击激活其奖赏回路。很快，小鼠将"踩踏板"这一活动优先排在所有其他活动之前，甚至无视身旁的食物，将自己活活饿死。

　　奥尔兹和米尔纳的实验揭示了动机最基础的动力之一：在两个可能的行动中，动物或人会自发地选择奖赏更大的那个，也就是说，更能激活奖赏回路的行动。对小鼠来说，没有任何方式比直接电击更能有效地刺激奖赏回路，哪怕是进食。小鼠最终死于愉悦，这很不幸，但非常合理，就像现实生活中的瘾君子彻底沦为毒品的奴隶。这不是纸上谈兵：我们现在都知道，奖赏回路在成瘾现象中扮演着至关重要的角色。然而，奖赏回路的首要使命并非促成吸毒成瘾，而是鼓励那些对动物来说最重要的行为，让有机体保持在舒适区间，也就是所谓的**动态平衡**的状态：饥饿的时候吃饭和天冷的时候暖和起来一样令人惬意。[21]对动物来说，这种追求意味着在身体缺少葡萄糖时应寻找食物，在体温降低时应想法取暖，等等。根据**饥饿效应**，对有机体有用的东西能带来愉快的感觉。[22]在更为复杂的人类大脑中，奖赏回路对各种带来愉悦感的事物做出反应。吃东西或摄入可卡因当然会带来愉悦感，和朋友度过一个美好的夜晚、玩一局电子游戏或者听音乐放松一会儿也会令人感到愉快。[23]用决策专家的术语来概括，奖赏回路对一切具有"主观有用性"的事物都会做出反应。

　　奖赏回路不仅对奖赏有所反应，还对一切具有强烈享乐主义色彩的刺激有所反应，不管这个刺激是正面的还是负面的。这并不是说，大脑以同样的方式处理奖赏和惩罚，而只是说明对奖赏和惩罚做出反应的神经元位于同样的结构中。比如在杏仁体中，虽然奖赏和惩罚激活的神经元不一样，但它们彼此相邻。[24]在奖赏回路的其他关键结构中也是如此：腹侧苍白球、伏隔核、腹侧纹状体和眶额皮质。[25]这两组神经元离得很近，所以它们通过互相抑制彼此竞争："奖赏"神经元试图阻止"惩罚"神经元的活动，反之亦然。因此，模棱两可的情况十分少见：一个刺激很少被认为既是奖赏又是惩罚。归根结底，大脑信奉的还是二元论。

通向愉悦的道路

奖赏回路和动机回路（参见"奖赏和动机"）都大量使用一种叫作**多巴胺**的神经递质。没有多巴胺的大脑似乎多多少少无法根据喜好对行动做出指导。沃尔夫勒姆·舒尔茨等研究者的工作为我们揭开了答案。使用多巴胺交流的神经元叫作**多巴胺能神经元**，能够把奖赏大幅提前：如果一只小鼠总是在同一个笼子里得到食物，那么只要它进入这个笼子，奖赏回路的多巴胺能神经元就会被激活。随着小鼠越来越了解周边环境，这些神经元甚至会越来越提前做出反应：一开始在小鼠走进通往餐厅的过道时，然后在小鼠看到过道的入口时……总之，如果某个刺激或某种场景后面总是跟着奖赏，神经元起初只在得到奖赏时有所反应，到最后只要预示情况出现就会做出反应。因此，多巴胺不会放过任何预示奖赏或惩罚的线索。一旦出现有利或不利的征兆，它们就立刻向大脑其他部分发出信号，指出接下来的方向。没有多巴胺，这个系统就无法运行，这也就是小鼠在多巴胺水平降低后不再努力寻求奖赏的原因。奖赏回路的主要区域之一叫作**伏隔核**，是一种皮质下结构，在这个系统中居于中心地位。[29]切除了伏隔核的小鼠无法记住线索是正面的还是负面的，自然也就无法寻找过往经历中与奖赏相连的场景。

多巴胺能神经元对奖赏或惩罚的可能性和时间邻近性同样敏感。如果预测到奖赏很大，很有可能发生，而且很快就会发生，它们就会更加活跃。[30]如果线索后面不总是跟着奖赏，或者奖赏来得太晚，这些神经元对线索的反应就很弱。对孩子的大脑来说，在12月看到一个穿红衣服的人并不代表一定能得到礼物，因为穿红衣服的不只是圣诞老人；多巴胺能神经元对此的反应就很弱。如果在7月看到圣诞老人，它们的反应仍然很

奖赏和动机

　　在奖赏回路内部，神经元的交流主要通过两种神经递质进行：类鸦片活性肽和多巴胺。[26]类鸦片活性肽会产生与鸦片类似的效果，因此而得名。它可能和愉悦或不愉悦的**感觉**有关：不管通过哪种感觉通道，当人们与令人愉悦或令人不快的刺激接触后，都会导致神经细胞释放 μ-类鸦片活性肽。如果我们向进食的动物的苍白球或杏仁体直接注射 μ-类鸦片活性肽，动物就会感到更加愉快。反过来，如果用纳洛酮分子阻止类鸦片活性肽的活动，愉悦感就会减弱。[27]在人类身上，纳洛酮会大幅降低性高潮的质量……

　　比起字面意义上的愉悦感，多巴胺似乎更多地介入**动机**。[28]回到奥尔兹和米尔纳的实验，如果我们人为地降低小鼠的多巴胺水平，它们只会在付出微不足道的努力时才继续自发地按踏板。即使没有多巴胺，小鼠的大脑也对按踏板带来的奖赏保持敏感。因产生愉悦感而闻名的物质，如烟、酒和大麻中的尼古丁、乙醇和大麻素，在没有多巴胺的大脑里也能产生作用。所以，没有多巴胺的动物或人仍然可以享受奖赏，但不会为了得到奖赏而付出任何努力；简言之，他们动机不足。没有了多巴胺，即使气温高达40摄氏度，我也不会去冰箱里拿杯啤酒；但如果你愿意帮我拿一杯，我也会很高兴的。这就是研究者对"想要"和"喜欢"做出的区分：前者指的是想要某个东西，准备为它付诸行动；后者指的是欣赏这个东西。有时，你晚上感到很累，甚至不愿意离开沙发到床上去，即使你很清楚上床睡觉能让自己得到更好的休息。你此时的想法就和被剥夺了多巴胺的动物差不多。

弱，因为这时还没有对礼物的期盼。如果得到的奖赏不符合预期，比如圣诞树下面的大包裹里不是期盼已久的自行车，多巴胺能神经元就会表示不满：它们的活动会迅速减弱；简言之，它们会赌气。多巴胺能神经元甚至会在大脑面对不喜欢、令人不快的刺激时彻底沉默。但它们是好玩家：如果奖赏超过预期，或者发生意料之外的惊喜，多巴胺能神经元会非常活跃。由此可见，奖赏回路不仅能够考虑奖赏带来的愉悦强度，还会思考这个奖赏的时间邻近性，以及获得奖赏的概率。所以，多巴胺能神经元的威力体现在提前预测的能力上，这使它们能够把行为引向大脑可以获得奖赏的行动和情景，同时避免受到惩罚。借助这一系统，大脑拥有了一个强大的工具，可以根据潜在的有用性评估周围的一切。这个小小的机制根据各种情景可能带来的奖赏或惩罚的种类，对每种情景进行标记。这就是扩展至整个奖赏回路的杏仁体"便利贴"系统。

　　奥尔兹和米尔纳的实验被反复验证，表明大脑会自发地优先处理能够激活奖赏回路神经元的行动。这些被优先处理的行动让有机体处于获得奖赏的情景中，或者只是接触到预示奖赏的线索。这一机制大大地限制了行为：习惯于在某个笼子里得到消遣性毒品的小鼠会一次次地回到那个笼子，即使它什么也得不到了；因为对这只小鼠来说，只要待在那个笼子里就足以激活它的奖赏回路。适用于小鼠的规律同样适用于人类。如果让一个可卡因成瘾者观看展示他获得毒品的街区的录像，他的大脑就会释放多巴胺。[31]由此可见，人类大脑对一切与愉悦感有关的线索都很敏感。可卡因只是让正常、有益的系统偏离了原来的轨道。只要与奖赏有关，任何刺激或场景都能引起多巴胺释放：地点、人物，甚至是身体的感觉。活跃起来的多巴胺能神经元鼓励个体采取行动，或坚持任何可能带来奖赏的努力。即使多巴胺释放与愉悦感无关，人们最终也会寻求一切能够刺激多巴胺释放的行动或知觉。

于是，很容易理解奖赏回路是如何介入注意捕获的。当注意集中在奖赏回路喜欢的刺激上时，自然会引起多巴胺能神经元的反应；而注意转向另一个更为中性的刺激会打断这种多巴胺能反应，就像第二个刺激与惩罚有关似的。因此，注意当然倾向于停留在"富含多巴胺"的图像或声音上，因为它能刺激奖赏回路。当简森·巴顿看到广告上的漂亮女孩时，他的多巴胺能神经元向奖赏回路释放了一团多巴胺，鼓励他继续看这张图片。这一注意捕获预示着潜在的奖赏，因此被认为是有利的。当赛车手转移目光，这些神经元马上停止释放多巴胺，大脑受到惩罚。这一小小的机制每天重复上千遍，不只在开车时，在生活中也随处可见，只要我们离开一个令人愉快的知觉。注意天生倾向于固定、停留（用达马西奥的话来说是"滞留"）在一切刺激奖赏回路的事物上：遇见的物体或人、经历过的场景……还有理性思考或梦境，因为奖赏回路，尤其是人类的奖赏回路，能够完美地作用于抽象的、想象出来的场景。[32]这部分解释了为什么我们那么喜欢转向自己的内心世界，那里充满了心理图像、思想和理性思考。大脑切断了与外部世界的联系，走进自己的小宇宙："啊，真是个漂亮女人！她让我想起昨天在酒吧里遇到的女孩……我当时应该邀请她来看比赛的……"砰！驶出赛道！世界冠军在本赛季的比赛就这样完结。这一章也完结了。在**运动捕获**和**情绪捕获**之后，我们将迎来第三种捕获：**认知捕获**。

注释

[1] Cheng W. F., Collet H., *Ah! Le printemps, le printemps, ah! Ah! Le printemps. Haikus de printemps*, Millemont, Moudarren, 1991, p. 24.

[2] Underleider L. G., Mishkin M., "Two cortical visual systems", in Ingle D. J., Goodale M. A., Mansfield R. J. W. (éds.), *Analysis of Visual Behavior*, Cambridge, MIT Press, 1982.

[3] Grafton S. T., "Apraxia: A disorder of motor control", in D'Esposito M. (éd.),

Neurological Foundations of Cognitive Neuroscience, Cambridge, MIT Press, 2003, p. 239-258.

[4] Chatterjee A., "Neglect: A disorder of spatial attention", in D'Esposito M. (éd.), *Neurological Foundations of Cognitive Neuroscience*, Cambridge, MIT Press, 2003, p. 1-26; Culham J. C., Kanwisher N. G., "Neuroimaging of cognitive functions in human parietal cortex", *Curr. Opin. Neurobiol.*, 2001, 11, 2, p. 157-163.

[5] Goodale M. A. et col., "Two distinct modes of control for object-directed action", *Prog. Brain Res.*, 2004, 144, p. 131-144.

[6] 同注释 [4]。

[7] Britten K. H., "Mechanisms of self-motion perception", *Annu. Rev Neurosci.*, 2008, 31, p. 389-410.

[8] Berthoz A., *Le Sens du mouvement*, Paris, Odile Jacob, 2008; Jeannerot M., *Le Cerveau volontaire, Paris*, Odile Jacob, 2009.

[9] Rizzolatti G., Craighero L., "Spatial attention: Mechanisms and theories", in Sabourin M., Craik F., Robert M. (éds.), *Advances in Psychological Sciences*, vol. 2: *Biological and Cognitive Aspects*, East Sussex, Psychology Press, 1998, p. 171-198.

[10] 同注释 [3]，p. 239-258.

[11] *Ibid.*

[12] Welford A. T., "The 'psychology refractory period' and the timing of high speed performance–A review and a theory", *British Journal of Psychology*, 1952, 43, p. 2-19.

[13] Nachev P. et col., "Functional role of the supplementary and presupplementary motor areas", *Nat. Rev. Neurisci.*, 2008, 9, 11, p. 856-869.

[14] 辅助运动联合体包括三个区域：辅助运动区、前辅助运动区和辅助眼区。

[15] Moors A., Houwer J. D., "Automaticity: A theoretical and conceptual analysis", *Psychol. Bull.*, 2006, 132, p. 297-326.

[16] Botvinick M. M., "Hierarchical models of behavior and prefrontal function", *Trends Cogn. Sci.*, 2008, 12, 5, p. 201-208.

[17] 这种网络并非只和皮质有关：一个叫作"纹状体"的皮质下结构在习惯习得和执行中扮演着十分重要的角色；Ashby F. G. et col., "Cortical and basal ganglia contributions to habit learning and automaticity", *Trends Cogn. Sci.*, 14, 5, p. 208-215.

[18] "情绪对恰当的注意力导向起着决定性作用，它提供了主体与该物体相关的过往经验的**自动化信号**，也就是说，提供了对该物体分配或保留相对注意的基础……首先，对物体进行加工；接下来产生情绪；最后，根据情绪的指导，采取或不采

取进一步的增强和关注。" Damasio A. R., *The Feeling of What Happens*, New York, Harcourt Brace, 1999, p. 273.

[19] *Ibid.*

[20] Olds J., Milner P., "Positive reinforcement produced by electrical stimulation of septal area and other regions of rat brain", *J. Comp. Physiol. Psychol.*, 1954, 47, 6, p. 419-427. 其中涉及的区域主要包括中隔核和伏隔核。

[21] Leknes S., Tracey I., "A common neurobiology for pain and pleasure", *Nat. Rev. Neurosci.*, 2008, 9, 4, p. 314-320.

[22] Cabanac M., "Physiological role of pleasure", *Science*, 1971, 173, 2, p. 1103-1107.

[23] Blood A. J., Zatorre R. J., "Intensely pleasurable responses to music correlate with activity in brain regions implicated in reward and emotion", *Proc. Natl. Acad. Sci. USA.*, 2001, 98, 20, p. 11818-11823. Montague P. R. et col., "Imaging valuation models in human choice", *Annu. Rev. Neurosci.*, 2006, 29, p. 417-448.

[24] Murray E. A., "The amygdala, reward and emotion", *Trends Cogn. Sci.*, 2007, 11, 11, p. 489-497.

[25] Leknes S., Tracey I., "A common neurobiology for pain and pleasure", *Nat. Rev. Neurosci.*, 2008, 9, 4, p. 314-320.

[26] *Ibid.*

[27] *Ibid.*

[28] Hyman S. E. et col., "Neural mechanisms of addition: The role of reward-related learning and memory", *Annu. Rev. Neurosci.*, 2006, 29, p. 565-598.

[29] *Ibid.*

[30] *Ibid.*

[31] Wong D. F. et col., "Increased occupancy of dopamine receptors in human striatum during cue-elicited cocaine craving", *Neuropsychopharmacology*, 2006, 31, 12, p. 2716-2727.

[32] Kringelbach M. I., Berridge K. C., "Towards a functional neuroanatomy of pleasure and happiness", *Trends Cogn. Sci.*, 2009, 13, 11, p. 479-487.

07

独自响起的钢琴

"桃花开了！"
然而船夫
什么都没有听到。
　　　　　　——各务支考[1]

在巴黎一家电影院的放映厅里，两个男人并排坐着。他们互相不认识。坐在左边的男人刚刚下班，来电影院是为了放松片刻，清空大脑。坐在右边的男人已经看过三遍这部影片了。他选修了专业的电影课程，正在写一篇关于导演如何使用灯光的论文。这两个人将体验两种完全不同的经历。左边的男人会在这两个小时里把个人生活放到一边，任由自己被带入阴森的纽约黑帮世界。同样在这两个小时里，右边的男人会一动不动地欣赏巴黎电影院放映的二维影片。这个故事讲完了。

一本关于注意的书理应论及这幅带有自传性质的宏伟画卷，这场我们同时是主角、导演和唯一的观众的视听盛宴——我们的**思想**。到目前为止，本书只探讨了外部世界的种种刺激导致的分心；但是，当注意溜走时，它常常是朝着**内心世界**而去：我们"心不在焉""想入非非"，或者"沉浸在自己的思想中"。现在，是时候把目光转向内心世界，转向点燃这个世界并使我们远离身体所处的物理空间的各种动荡不安。

思想的湍流永不停歇地摇晃着我们的精神，但我们很少花时间观察思想如何存在。一般来说，我们"观看"自己的思想就像左边的观众观看电影：没有任何距离。然而，时不时地采取右边观众那种既充满兴趣，又稍稍保持距离的观察方法也是很有用的。这种像"电影工作者"一样，以技术化的视角观察自己思想的态度被称作**沉思**（参见图 7.1）。这个词出现在科普作品里似乎不合时宜，但让我们实际一点吧：想要理解注意就得无所不用。想要理解和思想一样私人化的心理现象，恐怕无法略去自我观察的阶段。这确实是一种内省，但其目的不是内省主义者打算的那样，为证明心理运行理论制造科学事实；它更多地是为了指导和规范以客观方式对大脑进行的研究。这种研究方法来自名为"神经现象学"的神经科学研究流派。20 世纪 90 年代，智利神经生物学家弗朗西斯科·瓦雷拉从哲学家埃德蒙德·胡塞尔和莫里斯·梅洛 – 庞蒂的现象学出发，创建了这一流派。[2]它要求在严格的框架下，返回对自己的心理体验的观察。这很容易使人想起，2500 年以来在亚洲大陆上以此为目的发展起来的沉思方法。出于相似原因，我选择了禅宗，但我并不打算强行劝说别人进行此类实践。

坐垫，墙，沉默

如果你有机会参加禅宗的打坐，那就相当于坐在第四排正中的好位子上观看自己思想的电影，前面一个人也没有。和通常的想法相反，打坐的原则不一定是什么都不想或放空自己——这会让电影停下来，而是在它本该休息时观察活动中的大脑。

相信我，这种禅宗练习和认知神经科学实验非常相似。参加者待在一个安静的地方，收到一条简单的命令。命令描述了在这段时间里要完成的练习。一开始，命令一般是让参加者稍稍持续地注意自己的呼吸。这和波斯纳实验简直就是同一个套路，后者要求被试稍稍持续地注意电脑屏幕左侧。在实验程序的层面上，二者唯一的区别是注意的感觉通道不同：前者是躯体感觉，后者是视觉。所以，禅宗练习和认知神经科学实验的区别不在于任务本身，而在于观察大脑活动的方式。在禅宗中，参加者不是从外部观察大脑，而是从内部。被试观察的不是狭义上的神经元活动，而是这种活动的意识表现，也就是神经元活动产生的结果。因此，实验建立在这样的原则上：我们每时每刻对世界和自己的知觉中的很大一部分是大脑活动在意识中留下的痕迹。如果你接受这一原则，那么沉思只是一段专门用于观察大脑活动的时间，更确切地说，是观察大脑活动产生的结果。

图 7.1 沉思和认知神经科学

右边保持沉思姿势的人，被要求在思想的湍流中始终注意自己的呼吸。左边的人被要求注意屏幕上出现的图形，以便一看到正方形出现就按按钮。实验条件很相似，主要的区别在于如何观察大脑的活动：前者观察大脑活动在被试的意识体验中带来的变化，后者观察伴随大脑活动的脑电信号的变化。

与漫步街头相比，这种练习的特点在于，参加者处于一个稳定、安静的环境之中，有明确的注意目标——呼吸。通过排除法，其他所有感觉都是分心物。此外，进行实验的特定背景使参加者远离上一章中提到的所有外部分心源：不凑巧的噪声、令人分心的图片、对话……大部分沉思指导都强调，应该让参加者面对一面单色的墙，安静地打坐。这样一来，环境中就没有任何能让他分心的东西了。如果参加者偏离了目标，那么分心只能来自大脑自发产生的内部原因。

如果大脑是一个被动的系统，那这项练习将毫无意义。在持续的感觉刺激之下，大脑活动很快趋于固定、静止的模式。坐禅也就没有任何作用了。但大脑不满足于像钢琴家手指下的钢琴那样对外部世界做出反应。当世界让手指停留在琴键上不肯抬起时，大脑将继续独自演奏，即兴作曲，而这支小曲将不停地捕获注意：即使在安静的环境里，我们也很难把精力集中在呼吸上。这是该项练习带给我们的第一个启示。

我们本应该想到这一点的，因为呼吸规律、细微的变化不具备任何捕获并吸引注意的一般特征。呼吸是一种细微、重复，没有任何感情色彩的感觉。但是，单凭这一论据还不足以解释练习的困难之处，因为呼吸不和外部世界的任何刺激竞争；而在身体内部，只有几种躯体感觉，尤其是肌肉感觉，能够导致分心。但这几种感觉都不强烈。

然而，注意会不停地偏离目标。把注意集中在呼吸上几分钟，你就会发现，注意会自然地发生变化，而唯一的原因就是大脑活动自发的驱动力。这是此项练习带给我们的第二个启示。这个启示令人困惑，甚至让人着迷。有些人甚至会一遍遍地重复练习，长时间面对墙安静地坐着，直到发展出对这种动力和相应规律最直接的直觉认识，就像水手学会辨认鼓满帆的风那样。为什么要如此执着？也许是因为一旦练习结束，当我们站起身来，返回嘈杂的世界，这项技能就显得很有用了。我们的目的不是让风停下来，而是弄明白风的变化，学会面对它。

目前，我们只需要记住，大脑不是钢琴，也不是在音乐家停止动作时还能继续演奏乐曲的奇怪模型。大脑处于永恒的活动中，外部世界的刺激只是改变已经存在的活动。从大脑的所有者——也就是实验被试的角度来看，这场小型音乐会的主要演奏形式包括伴随或不伴随情绪感受的心理图像、躯体感觉和声音（或语言）印象；总之，一切我们习惯称之为**思想**的东西。

漫游思想的神经生物学

必须承认，我们对大脑是如何自发地产生思想这一点知之甚少，而这种无知主要是由研究方法造成的。认知神经科学没有研究思想的有效方法。实际上，所有认知神经科学实验的目的都是在被试身上引起特定的认知状态——也就是研究者想要研究的状态，并通过测量行为证明实验成功。如果一个实验要求被试将两个数字相加，那它就引起了实现加法的认知状态。如果被试回答正确，就证明实验测量的确实是这个状态。如果无法从外部引起想要的认知状态，至少需要以同样的方式构思实验，让主试能够通过测量被试的行为，时刻了解被试处于何种状态。受自发思想的自身定义所限，实验很难引起这一现象——我们很难构想出一个实验，要求被试在指定某刻自发地思考。而且自发思想无法转化为可以从外部观察并测量的行为。除非在实验过程中直接询问被试——这本身也不是一种客观的方法，主试无法准确知道思想是在什么时候产生的。

尽管困难重重，还是有研究者决定迎难而上，研究伴随自发思想的大脑活动……办法是时不时地询问被试在想什么。这种方法引发了种种争论：反对，这种测量不客观；同意，实验直接源自被试的内省，相信他们的口头报告；反对，不够严格；同意，这些实验至少引起了关注。的确，这些研究完全建立在参加者以可信的方式描述自己心理状态的能力之上。不管怎么说，阿伯丁大学的尼尔·麦克雷、伦敦大学学院的萨姆·吉尔伯特、加州大学圣巴巴拉分校的乔纳森·斯库勒等团队在最顶尖的学报上发表了他们的研究成果，[3]证明了认知神经科学的精神面貌已经有所改变，并且与纯粹、生硬的行为主义始终保持着距离。

这些研究把自发思想带入了神经成像的研究领域。为了"科学化"，"思想"一词被换成了更为专业的术语："独立于感觉刺激的认知活动"（Stinulus-Independent Cognition，SIC）；这个术语赢得了认可。SIC 指的是大脑切断与外界联系的状态，过起了自给自足的小日子。SIC 和 SOC 正相反，后者的全称是"刺激导向的认知"（Stimulus-Oriented Cognition，SOC），指的是大脑活动严重受制于外部世界的刺激的状态。用专业术语来说，上课期间沉浸于自己思想的学生就是从 SOC 模式进入了 SIC 模式：SOC-SIC。目前，关于 SIC 的研究开辟了一片与注意直接相关的研究领域。如果你想弄明白为什么有时会在别人跟自己说话时走神，那你应该在那里找找答案。

引发关注的默认网络

事实上，认知神经科学界在关于 SIC 的研究出现之前，就已经关注大脑不受制于外部环境时在做什么。请回忆一下大部分功能性磁共振成像或正电子发射断层扫描神经成像实验是如何设计的：被试舒适地躺在机器里，完成一系列练习；在练习中间的休息阶段，唯一的指令是等待片刻。休息阶段不仅使被试得到放松，还能让我们辨认出哪些大脑区域在练习期间比在休息期间更加活跃。由此，主试可以形象地展现任务期间被激活的大脑网络。

按理说，大脑在有事情要做时理应比无事可做时更活跃。然而，在20世纪90年代神经成像刚刚投入使用时，人们就发现，大脑某些区域在主体执行任务时比主体好似什么都没做时的**活跃度低**。可以想象，神经成像研究者们看到这个结果后有多么迷茫。他们不知道怎么处理和解释这种活动弱化。但神经科学界最终决定认真研究这个问题，尤其是在美国人马库斯·雷切利的大力推动下。他的好几项研究已经表明，活动弱化总是出现在同样的大脑区域之中，不管被试需要完成怎样的任务。一开始，这一网络被命名为"休息网络"，后来又改成"**默认网络**"，因为我们很清楚，大脑永远不会真正地休息。为了进一步体现其精神，雷切利参考著名的宇宙暗能量，发明了"大脑的暗能量"一词。[4]不管叫什么，这个程序都在自发思想的程序中扮演着重要角色。麦克雷、吉尔伯特和斯库勒的研究都揭示了默认网络在 SIC 期间被激活。一些专门研究默认网络的研究者也发现了这一结果，他们把这种休息状态重新命名为 REST，全称是"随机片断式无声思想"（Random Episodic Silent Thinking）——这真是个绝妙的文字游戏，REST 正好对应英语里的"休息"一词。[5]

默认网络由若干脑区构成：一旦认知活动不受制于要求持续注意环境的外部任务，这些脑区就会活跃起来。这些区域分布在皮质外侧（我们从侧面观察大脑时看到的部分）和分隔左右半球的中线两侧。在皮质外侧，默认网络占据着颞顶联合区（还记得填字游戏的例子吧？）和位于大脑最前部的前额叶皮质下部。后者叫作"**腹外侧前额叶皮质**"，就在布洛卡区前面。沿中线两侧，默认网络围绕着胼胝体，从大脑后部的后扣带回延伸到大脑前部的腹内侧前额叶皮质。还要加上颞叶中部（参见图7.2）。真够复杂的！我们会反复提起这些区域，直到本章结束。

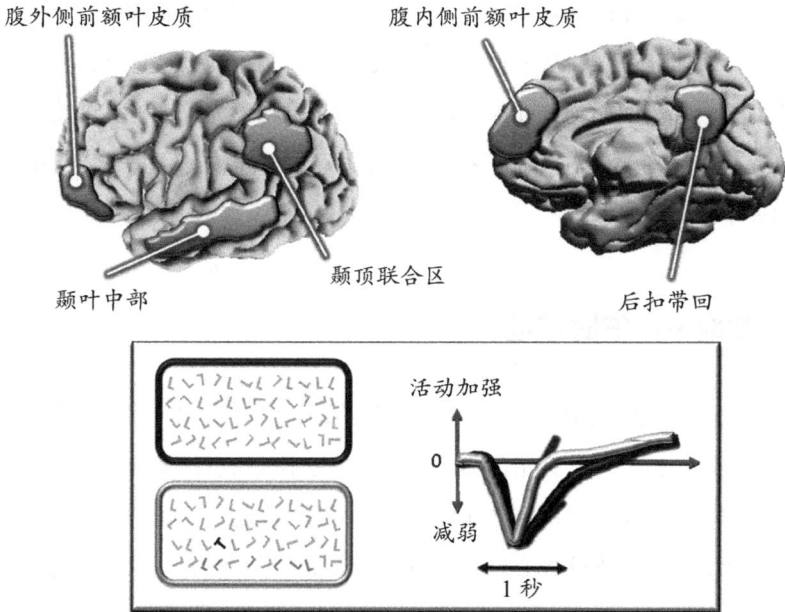

图 7.2 默认网络的主要区域

这些区域的特点是，一旦大脑需要专注地处理某个外部事件，它们的活动就会减弱。尤其适用于被试需要在分心物中寻找目标（此处是灰色字母 T）时。搜索时间越长，活动衰退持续时间就越长。

目前，所有证据都表明，当被试努力把精力集中在一项任务上时，默认网络和负责专注处理任务相关重要信息的脑区将会展开竞争。请回忆一下读故事的实验，被试需要读绿色的故事而忽视红色的故事。在这个实验里，大脑专注地阅读绿色字词时，会伴随着默认网络极为短暂的活动中断，时长大约 0.2 秒。此时，参与阅读的前额叶皮质区域决定继续行动。红色字词不会引起阅读区域的这种反应，也不会导致默认网络的中断。托马斯·奥桑顿、卡里姆·杰比和胡安·维达尔的实验表明，在搜索某一个物体时，默认网络的活跃度会下降，持续时间与搜索时间成正比。这些结果表明：大脑关注外部刺激的能力在很大程度上取决于该刺激打断默认网络的能力。但这种中断从来不会时间很长：一旦信息被处理，默认网络的活跃度就会在瞬间回到基准水平。所以，这个网络不太好对付。即使它肯屈尊躲起来片刻，让闯入者进来，它也会马上回来。大脑不是可以自由进出的火车站大厅。

此时此地……彼时彼地

我们可能花费大量精力去研究默认网络的每个区域在看似无所事事者的心理生活中扮演了什么角色。尽管如此，并不是所有区域都直接参与了思想过程。也许换一个研究方向更好，转而探讨究竟什么是"休息中"的心理生活，考察占据这种心理生活的各种认知活动形式，以及在背后支持认知活动的脑区。

当被试待在磁共振成像仪里，唯一的任务就是看着空白的屏幕。很显然，他会为了打发时间而进行各种各样的心理活动。即使不是实践内省研究法的大师，我们也很容易承认，对无所事事的精神来说，最常见也是最令人满意的活动之一就是想象在过去、未来或幻想中发生的场景。目前，神经成像的数据似乎表明，所有这些形式的心理图像都与同一个网络有关，主要包括前额叶皮质、颞叶和顶叶的内部。[6]回顾一下图 7.2，你就会发现，这些区域都是默认网络的组成部分。通过加拿大神经外科医生怀尔德·彭菲尔德和他的同事赫伯特·贾斯柏的工作，我们知道，只要对其中某些区域加以电刺激，它们就有可能产生相当复杂的心理活动，比如回忆起在撒丁岛的港口喝过一小杯咖啡，或在山间漫步途中停下来休息。[7]

神经成像研究证实了默认网络在情节记忆中的核心地位。情节记忆指的是对实际生活中不同的片段或经历的记忆。它还参与了对未来的、可能发生的或幻想的经历的想象。很多心理学家，如哈佛大学的恩德尔·托尔文、丹尼尔·夏克特和多恩·罗斯·阿迪斯，[8]认为这不是巧合，因为我们想象出来的大多数场景只不过是经历过的元素的重新组合，把之前遇到的背景或人物搬上舞台。事实上，当我们想象晚上去看电影、和朋友聚餐或者一个更难描述的场景时，不管是故事框架还是人物，基本上都来自我们的回忆。这其中当然也包括些许自由想象的空间和即兴发挥的部分，但大部分基础元素都来自我们遇到过并细心保留在情节记忆中的经历。[9]因此，某些研究者毫不犹豫地把想象称作"未来记忆"。[10]为了更好地理解未来记忆和过去记忆是如何轻而易举地捕获注意的，我们需要先了解**内侧颞叶**（MTL），它在情节记忆中扮演着至关重要的角色。

内侧颞叶由将近 10 亿个神经元构成，它们分布在颞叶内侧。再借用一下拳击手套的比喻，内侧颞叶就在握紧拳头时指纹所在的位置。[11]这一结构受损的病人患有遗忘症，而且很难想象和此刻不同的情景："如果你在高速公路中间，会怎么办？""我不知道。"[12]内侧颞叶不是一个同质性的大脑结构，而是若干小区域按级别聚集在一起，顶部是海马体，下面是内嗅皮质、嗅周皮质和海马旁回（参见图 5.4）。海马体蜷缩着，就像一条真正的海马，接收来自内嗅皮质的信息；而内嗅皮质接收来自嗅周皮质和海马旁回的信息，以及一小部分来自腹侧视觉通路其他高层级区域的信息。

洛杉矶的神经外科医生伊扎克·弗雷德及其研究团队在实施癫痫手术之前的定位阶段，直接记录了人类内侧颞叶神经元的活动，帮助我们进一步了解这个区域。通过记录，他们发现了我讲过的对披头士敏感的神经元，以及其他对詹妮弗·安妮斯顿、比尔·克林顿或特蕾莎修女敏感的神经元。和我们之前看过的一样，这些神经元在特定的概念出现时会活跃起来，不管使用的是哪种感觉通道——视觉、听觉、语言，甚至是想象。病人只要想到披头士或特蕾莎修女，就足以激发这些神经元的热情。[13]

在一次会议上，弗雷德为大家讲了一个神经元的故事。这个神经元对在 20 世纪 90 年代非常流行的美国动画片《辛普森一家》极其敏感。病人刚刚看了一系列电影和动画片的节选，其中《辛普森一家》的片段引起了这个神经元的反应。弗雷德想知道，这个神经元在只有回忆时会做出何种反应，于是他要求病人讲述自己看到了什么。病人沉浸在回忆中，直到这个神经元突然开始活动，然后他马上说："啊，对了，还有一段《辛普森一家》。"这个神经元似乎对记忆的"浮现"有所反应，就像一个气泡从大脑深处浮上来。这足以让我们相信，内侧颞叶在想象、随心所欲的遐想和平时所说的"思想"中扮演着主角。

这还没完，内侧颞叶在记忆的构建和唤起中所发挥的作用还不止于此。只要稍加思索，你就会发现注意选择机制在选择物体时区分出了两种信息：一是跟物体有关的信息，比如我面前的咖啡杯；二是跟背景有关的信息，也就是咖啡杯所在的位置，比如桌子或咖啡馆。当我的注意转移到桌子上，桌子就变成了物体，而咖啡杯融入背景之中。所以，总是存在物体和背景的区别。在视觉皮质中，对物体的分析和对背景的分析似乎涉及两个不同的系统，它们只在内侧颞叶内部的最高视觉系统中会合。最近的研究成果显示，跟物体有关的信息通过嗅周皮质到达内侧颞叶，跟背景有关的信息通过海马旁回到达。然后，内嗅皮质接受这两种信息，传递给海马体，再由海马体把物体和背景联系起来，形成回忆。[14]内侧颞叶在情节回忆中扮演的角色意义重大，因为一般来说，每个回忆都包括一个中心元素和一个背景。举个例子，我记得 1 月下雪时，和孩子们在柏林动物园看到过北极熊。接下来，我可以很容易地想象这只北极熊身处 8 月的大热天之下，或者在茫茫大海中的冰山上，甚至是在山顶上。通过把北极熊这个中心形象和不同背景联系起来，我能创造出无限多的心理场景。还不止于此，因为在内侧颞叶内部，一个双向连接系统可以使物体和背景互通有无：一个物体能够唤起它置身其中的背景，反之亦然；同时，关于柏林动物园的回忆也会使我想起不远处的河马和水族馆；一个接一个的回忆逐渐重新组成1月那天上午的故事。一个地点会唤起在那里发生过的事情或处于那里的物体。因此，内侧颞叶完全有能力从一块拼图出发，拼出整个回忆。图像一个接一个地出现在我女儿小蒂凡尼的脑海中，让她彻底忘记了听讲。

当然了，这并不意味着思想可以被归结为颞叶里某些神经元的活动。根据弗雷德团队的评估，即使在内侧颞叶里，每个概念也不是只激活一个神经元，而是上百万个。再者，每个神经元都会对很多概念有所反应。弗雷德的观察表明，同一个神经元在想起埃菲尔铁塔和比萨斜塔时都做出了强烈的反应，甚至可能在看到金属梁或法国国旗时也一样。内侧颞叶使用了一种我们在神经科学中称作**"神经元集群编码"**的机制；意思是，每个概念激活一大群神经元，其中每个神经元也能被其他概念激活。所以，埃菲尔铁塔和比萨斜塔激活的是两群神经元，而它们恰好有一部分重合（参见图7.3）。

根据我们通常所谓的"联想"原理，这种编码形式让神经元活动能够像森林大火一样，从一个概念蔓延到下一个概念。如果在100万个对"埃菲尔铁塔"反应的神经元中，一半也对"比萨斜塔"反应，那么这50万个神经元的活动就会蔓延到剩下的50万，激活"比萨斜塔"这个概念。在此期间，"埃菲尔铁塔"神经元的活动慢慢恢复平静。在100万个"比萨斜塔"神经元中，60万也许同时对"意大利"有所反应……以此类推。被试面对埃菲尔铁塔，迷失在自己的思想中："它让我想起比萨斜塔……意大利……罗马的那家小餐馆……斯黛拉和她的红裙子……斯黛拉！今天是斯黛拉的生日！我得给她打电话！"尽管面前就是埃菲尔铁塔，但这个男人却已经离开了巴黎——他的注意被自发且自主运行的神经元活动劫持了……这就是第三种注意捕获——认知捕获。祝他旅途愉快！

167

颞中区

图 7.3　集群编码原理

当你看埃菲尔铁塔的图片时，颞中区的一群神经元被激活了。当你看到比萨斜塔时，另一群神经元被激活。这两群神经元中有很多是相同的：这就是我们所说的集群编码。所以，这种原理可以对数量巨大的概念进行"编码"，能力远超过每个神经元只对应一个概念的假设。

你的眼皮很重，很重……

然而，不要认为唯有内侧颞叶该对这场光天化日之下的劫持负责。我再说一遍，思想不能归结为某些神经元的活动，也不能归结为某个大脑结构的单独活动；在大脑里，一切都是网络状的。为了形成构成想象场景或回忆场景的心理、声音，甚至是触觉图像，内侧颞叶还有好几个同谋。在这一点上，神经成像技术如今取得了清晰的数据；我们用听觉皮质想象声音，用视觉皮质想象图像，用前运动皮质想象运动。当你在脑海中哼一段小曲时，你的听觉皮质会活跃起来，即使你不发出任何声音。[15]如果你想象面前有一个彩色的图形，对颜色敏感的视觉皮质区域就会被激活。[16]当你想象动一动腿或胳膊时，在前运动皮质中测量到的脑电图活动和你真的做这个动作时一样。这种现象非常明显，以至于某些医生，如比利时列日市的斯蒂文·劳雷，对无法与外界交流的病人使用功能性磁共振成像，用来确认他们是否有意识；医生要求病人想象自己正在打网球，如果功能性磁共振成像探测到前运动皮质的活动，就说明病人理解了指令。[17]

　　但是，为什么我们会迷失在自己的思想中呢？为什么有时候很难回到现实中呢？是什么机制使想象出来的场景一个接一个无限地延续下去？内侧颞叶的"森林大火"假说提供了第一种可能的机制：一个概念会唤起另一个概念，以此类推，令人生厌。但肯定还有其他原因。在上一章中，我们讨论了两种外部世界事件捕获注意的机制，也就是运动捕获和情绪捕获。我支持这两种机制也参与了内部事件捕获注意的观点，依据是：外部世界的知觉和内部世界的想象依赖于一部分相同的网络。

　　在我看到右边的黄色小碗的时候，我的身体自发地行动起来，去拿几颗花生。那么，当我**想象**这个碗时会发生什么？想象一个物体是否和看到该物体能引起同样的神经元反应？我们此前已经看到，顶叶的某些区域在看到一个物体时，会和前运动皮质一起准备必要的动作，以便抓到、使用这个物体。我们还看到，视觉皮质不仅对看到的物体有所反应，还对想象出来的物体有所反应。由此不难想象，当我**想到**碗时，顶叶会和当我**看到**碗时一样被激活，只是想象就足以在前运动皮质中准备抓握动作。你可能会反驳，想象碗引起的顶叶反应太微弱，无法真正地导致前运动皮质做出反应。这是有可能的。不过，想象对视觉系统的影响也可以非常强大。著名的神经成像专家斯蒂文·考斯林的一项正电子发射断层扫描技术研究表明，一个被催眠的被试接到"再也看不到颜色"的指令后，他的大脑对彩色图形的反应和对黑白图形的反应一样；也就是说，催眠法改变了本来对颜色非常敏感的初级视觉区的大脑活动。[18]如果说想象的能力足以阻止一个如此自动化的反应，那我们也能想到，它足以激活顶叶皮质，效果不逊色于真正的视觉。一堆花生的心理图像会先激活顶叶，然后是额叶，为了在前运动皮质中准备抓握动作。

越来越多的神经科学研究者开始对催眠感兴趣，以便理解大脑和注意的运行机制。[19]在催眠治疗中，医生会迅速引导病人从具体的心理图像开始完成一些行动。[20]"想象你的手指上系着一小段细绳。接触非常非常轻。现在想象你的朋友正在把这条细绳往上拉。"然后手指抬了起来。接下来，催眠暗示沿着一系列知觉－行动的循环继续下去。在这期间，被催眠的人开始想象一个场景，然后在此场景中自然而然地采取行动，而这个行动又会引发新的场景："想象你坐在家里的扶手椅里。如果你朝前看，会看到什么？""我透过窗户看到楼下的街，我俯下身……""很好，你俯下身，然后在街上看到了什么？"……回答的人最后会描述这个想象出来的世界并做出反应，就像面对真实世界一样。所以，催眠突出了大脑天生喜欢把知觉和行动联系起来的倾向，即使是在想象中。如果你还是心存疑虑，那让我们来看看里昂大学的米歇尔·朱维特著名的实验，它揭示了蓝斑核在抑制睡梦动作时的作用。[21]朱维特观察到，猫被摘除了这一结构后，会把梦当真：猫在睡得正香时，会站起身来，想抓住梦到的小鼠。这证明，我们会使用与醒着时同样的运动程序对梦中想象出来的环境做出反应。我们把这个虚拟世界当成真实世界。感觉－运动的循环自发地把知觉和行动结合起来。因此，很可能在夜里，感觉－运动的循环也会参与心理物体（比如一碗虚拟的花生）对注意的运动捕获，就如同我们面对着真实世界。

因此，我认为虚拟世界和真实世界使用同样的把戏以捕获注意，尤其是在运动捕获方面。在上一章中，我还谈到了一种注意的情绪捕获机制，由可能会刺激到奖赏回路的分心物完成：注意天生容易集中在最能刺激奖赏回路的事件上。这些事件可能来自外部世界，但也不尽然。在我们之前看到过的可卡因成瘾者的实验中，一段展示他们获得毒品的地点的录像就足以导致多巴胺被释放到他们的奖赏系统中。即使录像是一种外部刺激，这个结果还是说明，人不需要切身经历"带来奖赏"的场景，奖赏系统就可以被激活。黑猫白猫，抓住耗子就是好猫！简单的唤起和直接面对真实世界一样，足以刺激奖赏系统。饿的时候谈论美食，累的时候想象躺在床上，多么令人愉快啊！在内侧颞叶中，海马体和它近邻的杏仁体记住大脑遇到的刺激以及事件的功效；这就是我在讲杏仁体时描述过的标签系统——苹果？好！生气的脸？不好！香肠？好！由于海马体和内侧颞叶周边区域的神经元对想象或真实的语言、场景和事件反应同样强烈，标签系统在这两种情形下都能发挥作用。所以，注意自然而然地倾向于停留在能够激活奖赏回路的想象性心理表征上，尤其当这种激活强于主体此时此刻经历的真实场景所引起的激活时——举个例子，在漫长的工作会议上袭来的阵阵睡意。

大脑中的小小声音

到目前为止，我们主要关注的是想象导致的注意捕获，尤其是视觉想象。然而，当我坐在坐垫上面对墙壁时，我最投入的并不是严格意义上的"视觉"活动。在安静的环境中，我自言自语，一遍又一遍。根本不需要坐禅就能观察到，我们把绝大部分时间都用于说话，用于自言自语。这个"小小的声音"是一种运动听觉图像。我们想象自己说出了这些话——这是运动的一面；然后我们听到了——这是听觉的一面。和所有心理图像一样，听觉图像与真正和别人说话时所使用到的大脑区域和机制十分接近，除了发音运动程序没有被执行。控制咽部和口腔肌肉的运动皮质区域没有被激活，所以这些话既没有被说出口，也没有被听到。只要再多努力一点点，这些话就会脱口而出。但这种努力没有出现，也许是因为这些话没有通过前额叶皮质的审查。当审查松懈时，主体就会"大声"思考；在极端情况下，还会不停地大声自言自语。

最后的发音努力可以被其他运动程序取代；就在我写下这句话的这一秒，为了不打扰旁边喝咖啡的人，我没有发出任何声音。但是，借助一个使用手指敲击键盘的运动程序，我在大脑中听到的词汇一个接一个地出现在屏幕上。然而，不管我写字、说话，还是自言自语，话语生成用到的大脑机制都是一样的，就像 MP3 格式音乐信号都使用相同的生成程序，不管使用哪种设备播放——磁带也好，扬声器也好，或者未被播放。

我们对参与话语生成的脑区知之甚少，也没有进行过神经成像研究。但神经心理学提供了一些似乎会专门影响到这种能力的大脑损伤的案例。记录最详细的案例是侧面额叶损伤导致的经皮质运动性失语（TCMA）。和所有失语症一样，经皮质运动性失语也是一种语言障碍；但患者可以重复单词甚至句子。他们也能说出眼前物体的名字，大声读一篇文章，甚至非常简短地回答这类问题："你昨天去哪儿了？"他们的障碍在于话语生成：他们无法自己造句。这种障碍似乎不影响语言任何单独的组成部分，如语义、音位、发音、语法或连接，也不影响对语言的理解。所以，经皮质运动性失语被描述为语言领域的行动计划障碍。[22]

在解剖层面上，这种障碍通常出现在额叶最前部（布洛卡区前面）受损之后，有时也出现在前额叶皮质腹侧和侧面（默认网络的组成部分）受损之后。这一位置相当靠前，但考虑到负责语言生成和动作生成的神经元系统之间的对应关系，也就不出人意料了。运动和说话这两种神经元机制之间有很多相似点；归根结底，说话就是将一系列发音运动程序和动作连接，最终使舌头、口腔和喉咙运动起来。在手语中，语言和运动机能之间的联系更加明显。这些发音程序必须遵循一定的规则，尤其是语法规则，并且与上下文匹配，最终实现交流信息的目标，或者只是为了在对话者身上产生某种效果。同理，切面包、开电视或开一枪，这些动作都是一系列行动，符合规则，与背景匹配，目的是实现一个目标。这个目标当然也可以是传达信息或情绪，就像话语一样——想一想钢琴家或舞者的表演。

这些动作序列一遍又一遍地出现，最终组合起来，形成我们所说的"运动程序"。大脑随时间一点点建立起一座程序库，然后在其中查找比对，使行为与背景相互匹配。给汽车加速就是一种运动程序：这是一组复杂的动作序列，由手和脚的好几个动作构成，但最终逐渐变成无需思考就能完成的自动化动作。类似例子还有无数个。在所有领域，不管是技术、音乐还是体育，学习都要通过获取大量运动程序的阶段。成为行家里手后，人们能够毫不费力地完成这些程序。语言习得也不例外。在语言习得中，运动程序不仅包括字和词，还包括更复杂的连接，比如表达法、固定的句子或"语言习惯"——"好，我要去睡觉了。"接下来的任务就是把不同元素组合起来，就像把动作串起来一样。这不是说，我们跟鹦鹉似的，总是用一模一样的词汇重复相同的句子；而是说，我们拥有一座巨大的语言动作宝库，可以从中汲取所需，以传达特定的信息，就如同空手道选手从空手道动作储备中汲取招数，以打败对手。逐年增长的经验赋予话语编程系统一定的灵活性，可以根据环境所需、主体想要产生的效果或者只是当时的心情，"突发奇想"地选择某个词语，就像网球冠军能够以上千种方式反手回击对手的每一个球。

在大脑的运动区域，神经元和复杂程度各异的动作联系在一起，这令人想起视觉系统的组织方式，后者把神经元和空间位置、视觉特性或物体联系在一起。有些神经元在每次大拇指动的时候都会被激活，其他神经元在更复杂的动作出现时被激活。优先处理最简单动作的神经元位于初级运动皮质内，在额叶的后部，邻近顶叶；而位于前运动皮质或所谓"补充"运动区的神经元，位置更靠前，负责更复杂、持续时间更长的动作，尤其是那些著名的运动程序。

运动系统的等级制组织结构

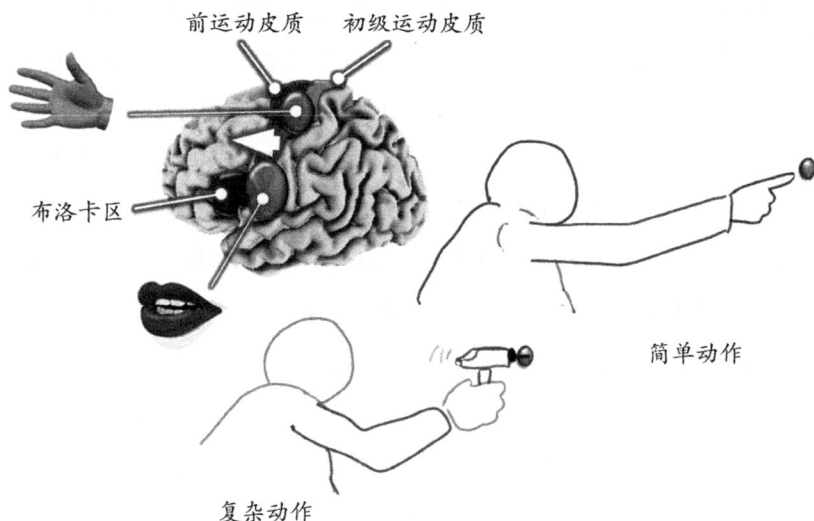

图 7.4 运动系统的等级制组织结构

初级运动皮质的神经元专门负责非常简单的动作，比如胳膊朝某个方向移动，张开手或者闭上嘴。在更靠前一点的前运动皮质中，神经元关注运动更复杂、更抽象的方面。

从额叶后部到前部，大脑运动系统对应的动作复杂程度会越来越高。对于语言来说，这种梯度从布洛卡区后面负责激活口腔区域的初级皮质区域开始，贯穿布洛卡区，直到前额叶皮质前部。我们发现，语言和行为计划有着相同的组织方式——随着逐渐接近大脑前部，复杂程度越来越高。[23]布洛卡区在简单的发音程序生成中发挥作用。位于布洛卡区前面的前额叶皮质负责把长而复杂的语言片段结合起来。所以，这一区域受损的病人难以生成话语，这是经皮质运动性失语的典型症状。由此可见，我们完全有理由相信，前额叶皮质在著名的"小小声音"中扮演着至关重要的角色（参见图7.4）。

可是，为什么思考会发出声音呢？没有人知道答案，但我们不妨一试。先来做一个小实验：想象自己的右胳膊水平伸直；之后，想象自己突然张开手，手指大大张开。你感觉到了什么？正常情况下，你的手指会有明显的感觉，好像你真的做了这个动作。每当我们把一个假想的动作"当真"，皮肤和肌肉都会产生一系列躯体感觉。当我们想象做一个动作时，也会有所感觉，但比实际做动作时稍微弱一点。为什么？在真实做动作时，运动区域和体感区域一起持续活动。根据赫布的理论，一起活动会让负责准备并实现动作的神经元和感觉这个动作的神经元之间的联系加强[24]（参见图7.5）。既然想象一个动作就会调动准备该动作的所有区域，那么我们只差一步就可以断定，准备动作的神经元和感觉神经元之间的联系足够强大，可以相互激活，即使这个动作只存在于想象中，没有被实现。

在发音程序中，运动准备留下的感觉痕迹既是一种"体感"（躯体感觉），又是一种听觉，因为我们一直在听自己说话——我们在跟别人说话时会发出声音。想象自己说"好"字，大声坚持一会儿，先发出 [h] 这个音，然后是 [ao] 音。你的嘴唇和口腔或许会有明显的感觉，而且你在大脑中肯定听到了 [hao] 这个音。不然还能怎样呢？因此，我们通过赫布定律可以想象得出，肌肉和耳朵中负责准备发音程序的神经元和负责感觉这些程序的神经元，它们之间的持续活动最终会建立起一个强大的联系网，只要我们准备说话，就能引起对自己的声音的听觉和口腔肌肉的体感。[25]你还会注意到，思考的时候，你听到的是**自己的声音**，而不是电视新闻主持人或著名演员的声音。尽管如此，你还是可以改变嗓音玩玩，但不太自然。根据这一逻辑，当我们"在大脑中"说话时，所有实际说话时要用到的网络都会活跃起来，但活跃度可能稍低。我尤其想到了伴随话语的各种身体动作：比如"意大利手势"；还有更常见的面部动作，能让人们做出符合语境的面部表情——眼睛睁得大大的，表示惊讶；或只是微笑，表示心情不错。无论如何，我们可以推断，前运动区域一方面准备口腔和舌头的动作，另一方面准备面部和手的动作。两者频繁地共同活动，最终在相关神经元系统之间建立了足够强大的联系：只要想象自己说话，我们就会自然而然地同时激活面部和身体的前运动。这一点我很确定，因为我在坐垫上时经常观察到这个现象。当思想把我带入和想象中的人物进行的漫长

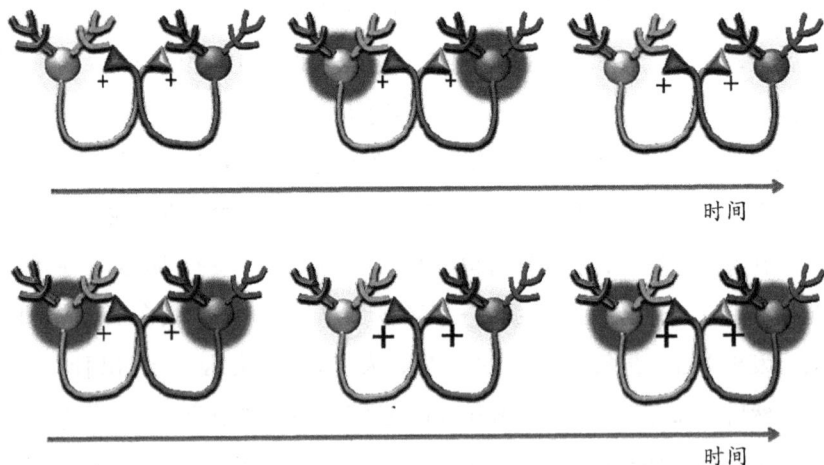

图 7.5　**赫布定律**

赫布定律是神经科学最重要的规则之一，名字来自加拿大心理医生唐纳德·赫布。根据这一定律，每当两个神经元一起活动时，它们之间的联系就会加强。在这幅画中，两个神经元一起活动了 3 次，这加强了它们之间的突触联系（＋）。

对话中时，我感觉到面部肌肉伴随着自己说的话，微微紧张起来。这是一种平复思想的方式，让注意稍稍远离小小的声音，安静地集中在这些肌肉感觉上。面部肌肉平静下来，思想也平静下来。既然这本书打算帮助你更好地集中精力，这就是一个有用的方法，能够避免在不合时宜的时候彻底沉浸在想象之中。

多嘴多舌！

但我们为什么跟自己说这么多话？这个问题还是无人解答，我们不妨再推测一下吧。一个可能的原因是，大脑用**想象话语**代替**想象动作**。于是，"小小的声音"完成的注意捕获接近于前面描述过的动作捕获。实际上，好几项功能性磁共振成像研究表明，当我们听到"投掷""射门"或"切开"这种表示动作的动词时，准备这些动作的前运动区域会被激活，就像我们真的准备要做这些动作似的。对剑桥 MRC 认知与脑科学组的弗里德曼·普维尔穆勒等语言专家来说，这证明了大脑通过想象做动作来理解动词：[26]为了理解"扔一块石头"这句话，我会想象自己正在扔一块石头，或者用更科学的术语来说，我可能下意识地提前激活扔石头的准备动作。所以，也许当我们说话的时候，我们就已经以虚拟的方式与世界产生了关联。比如，当想到"我还是上楼去睡觉吧"时，我们已经开始想象自己正在上楼回卧室。当然了，这一切只是推测。但是，如果意识到面前有一杯咖啡就足以引起拿起杯子喝咖啡的动作，根据同样的原理，为什么不能认为环境能够以发音动作的形式，引起语言反应呢？我看到面前的杯子，就会想："我要泡杯茶。"如果大脑用语言代替行动，那么语言是不是会像运动系统一样，也存在一种对环境的敏感性？

再者，通过跟自己说话，我们觉得自己正在解决生活中的问题，而不是"袖手旁观"。焦虑的应聘者缩在地铁一角，准备去参加面试。他把未来的情况提前，思考如何解决可能遇到的陷阱。他想象自己说话，想象别人提出的问题。面对活跃的心理表征，他的大脑自发地提出一系列建议——这样做，那样说。这些建议不一定能起到什么重要作用，但至少让他觉得自己采取了行动，从而减轻焦虑。对世界产生心理表征并加以操控的能力是战略推理中的关键一环。大脑一直使用并滥用着这种能力。

看见或思考，必须选择一个吗？

大脑似乎能够以两种模式前进：第一种模式主要用于积极地分析感觉环境，使行动符合环境；第二种模式用于完成心理图像程序，主要是视觉、听觉和运动程序，以便操控心理模型。在第二种内部模式中，大脑在想象的世界中前进。我们在虚拟世界里就像在真实世界里一样，看、听、行动、说话。在解剖学层面上，我们与外部世界的关系跟与内部世界的关系有不同之处：默认网络在第一种情况下是沉默的，在第二种情况下是活跃的。但区别不是主旋律：认知和想象使用一部分相同的脑区，甚至是相同的神经元，比如内侧颞叶里对《辛普森一家》格外敏感的"辛普森神经元"。

由此可见，真实世界和虚拟世界在大脑里互相竞争。内侧颞叶的控制开关也许就是极为重要的战略关键。内侧颞叶既参与了唤醒对过往的记忆、想象未来或幻想中的场景，也参与了形成新的记忆。如果我给你展示一张单词表，同时测量你的海马体的活动，我可以仅仅通过测量就能预测你将记住哪些单词。[27]如果你没有海马体，你就一个单词也想不起来。那么，当海马体暂时忙于应对内心世界，无暇顾及其他时，会发生什么呢？在内侧颞叶和感觉皮质中，注意需要做出判断，决定先分析来自外部世界的感觉刺激，还是先处理覆盖内心世界的心理图像。

有什么好处？

我们理应琢磨一下，大脑经常离开真实世界去探索虚拟世界有什么好处。从进化的角度来看，在危机四伏的世界中，大脑这样做有什么好处？想象当然是有用的，可以把情景提前，计划好解决办法。但我们为什么会在对话、课堂或网球比赛中想入非非呢？为什么把精力集中于当下情景这么困难呢？这个问题仍然没有人能解答，但我们还是可以留意几个事实。首先，世界并非始终处于变化之中。面对墙壁坐在坐垫上，我身边的这个小世界是静止的，于是我可以安全地走神几十分钟。甚至当我站起来，返回"真实"世界时，世界变化得也没有那么快，或许是因为确实没发生什么事，也或许是因为一切都在"意料之中"——事物发展的方向符合预测，可能发生的情况我也都能够轻松面对。当我坐在会议桌旁边时，事物沿着既定轨道前进，即使有人跟我说话，我也可以依赖高效的前注意感觉分析装置和注意监视回路，迅速把注意转向会议，尤其是当我听到别人叫自己名字的时候。因此，我可以安全地游荡于遐想之中；最糟糕的情况也不过是要求别人再说一遍。无论如何，我都能全身而退。

所以，在虚拟模式下游荡没有那么危险。尽管如此，这种安全性无法彻底解释为什么我们会如此喜爱神游。是不是为了放松大脑？有可能，不过默认网络专家马库斯·雷切利表示怀疑；他提醒我们，大脑在这种休息状态下游荡时，消耗的能量只降低了 1%。[28]我再给出另一种解释：我们内部世界的变化速度符合注意自身的运动节奏。注意自身无法保持静止。目光在探索视觉画面时每秒颤动三四次，这种自发的运动表明注意天生不安分。有规律的呼吸正是注意所讨厌的：静止的刺激，变化缓慢，大脑从一开始就了如指掌。思想和注意甚至互相定义彼此的节奏：每个新思想会自然而然地捕获注意，持续到注意离开。所以，注意可能更容易被以合适的速度更新的心理现象所捕获，而不是更稳定的外部事件。

一个复杂的世界

我们推测所谓"休息"时的大脑所使用的机制在此告一段落。鉴于其中涉及的心理活动具有自发性和极大主观性的特点，这一领域的研究非常困难。尽管如此，研究还是有所进展；认知神经科学的进步一点点地让我们看到大脑在建造它钟爱的想象世界时使用了哪些材料。但在读完这一章之后，千万不要认为心理图像和小小的声音不过是内侧颞叶和前额叶皮质的活动。这些区域只是庞大的互动网络交织的一部分。由于内部话语在生成时必须掌控概念和场景，所以它会求助于负责语义记忆和情节记忆的颞叶前部和中部区域。如果看到"披头士"这个词和保罗·麦卡特尼的脸就会有所反应的内侧颞叶神经元不被激活，那我们怎么能谈论披头士呢？每个心理话语的元素都会改变大脑中已有的心理表征。每当想到"我该去遛狗了"这句话时，你就会自然而然地回忆起和狗、遛狗有关的一系列心理表征，比如你习惯走的路线。在你的心理世界中，对这些地点的回忆又会产生另一段话语，以此类推。所有这些系统一起行动，产生了一系列连锁反应，被我们称为**思想**，而思想就是对注意的一种**认知捕获**。

我花了很多笔墨讲大脑结构，是希望大家记住关键的一点：我们称之为想象的东西——这个导致分心的主要因素，它的生物表现越来越清晰。不要用头撞墙以中断你的思想。思想是生物现象的结果，肯定无法靠打个响指就能阻止。用本章开头的那个电影系学生第三遍看同一场电影的目光去观察思想吧。在前面的章节里，我回顾了几个外部世界捕获注意并吸引它的机制。所有这些机制也适用于内部世界对注意的捕获和关押。外部世界能够使大脑四处游荡，在思辨的模式下产生一个又一个思想，就像夏天吞噬森林的大火。我在吃花生的时候，想起了上周六的冷餐会，以及托马斯讲的故事……我走神了，直到有人问我可不可以借走我的报纸，反正我也不看。

然而，我有时能把报纸读下去，即使上面的文章没什么意思。坐在坐垫上，我能够关注自己的呼吸1分钟、2分钟，有时甚至长达5分钟，把精力集中于空气给我的鼻翼带来的细微感觉。所以，分心并不是所向无敌的。哪怕在暴风雨中，也有人掌舵，维持航向。某个人或某种东西在抵抗分心。这就是我们接下来要讨论的主题：分心之后是对分心的抵抗。主人回来了……

注释

[1] Cheng W. F., Collet H., *Ah! Le printemps, le printemps ah! Ah! Le printemps. Haikus de printemps*, Millemont, Moudarren, 1991, p. 54.

[2] 弗朗西斯科·瓦雷拉的计划如下："我的设想的创新性在于，以严格方法取得的第一人称报告，可以成为神经生物学假设的证据之一。"Varela F. J., "Neurophenomenology: A methodological remedy for the hard problem", *Journal of Consciousness Studies*, 1996, 3, 4, p. 330-349.

[3] Burgess P. W. et col., "The gateway hypothesis of rostral prefrontal cortex (area 10) function", *Trends Cogn. Sci.*, 2007, 11, 7, p. 290-298. Christoff K. et col., "Experience sampling during fMRI reveals default network and executive system contributions to mind wandering", *Proc. Natl. Acad. Sci. USA*, 2009, 106, 21, p. 8719-8724. Mason M. F. et col., "Wandering minds: The default network and stimulus-independent thought", *Science*, 2007, 315, 5810, p. 393-395.

[4] Raichle M. E., "Neuroscience. The brain's dark energy", *Science*, 2006, 314, 5803, p. 1249-1250.

[5] Andreasen N. C. et col., "Remembering the past: Two facets of episodic memory explored with position emission tomography", *Am. J. Psychiatry*, 1995, 152, 11, p. 1576-1585.

[6] Schacter D. L., Addis D. R., "The cognitive neuroscience of constructive memory: Remembering the past and imagining the future", *Philos. Trans. R. Soc. Lond. B. Biol. Sci.*, 2007, 362, 1481, p. 773-786.

[7] Jasper H. et Penfield W., *Epilepsy and the Functional Anatomy of the Human Brain*, Boston, Little Brown, 1954, 2e édition.

[8] Schacter D. L. et col., "Remembering the past to imagine the future: The prospective brain", *Nat. Rev. Neurosci.*, 2007, 8, 9, p. 657-661.

[9] 哈佛大学的丹尼尔·夏克特和多恩·罗斯·阿迪斯在《结构性情景模拟假说》一文中支持了这个论点。Schacter D. L., Addis D. R., "On the nature of medial temporal lobe contributions to the constructive simulation of future events", *Philos. Trans. R. Soc. Lond. B. Biol. Sci.*, 2009, 364, 1521, p. 1245-1253.

[10] Ingvar D. H., "'Memory of the future': An essay on the temporal organization of conscious awareness", *Hum. Neurobiol.*, 1985, 4, 3, p. 127-136.

[11] Quiroga R. Q. et col., "Sparse but not 'grandmother-cell' coding in the medial temporal lobe", *Trends Cogn. Sci.*, 2008, 12, 3, p. 87-91.

[12] 同注释 [8]。

[13] Quiroga R. Q. et col., "Sparse but not 'grandmother-cell' coding in the medial temporal lobe", *Trends Cogn. Sci.*, 2008, 12, 3, p. 87-91.

[14] Eichenbaum H. et col., "The medical temporal lobe and recognition memory", *Annu. Rev. Neurosci.*, 2007, 30, p. 123-152.

[15] Zatorre R. J., Halpern A. R., "Mental concerts: Musical imagery and auditory cortex", *Neuron*, 2005, 47, 1, p. 9-12. 听觉皮质不需要声音就能被激活：Voisin J. et col., "Listening in silence activates auditory areas: A functional resonance imaging study", *J. Neurosci.*, 2006, 1, p. 273-278.

[16] 关于视觉成像，感兴趣的读者可以参考斯蒂文·考斯林及其团队进行的研究：Ganis G. et col., "The brain's mind's images: The cognitive neuroscience of mental imagery", in Gazzaniga M. S. (éd.), *Cognitive Neurosciences III*, Cambridge, MIT Press, 2004, p. 931-941.

[17] Owen A. M. et col., "Detecting awareness in the vegetative state", *Science*, 2006, 313, 5792, p. 1402.

[18] Kosslyn S. M. et col., "Hypnotic visual illusion alters color processing in the brain", *Am. J. Psychiatry*, 2000, 157, 8, p. 1279-1284.

[19] Oakley D. A., Halligan P. W., "Hypnotic suggestion and cognitive neuroscience", *Trends Cogn. Sci.*, 2009, 13, 6, p. 264-270; Raz A., Buhle J., "Typologies of attentional networks", *Nat. Rev. Neurosci.*, 2006, 7, 5, p. 367-379.

[20] Morgan D., *Hypnosis for Beginners*, Cosmo, 2003.

[21] Jouvet M., *Le Sommeil et le Rêve*, Paris, Odile Jacob, 1998, p. 54.

[22] Alexander M. P., "Transcortical motor aphasia: A disorder of language production", in D'Esposito M. (éd.), *Neurological Foundations of Cognitive Neuroscience*, Cambridge, MIT Press, 2003, p. 165-174.

[23] Sirigu A. et col., "Distinct frontal regions for processing sentence syntax and story grammar", *Cortex*, 1998, 34, 5, p. 771-778; Koechlin E., Jubault T., "Broca's area and the hierarchical organization of human behavior", *Neuron*, 2006, 50, 6, p. 963-974.

[24] 根据唐纳德·赫布的理论，两个神经元自发、反复出现的活动会加强它们之间的积极联系；两个神经元的突触联系得到加强，当其中一个神经元开始活动，这一活动很容易就传递到另一个神经元。这就是著名的赫布定律。深厚的友谊通常是多年拥有共同爱好而产生的结果，在大脑里也一样。相反，两个从未一起活动的神经元——比如一个喜欢垂直图形，另一个喜欢水平图形——会变成敌人：它们倾向于建立互相抑制的突触联系。所以，赫布定律就像一种加速器，加强神经元之间的友谊或敌对关系。Hebb D. O., *The Organization of Behavior: A Neuropsychological Theory*, New York, Wiley, 1949.

[25] 确实如此，一束纤维直接把前运动皮质和颞上沟回的听觉区域联系在一起，大部分对说话声有所反应的神经元都位于这个区域。Pulvermüller F., "Brain mechanisms linking language and action", *Nat. Rev. Neurosci.*, 2005, 6, 7, p. 576-582.

[26] 同注释 [25]; Nazir T. A. et col., "The role of sensory-motor systems for language understanding. Foreword", *J. Physiol. Paris*, 2008, 102, p. 1-3.

[27] Sederberg P. B. et col., "Hippocampal and neocortical gamma oscillations predict memory formation in humans", *Cereb. Cortex*, 2007, 17, 5, p. 1190-1196.

[28] 同注释 [4]。

08

抵抗运动

蝴蝶不见了，

我的灵魂

回来了。

——安藤和风 [1]

恭喜！如果你不是偶然翻到这一页，那么你的注意力足以让你读完前七章。你知道自己抵挡住了多么强大的内部分心和外部分心吗？坚持抵抗！你已经生动地证明了，在大脑里存在一股抵抗分心的力量。现在，再多来一点注意，你就会知道自己为什么能够保持精力集中。

请先回顾一下边走路边保持直视的实验。如果说，这个实验看起来有点难，或者不太自然，那是因为我们的目光天生喜欢跳跃到任何吸引注意的东西上去。这些小小跳跃被称作"正向眼动"，表明感觉和行动之间存在自动化组合：我在街上遇到一个人，他微笑的面孔吸引了我的注意，于是我朝他看去。用认知科学的术语来说，这是一种**"刺激－反应"**组合，正向眼动是典型范例。这一组合，以及几百万个其他组合，构成了大脑"自动驾驶仪"的基础。这比医生用小锤敲我们的膝盖，腿就会弹起的原始反射系统高级多了。

正向眼动的英文是 pro-saccade，单词的前缀 pro 意味着眼睛和注意的转移方向一致。正向眼动也许是自动化程度最高、在大脑中定位最确定、最经常出现的刺激 - 反应组合——出现频率每秒钟三四次，或者说每小时几千次。[2] 所以，保持直视不看四周也许是自我控制最直接、最简单的表现方式，尤其当我们遇到一个外形颇佳的人时。对神经科学来说，这是意外收获。对目光转移的控制已经成为一种选择模型，用于研究自主控制的神经元基础。[3] 大脑是如何解除自动驾驶仪的呢？

在实验室里，研究者们将实验更进一步，要求被试完成**反向眼动**，意思是眼睛转向与吸引注意的刺激相反的方向。在实际操作中，主试让被试面对屏幕，在中心点的左侧或右侧会出现图片，被试的任务是抑制眼睛反射性地转向吸引注意的图片，转而看相反方向，也就是空荡荡的一侧。为了准确完成反向眼动，大脑必须抑制正向眼动，做出完全相反的运动反应。这也就是说，大脑必须抑制从出生起完成过十亿次以上的刺激 - 反应组合，用另一种从来没有使用过的刺激 - 反应组合取而代之（参见图 8.1）。

反向眼动任务明确要求被试走出习惯性反射模式，重新控制自己的行动，在实验中表现为眼动。当被试准确地完成反向眼动时，他的行动不再由环境决定，而是在他自己的意志和自行制定的目标的指导下完成的。从技术角度来看，自我控制在这里表现为对两个刺激 - 反应组合加以暂时、可变的改编：当图片出现在左侧时，眼睛看右侧而不是左侧，反之亦然。这种改编当然是暂时的，实验一结束，被试就会重拾过去的习惯。改编也是可变的：如果被试收到指令在纵向上转移视线，他也可以轻而易举地做到。由此可见，在正常人的大脑里，存在一个能够解除自动驾驶仪的系统，可以灵活地根据环境做出反应：这个系统被称为**执行系统**。如果大脑有一位主人，那就是它了。

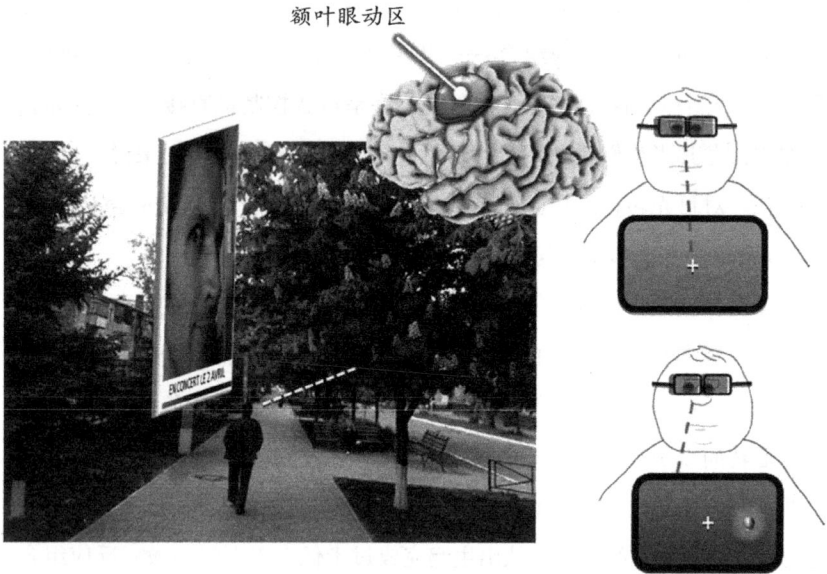

图 8.1　额叶眼动区

额叶眼动区在注意和目光的自主控制中尤其活跃。图中展现的就是这种情形，左边的行人小心翼翼地不去看醒目的广告，右边的被试在"反向眼动"任务中必须看没有出现图片的一侧。

游戏，定势和比赛

简而言之，执行系统决定了在面对各种情形时采取怎样的认知和行为过程。尤其在自动驾驶仪提出不合时宜的行动时，它会参与进来。很多研究者希望确定什么是执行性注意时，会使用前面提到过的斯特鲁普任务。斯特鲁普任务就是一种用到执行系统的情形，因为被试需要抑制一种习惯化却不合适的行为，即读屏幕上的单词。在实验室进行的绝大多数实验中，被试会接收到一条非常明确的指令，如："如果你看到屏幕左侧出现一张图片，那么看屏幕右侧。"所以，执行系统主要是为了记住实验规则，并让大脑其他区域执行该规则。在执行系统内部，这些指令表现为一种神经元机制："如果视觉系统侦测到刺激，那就应该抑制顶叶眼动区的活动，安排眼睛转向与刺激的位置相反的一侧。"这一"神经元"版本的任务指示在英语中被称作 task set，即**任务定势**，大致意思是"整套任务"。所以，任务定势是对正确完成任务所需要用到的所有刺激 – 反应组合的记忆：如果出现了 A，那么就要做 B；如果出现了 C，那么就要做 D。日常生活中的大部分活动都有它们的任务定势。我们开车时需要考虑的刺激，也就是说，决定行为的感觉信息主要包括车距、交通标志牌和转弯。因此，如果道路向右转（刺激），我们就应该向右转方向盘（反应）；如果前面的车刹车（刺激），我们就应该踩刹车板并减档（反应）。

任务定势和前额叶皮质

如果一只猴子得到命令被要求在屏幕上出现圆形时按手柄，出现三角形时什么也不做，那么这条指令会被位于外侧前额叶皮质的神经元记住。外侧前额叶皮质（LPFC）相当于在拳击手套中食指离指甲最远的第一指节的位置（参见图 8.2）。

这些神经元在整个任务期间保持活跃，每当视觉皮质通知外侧前额叶皮质屏幕上出现了圆形，"看见圆形就按手柄"神经元就会辨认出这条信息，向运动皮质发送信号，引起运动。其实，外侧前额叶皮质和前运动皮质、运动皮质直接相连。所以，位于外侧前额叶皮质的神经元完全可以向运动区域传递信号，使猴子根据规则对出现在屏幕上的图形做出反应。[4]当屏幕上出现的是三角形时，这些神经元不向运动皮质发送任何信号。如果规则改变了，猴子需要在屏幕上出现三角形时按手柄，外侧前额叶皮质神经元就不再做出反应，而旁边其他"看见三角形就按手柄"神经元就会接班。接班的神经元与其前任的

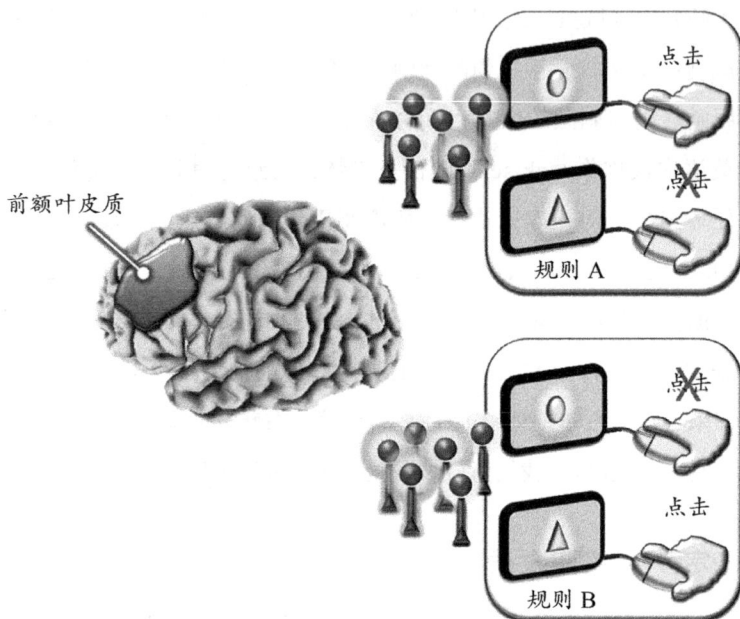

前额叶皮质

图 8.2　前额叶皮质里的任务定势编码

在上面的例子里，实验要求屏幕上一旦出现圆形，被试就按鼠标，其他情况什么也不做。外侧前额叶皮质的一些神经元在整个任务期间保持活跃。然后指令变成三角形一出现，就按鼠标。前面提到的神经元活动减少，旁边的其他神经元接班。这些神经元记得实验的游戏规则。

反应方式完全一样，但更喜欢三角形。在行为层面上，猴子不再对圆形有所反应，因为"看见圆形就按手柄"神经元不活动了。借助这个简单的交替机制，外侧前额叶皮质能够轻松应对指令的变化，抑制"看见圆形就……"神经元，激活"看见三角形就……"神经元。只要对应于相关指令的神经元在外侧前额叶皮质中保持活跃，猴子就能记住指令，继续执行任务。这很简单，但也值得我们思考。通过观察神经元，就有可能辨认出猴子正在执行哪一条规则。

在猴子身上进行的研究表明，任务定势主要是被记录在前额叶皮质之中，也就是拳击手套的最前部（参见"任务定势和前额叶皮质"）。适用于动物的原理也适用于人类，即使人类要完成的任务比猴子要完成的任务复杂得多。如果我告诉你，屏幕上会出现两个数字，而你在看到后必须马上就得决定，把这两个数字相减还是相加，那么我可以通过磁共振成像技术测量你的前额叶皮质的活动，猜出你打算进行哪种运算。原因很简单，当你准备做加法或减法时，前额叶活动有所区别：这是两个不同的任务，它们的任务定势不同，神经元信号也不同。这是英国人约翰－迪伦·海恩斯的研究成果，他通过神经成像技术进行破译意图研究。[5] 你当然可以在最后一刻改变主意，迷惑海恩斯。但这样一来，你就必须取消"把出现的两个数字相减"的任务定势，变成"把两个出现的数字相加"。对于大脑来说，这意味着终止一个前额叶皮质神经元网络的活动，以便开启另一个网络的活动。这一过程所需要的时间就是"改变的代价"。实验心理学早就发现了这一点，可以追溯到 20 世纪 20 年代亚瑟·杰西尔德的研究：做完一系列的减法之后再做一个加法，或者做完一系列加法之后再做一个加法，前者所用时间更长。[6]

计划并记住一个任务定势需要付出努力，必须持续使一整组前额叶皮质神经元保持活跃。如果动物的态度有些消极，神经元活跃度会迅速下降，大脑也会迅速回到它的下意识行动之中。渡边正孝在东京领导的研究团队意识到了这一点：在一个类似于"圆形和三角形"任务的实验中，他们改变猴子每次成功之后获得的奖赏，记录猴子外侧前额叶皮质的活动。[7] 当猴子得到最喜欢的奖励——葡萄时，负责记住指令的外侧前额叶皮质神经元比当猴子得到不太喜欢的土豆时活跃得多。所以，动机更强的猴子更难从任务中分心，因为外侧前额叶皮质的神经元活动更强烈。

打破常规：面对习惯的执行系统

　　执行系统能够根据一系列构成任务程序的"如果出现 A 就做 B"规则，灵活地把一系列刺激、运动程序或认知程序联系起来。但这并不意味着所有刺激－反应组合都被储存在前额叶皮质中，事实远非如此。随着不断学习，经常被重复的刺激－反应组合往往最终都有了由特定神经元构成的专属小网络，刺激一出现就会自动引起与刺激组合联系最频繁的反应。大脑习惯以特定方式对特定刺激做出反应——这个组合就会变成**习惯**。当大脑形成不习惯的新组合时，前额叶皮质的作用尤为重要。一旦一个组合变成习惯和固定模式，它就会被储存在其他结构中，如顶叶等皮质结构（回忆一下那碗花生）或纹状体等皮质下结构。如果前额叶皮质中没有活跃的任务定势，大脑还是能够根据自己的习惯，下意识地对出现的刺激做出反应。正向眼动是一个很好的例子；只有当前额叶皮质行动起来，激活任务定势时，大脑才离开自动驾驶模式，进入"被控"模式，以便完成反向眼动等任务。大脑在被谁控制？执行系统。

注意定势

　　对于自主控制注意来说，这一切都非常重要。因为任务定势不仅包括指出任务特征的刺激－反应组合，还包括要正确完成任务需要考虑的**感觉信息**，也就是说，需要注意的信息。这符合逻辑，因为如果实验要求被试在看到红色发光的圆时尽快做出反应，就像开车时要注意红灯那样，大脑就会监视这类事件：一切红色发光的物体都将吸引注意。为了正确地完成任务，大脑需要暂时发展出一种超敏感性，对象是某些物理特征（红色发光的圆形），以及某些物体或事件，这些对象共同构成了**注意定势**（英语为 attentional set，由任务定势而来）。[8] 注意定势指出了对任务来说什么是有关的，什么是无关的。如果实验要求被试一听到尖锐的声音就按按钮，任务定势就会把听觉通道放在其他感觉通道前面，注意定势首先关注尖锐的声音。对国际象棋选手来说，棋子在棋盘上的位置属于注意定势，棋子是用什么材料做的则不是。因此，注意定势指出了所有主体为了正确完成任务而需要考虑的感觉信息，反过来说，也就是排除了所有主体可以完全忽视的信息。在某种程度上，在象棋选手或被试所处的环境中，一切不属于注意定势的信息都会被修改，甚至被抹去，而实验不会受到影响，集中精力的选手也不会发现。如果注意定势的定义发生错误，则会引起灾难性后果：很多悲惨的空难都是由于驾驶员完全忽视了本应显眼的事件，比如提醒机械发生故障而不停闪烁的指示灯，仅仅因为指示灯在那一刻不属于驾驶员的注意定势。因此，同样一件事可能跃入一个人的眼帘，而另一个人根本没发现，因为一切取决于每个人的注意定势。我们在注意捕获那一章已经看到了这一点：在丹·西蒙斯的视频中，如果你正在数穿白衣服的人传了几次球，你就注意不到大猩猩，尽管这只大猩猩"原则上"很显眼。此外，注意定势并不仅仅取决于要完成的任务，还取决于你的策略和熟练程度。比如，对一些高水平的网球选手来说，网球接触到对手球拍时发出的声音非常重要，而大多数业余爱好者却不留心。所以，专家和菜鸟的注意定势不同。

在神经元层面上，注意定势表现为专门负责处理某类信息的脑区开始做准备，或预先被激活。[9] 如果我给你看一些头像，上面有用荧光笔标出的人名，在你念人名和辨认面孔时，**梭状回**（该颞叶区域对辨认面孔至关重要）的活动有所区别。这种区别在你还没有看第一张照片时就已经能在大脑中观察到了。这里再一次涉及德西蒙定义的不公平机制（参见图 8.3）。

感觉区域的预热系统在很大程度上依赖于前额叶皮质，尤其是外侧前额叶皮质。[10] 神经元不但记得任务指令——即任务定势，还记住了在任务中需要优先处理的信息——即注意定势。接下来，外侧前额叶皮质和前额叶皮质其他区域协同工作，通过额叶和感觉区域之间一系列的直接联系，调整感觉区域的活动。因此，一个人持续注意任务的能力依赖于"高级别"额叶区域对"低级别"感觉区域所施加影响的稳定性。这是一种"自上而下"的控制机制：当猴子需要完成一个复杂的视觉侦测任务时，额叶里的布罗德曼45区和8区（参见图2.2）将提高沿颞叶视觉通路的高级别视觉区域的敏感性。[11]

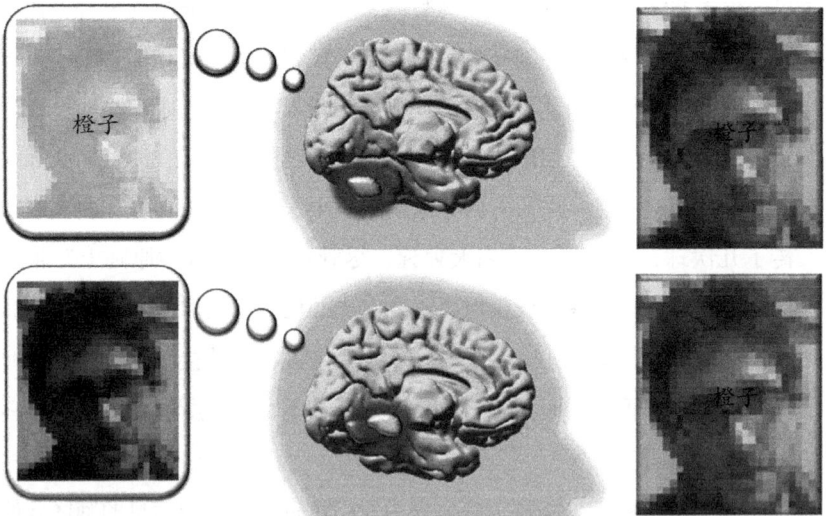

图 8.3 视觉系统中的注意效应

图片中的面孔上写着"橙子"一词。面对同一张图片，注意集中在字词上和集中在面孔上时，颞叶的活动有所不同。在第一种情况下，梭状回中专门负责分析单词的部分活跃度高，专门分析面孔的部分活跃度低；被试尤其看到了"橙子"这个词。在第二种情况下，结果完全相反，字词让位于面孔。

目前，对注意"自上而下"控制的研究尤其关注一个叫作**额叶眼动区**（FEF）的额叶皮质区域，这个名字来自它在目光的自主转移中发挥的作用（参见图 8.1）。一旦决定目光和注意转向哪里，额叶眼动区就会参与进来。当你紧盯着地平线时，额叶眼动区尤其活跃。[12] 也正是这一脑区帮助了希腊神话中的俄耳甫斯在走出地府前忍住不回头看欧律狄克。① 在猴子身上，对额叶眼动区的一个微弱电刺激就足以引起注意的定位：视觉皮质中的神经元活动开始增多，就像猴子把注意转向了空间中某个具体的位置，它对这片视野的侦测能力也随之提高。[13] 所以，额叶眼动区可以改变视觉皮质的神经元活动，从而引起"德西蒙式"的注意偏向（参见第四章）。此外，额叶眼动区并非单独行动，而是协同顶内沟一起合作。我们已经看过顶内沟中的显著图。**顶内沟**（IPS）像一条沿顶叶而上的大峡谷。在这里，顶内沟充当中继站：如果我们用功能性磁共振成像测量正在把视觉注意从空间中一个点转向另一个点的大脑活动，图像显示额叶眼动区、顶内沟和外侧前额叶皮质都参与了这个过程。[14] 顶叶在顶内沟内部拥有一整套装备，在运动皮质的稍稍帮助下，不仅能转移注意，还能转移目光、头和身体。但顶叶的作用到此为止，因为没有额叶的帮助，顶叶就无法把注意固定在一个刺激上。如果我要求你特别注意这一页的左上角，顶内沟独自就能让视觉皮质对出现在书页左上角的苍蝇比出现在其他位置的苍蝇反应更强烈。因此，顶叶能够产生一种对视觉空间中任何一个特定位置有利的视觉偏向。它可以独自完成这项任务，即使在某些额叶严重受损的病人身上，这些所谓的"额叶"病人这一区域严重受损，无法提供帮助。[15] 然而，如果没有顶叶，尤其是没有额叶眼动区的介入，这种优先处理无法

① 在希腊神话中，俄耳甫斯在妻子欧律狄克死后，为了让妻子起死回生而进入地府。冥王被俄耳甫斯的琴声打动，同意把妻子还给他，但条件是俄耳甫斯领着欧律狄克走出地府之前绝不能回头看她，否则她将永远不能回到人间。——译者注

持续：仅仅 0.2 秒之后，苍蝇在额叶病人身上引起的神经元活动就回落了，并且保持在苍蝇停在注意范围之外时的水平——优厚的待遇结束了！顶内沟能够暂时让出现在关注区的刺激变得更加显著，就像在监视范围内发生案件时，警察局可以通知探长。然而，如果额叶眼动区不接班——探长不出动，那么一切到此为止。额叶眼动区能够把注意偏向从 0.2 秒延长到任意长的时间，从而真正让在注意范围内发生的事件处于有利地位。[16] 额叶病人不具备这种延长注意效应的能力，就是因为他们的前额叶皮质无法接过顶叶的班。

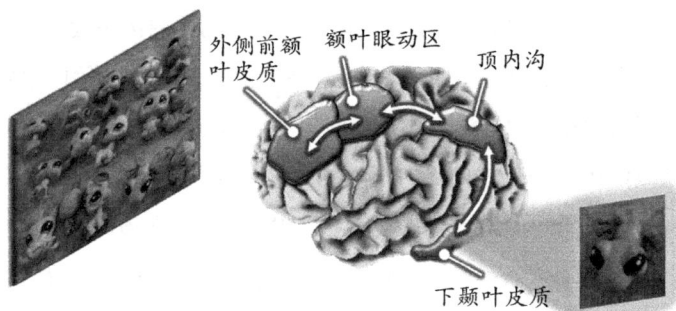

图 8.4 注意的背侧网络
孩子在图中诸多人物中寻找小青蛙。沿着背侧由外侧前额叶皮质、额叶眼动区和顶内沟三者连成的通道，神经元活动让寻找目标的形象在下颞叶皮质中保持活跃。

前额叶皮质的强大之处在于它能够维持方向。以工作记忆为例：如果足够耐心，就有可能训练一只猴子暂时记住一张香蕉或苹果的图片。在这段时间里，某些对图片反应强烈的颞叶神经元保持活跃。但如果猴子被任何一个视觉刺激分心——比如刚才提到的苍蝇，这些神经元就会停止活动，以便其他对苍蝇更敏感的神经元开始活动。这在我们的意料之中，因为视觉皮质的主要任务是感知世界，而不是记住它。额叶受损的猴子会因为一只苍蝇飞过而忘记之前看到的图片。它无法判断自己刚才看到的是香蕉还是苹果。与之相反，额叶完好的猴子能够正确选择之前看到的图片，因为苍蝇一离开，它就可以激活自己的颞叶神经元。这个小小的奇迹归功于额叶，位于前额叶的其他神经元也对香蕉做出反应，并且在苍蝇出现期间保持活跃。正是这些神经元在接下来激活了负责把对水果的记忆储存在颞叶中的神经元。[17] 图 8.4 中是另一个例子。这是一个设计精妙的系统，使感觉皮质能够时刻关注外部世界，处理潜在的重要事件，即使此时需要记住一条信息。

构成执行系统的前额叶皮质各个区域需要根据任务目标，决定什么是重要的，什么不重要，并且在整个任务期间记住这条信息。所以，前额叶皮质对记忆和集中注意起着核心作用。[18] 对前额叶受损的病人来说，长时间保持注意集中在同一个任务上极其困难，除非他们身处绝对安静的环境。最轻微的感觉事件就足以使他们忘记应该做什么，或正在寻找什么，因为他们的前额叶皮质无法在分心结束之后重新激活感觉区域。由于专心的程度取决于固定注意和记住注意定势（记住对当前任务来说，什么是重要的，什么不是）的能力，这些病人无法从外部世界中抽身，做到集中精力。举个例子，开车对他们来说是不可能完成的任务，因为最轻微的声音都会使他们看不到交通状况和汽车相对于道路的位置。

这还没完：前额叶皮质受损的人或动物，不仅失去了固定注意的能力，还失去了自主转移注意的能力。鲍勃·德西蒙和莱斯利·昂格莱德领导的研究团队根据猴子前额叶皮质的状态，研究它们改变注意目标的能力，揭示了这一点。[19] 猴子只需看着屏幕，等待出现一根向左或向右的彩色短线，然后把注意转向短线所指的那侧，类似于波斯纳实验。前额叶皮质完好的猴子可以毫无困难地完成任务，即使短线所指的方向经常改变。与之相反，前额叶受损的猴子无法同样灵活地转移自己的注意。在人类身上，使用**经颅磁刺激**（TMS）技术得到了相似的结果。经颅磁刺激能够通过向大脑发送微弱的、非常短暂的磁脉冲，在健康的被试身上暂时引起可逆的前额叶受损症状，而不会给被试带来任何危险。蒙特利尔神经病学研究所的罗伯特·萨托雷团队抑制了外侧前额叶皮质——也就是前额叶皮质上半部分的活动，然后他们观察到被试再也不能把注意从视觉信息源转向听觉信息源。没有前额叶皮质，大脑就失去了一切注意灵活性。[20] 如果你没有外侧前额叶皮质，就无法自主地把注意从书的这一页转向身边的对话，再转回来继续阅读。

帝国的反击

外部世界到处都是分心的诱因。通过前几章讨论过的捕获机制和吸引机制，环境向我们散发着吸引力。抵抗分心的关键在于执行系统逐个抵抗捕获和吸引机制的能力。回路把前额叶皮质和大脑前部、感觉皮质以及大脑后部联系起来，构成了注意的自主控制和集中能力的基础。我们之前看到过，注意会自发地转向环境中自然而然最显著的元素，比如广告或电子屏。前额叶皮质直接作用于顶叶和颞叶的感觉区域，有效地控制注意的自发转移，单独决定什么显著，什么不显著。在前额叶皮质内部，执行系统确定一定数量的目标，以及为达成目标需要考虑的信息，然后有选择性地增强对这些信息最为敏感的感觉区域的活动。如果任务与声音的频率有关，听觉皮质的活动会被鼓励；如果任务是辨认面孔，扣带回和其他所有辅助完成任务的区域将取得胜利。相关神经元会变得更敏感、更活跃，也就是更高效，以便从环境中提取必要信息。

由此可见，前额叶区域对感觉区域采取的主要行动是提高对完成当前任务来说最有用的神经元的活跃度和敏感度。在这种影响下，注意不再随心所欲地转向最鲜艳、最明亮、最吵闹或最令人愉悦的刺激，而是根据主体确定的目标移动。有人在掌舵，维持方向，并在必要时改变方向。接下来，其他机制将帮助执行系统抵抗运动捕获、情绪捕获和认知捕获。这是以下两章的主题。

注释

[1] Cheng W. F., Collet H., *Ah! Le printemps, le printemps, ah! Ah! Le printemps. Haikus de printemps*, Millemont, Moudarren, 1991, p. 67.

[2] Berg D. J. et col., "Free viewing of dynamic stimuli by humans and monkeys", *J. Vis.*, 2009, 9, 5, p. 191-215.

[3] Munoz D. P., Everling S., "Look away: The anti-saccade task and the voluntary control of eye movement", *Nat. Rev. Neurosci.*, 2004, 5, 3, p, 218-228.

[4] Tanji J. et col., "Concept-based behavioral planning and the lateral prefrontal cortex", *Trends Cogn. Sci.*, 2007, 11, 12, p. 528-534.

[5] Haynes J. -D., Rees G., "Decoding mental states from brain activity in humans", *Nat. Rev. Neurosci.*, 2006, 7, 7, p. 523-534.

[6] Jersild A. T., "Mental set and shift", *Arch. Psychol.*, 1927, p. 81-89.

[7] Watanabe M., "Reward expectancy in primate prefrontal neurons", *Nature*, 1996, 382, 6592, p. 629-632. 还可参考路易斯·佩索阿关于动机和认知之间关系的文章：Pessoa L., "On the relationship between emotion and cognition", *Nat. Rev. Neurosci.*, 2008, 9, 2, p. 148-158.

[8] Corbetta M., Shulman G. L., "Control of goal-directed and stimulus-driven attention in the brain", *Nat. Rev. Neurosci.*, 2002, 3, 3, p. 201-215.

[9] Corbetta M. et col., "The reorienting system of the human brain: From environment to theory of mind", *Neuron*, 2008, 58, 3, p. 306-324.

[10] Knight R. T., "Lateral prefrontal syndrome: A disorder of executive control", in D'Esposito M. (éd.), *Neurological Foundations of Cognitive Neuroscience*, Cambridge, MIT Press, 2003, p. 259-279.

[11] *Ibid.*

[12] 同注释 [3]。

[13] Moore T., Armstrong K. M., "Selective gating of visual signals by microstimulation of frontal cortex", *Nature*, 2003, 421, 6921, p. 370-373.

[14] Rossi A. F. et col., "The prefrontal cortex and the executive control of attention", *Exp. Brain Res.*, 2009, 192, 3, p. 489-497.

[15] 同注释 [10]。

[16] *Ibid.*

[17] Jonides J. et col., "The mind and brain of short-term memory", *Annu. Rev. Psychol.*, 2008, 59, p. 193-224.

[18] 同注释 [10]。

[19] 同注释 [14]。

[20] Johnson J. A. et col, "The role of the dorsolateral prefrontal cortex in bimodal divided attention: Two transcranial magnetic stimulation studies", *J. Cogn. Neurosci.*, 2007, 19, 6, p. 907-920.

09

王者归来

叫春的猫

甚至没有发现

胡子上沾着米粒。

——炭太祇[1]

　　凭借**任务定势**和**注意定势**，大脑拥有一套高效的系统，能够引导注意转向与任务相关的信息，忽视无关的信息……只要明确什么是相关的。研究者在实验中使用极为简单的情景来定义并研究这些定势。主试明明白白地告诉被试，为了完成任务应该考虑哪些感觉信息。然而，被试一走出实验室，来到街上后，就没有任何人告诉他应该注意什么了。被试需要自己解决问题，虽然他的大脑中未必有明确的目标。他只知道现在是下午4点半，他5点左右得回家，于是他有整整半个小时；天气不错，所以他大概会步行回家。无论如何，他的记忆中几乎不可能有一套任务定势，规定好了路途中应该遵守的一切刺激 - 反应组合规则。我们不是按照一套指令在街头漫步的。什么规则能够清楚明白、毫不含糊地规定当一辆车冲向左边时应该采取何种行动，或者在遇到朋友时该怎么表现呢？生活中不存在只要严格执行就能适应各种场景的任务定势。这和只设置简单情形的实验完全不同。除了在某些特殊情况下需要执行严格的指令，比如紧急撤离飞机或进行心肺复苏，一般来说，我们必须随机应变，而不是采用固定的刺激－反应组合规则。我们的大脑每时每刻都在面对选择。

集中注意，好的，但注意什么？

大脑自然而然地注意它认为重要的东西，而什么重要取决于当下的目标。当目标符合简单的规则时，一切都明明白白。但如果没有规则，生活就会变得很复杂，因为目标有很多种。用通俗的话来说，我们每时每刻都在同时追逐着好几只野兔，并且在绝大多数情况下不自知。举个简单的例子：你正在吃早餐，准备切下一片面包。表面上，事情很简单，你的目标很明确——往面包片上抹黄油。但实际上，即使不假思索，你也得注意：不要切到自己、不要弄坏桌子、不要花费过长时间，等等。即使大部分目标看上去是自发的，你的大脑还是得加以考虑。它们被"储存"在记忆的某处，潜伏在暗处，随时准备在最微小的错误发生时提醒你："噢，我最好还是快点！""哎呀，我差点就切到自己了"……

在这个例子中，对行为和注意的自主控制不依赖于某个明确的任务定势，而更多依赖于一个监视系统：每当事情"紧张不顺"时，也就是说，情况不符合某种理想状态——事情进展不是太顺利，有意识或无意识的目标没有被遵守，监视系统都能侦测并做出反应。对你的大脑来说，重要的是遵守这些目标。所以，你的注意会自然而然地转向一切能帮助自己完成任务的事物。如果你觉得注意涣散了，那是因为你的大脑试图实现某些目标，而你未必意识到了。

因此，大脑会求助于一个控制系统，它有两大特征：**评估能力**和**反应能力**。其实，这个系统能够比较两个场景，判定哪一个更好，从而每隔一段时间就评估事情在朝着好的还是不好的方向发展。如果事情朝不好的方向发展，它就会调整行为，改变方向，使事情回到有利的状态。在我们的生活中，这个控制系统每时每刻都在发挥作用，效率或高或低。刀锋靠近你的手指了？警报！你发现了危险，停止动作。这里包括侦测错误 (a) 和调整行为 (b)。所有控制系统中都有这个 a+b 链。比如，航海家们使用的自动驾驶仪随时测量航向，将它和航海家们设定的理想航向进行比较。当它侦测到航向错误 (a) 时，它就会调整一些参数，改变船的轨迹 (b)。这样一来，控制系统顺理成章地决定了它应该注意什么，因为当前状况的好坏取决于环境中的不同元素。对自动驾驶仪来说，星星位置的变化或外部气温的升高对测算没有任何影响，所以这些是无关信息。在大脑中同理。根据大脑要完成的目标，有些感觉信息更有分量，因为它们能更有效地判断事情是否朝着好的方向发展。在切面包的例子中，这种信息就是刀锋和手指之间的距离、面包片的形状……这些信息需要优先监视，需要加以注意。

为了提高效率，控制系统不仅应该做出反应，还应预测事态，以便及时采取行动。大脑的控制系统能如此高效地运作，正是依靠它出色的预测能力。如果你意识清醒，你会在切到自己之前远离刀锋，因为对你的大脑来说，看见刀锋接近手指就已经是一个错误了。你的大脑能够**预测**即将到来的伤害。这种预测能力来自学习和经验。如果婴儿毫不犹豫用湿着的手去碰开关，这是因为他还无法预测这种行为带来的后果。随着年龄增长，孩子的大脑在经验和观察的作用下最终能够在越来越复杂的情况下越来越早地预测自己的行为带来的结果。这就是我们平时所说的"成长"。

我很愿意，但我得工作了

很不幸，这种出色的预测能力也带来一些问题。对于一个不会预测的大脑来说，当下是唯一重要的；但一个成人的大脑需要考虑未来。你知道如果不看着点时间，就有可能上班迟到；你知道如果不听交通状况，就有可能在路上堵车。你知道如果忘了思考送什么礼物给自己的配偶，就有可能两手空空庆祝他／她的生日……每时每刻，行动的选择和注意的目标都不仅要考虑眼前的目标——比如不受伤地吃饭，还要考虑更远的目标。由于大脑拥有卓越的预测能力，它能够根据各种各样的短期、中期和长期目标，决定你的行动，侦测你的错误。这大大加重了控制系统的任务，它需要考虑并监视无数元素，每一个元素都有可能影响你的众多目标之一。世界变得复杂了：你嚼着一片面包，打开收音机，漫不经心地瞥一眼挂钟，还要同时思考送什么礼物给你的配偶。

这些目标没有被按照从最重要到最不重要的顺序划分开来，所有信息都同等重要，注意无法做出选择。为了帮注意一把，我们最好有意识地优先处理某些目标，并且至少在一段时间里坚持住。执行系统面临一个大挑战：在上千个目标中做出选择，在短期、中期和长期目标之间做出判断，优先处理某些目标。

正是这种判断使学生关上电视去复习功课。我们在前几章中已经看到，注意天生倾向于停留在一切能够刺激奖赏回路的事物上；这就是我所说的**情绪吸引**。这是因为，迅速激活奖赏回路是大脑不假思索就制定的目标之一。那么，为什么学生关上了电视呢？他应该天生倾向于继续看电视，而不是复习无聊的功课，因为电视呈现的图像更有吸引力，更能刺激奖赏回路。

从短期的角度来看，看电视是一项更"有用"的活动，但复习功课需要长期的动机。学生最终关上了电视，是因为长期动机战胜了电视图像带来的即时愉悦感。这种理性选择建立在执行系统用长期考量与短期主观有用性进行权衡的能力之上。大脑放弃一个短期目标，优先处理一个长期目标，按优先权**划分层级**，从而集中精力。如果没有这种能力，我们的注意就会不停地随着每时每刻的分心四处游荡。

由此可见，所谓集中注意的能力依赖于一系列机制，它们让大脑更喜欢抽象、遥远的奖赏，而不是具体、即时的奖赏。这些机制发生在前面介绍过的奖赏回路之中。为了更好地理解大脑是怎样抵抗情绪吸引的，我建议你再回顾一下奖赏回路的相关内容，尤其是额叶部分。

回顾奖赏回路

奖赏回路就是能够评估周围事物的主观有用性的系统，它区分了对我们来说什么是好的，什么是坏的。在此之前，我们看到奖赏回路仅仅根据一系列相对僵化、优先考虑短期的标准进行计算。但是，有了前额叶皮质的参与，奖赏回路能够使用更有远见、更灵活的标准。

在这个回路中，神经元不是根据刺激的物理特征（形状、颜色等）做出反应，而是根据它们正面或负面色彩。于是，有些神经元对一切正面的事物有所反应，其他神经元对一切负面的事物有所反应。由于好和坏、正面和负面的概念是相对的、多变的，神经元有时喜欢这个刺激，有时喜欢那个刺激。占据额叶下部的**眶额皮质**（OFC）是这个回路的一部分。在小鼠身上，因为某种气味总是伴随着小小的奖赏，一个眶额皮质神经元会对它有所反应；当这种气味突然和惩罚联系起来时，神经元就会停止反应。因此，眶额皮质神经元的反应取决于刺激预告的事物是否令人愉快，而不是它的物理特征。[2]在人类大脑中，使用功能性磁共振成像或者直接把电极插入眶额皮质进行研究，结果清晰地表明，这一区域对诱人的美食、数值可观的支票、美妙的音乐、一个微笑，甚至是电子游戏中的高分——总之，各种各样可视为奖赏的东西——都会做出强烈的反应。[3]

预告奖赏或惩罚的事件一旦发生，眶额皮质神经元就会根据事件的重要性和可能性变得活跃。如果猴子期待的是自己喜欢的食物，它的眶额皮质神经元就会更活跃。但如果猴子知道得等很长时间才能得到食物，或者不确定是否能得到食物，神经元的活动就会减少。我们还知道，如果猴子最终发现通向奖赏的"道路"，也就是一系列通向奖赏的固定事件，那么神经元将逐渐学会越来越早开始活动，起点越来越接近通路上游。[4]因此，如果一只小鼠习惯于按下踏板之后得到食物，在它的大脑中，看到踏板就足以使神经元活动起来。这种学习现象使动物能够迅速从环境中获取一切有助于得到奖赏的信息。同样的机制也适用于负责预测惩罚的神经元，使动物能够一发现兆头就避免不愉快的场景。眶额皮质在生活中为动物导航。猛一看，眶额皮质的反应方式和杏仁体有点像，如果你还记得这颗大脑里的小杏仁是如何工作的。确实，以上关于眶额皮质的描述也适用于杏仁体。这两个结构的联系非常紧密、直接，和伏隔核等机构一起构成了一个大网络。[5]

尽管杏仁体和眶额皮质紧密相连，但二者的角色明显不同。如果动物大脑中的这两个区域无法正常运行，动物会产生不同的奇怪行为，恰恰表明了这一点。比如，主试通过每次在施加 A 刺激之后给予奖赏，在施加 B 刺激之后给予惩罚，由此教会了一个动物更喜欢 A 刺激，而不是 B 刺激。如果这只动物的杏仁体暂时停止活动，即使现在改为 A 刺激后面跟着惩罚，B 刺激后面跟着奖赏，它还会继续喜欢 A。没有杏仁体，动物就无法复核自己的判断，有点像一个人坚持每天去同一个地方吃饭，即使他喜欢的饭馆已经变成了糟糕的小店。还是这只动物，如果它的眶额皮质暂时停止工作，那么它将无法在 A 和 B 刺激之间做出选择，即使实验没有改变，它似乎不再清楚哪个刺激后面跟着奖赏。这些结果表明，眶额皮质和杏仁体在行为导向中扮演着不同的角色。杏仁体参与更多的是学习过程，记住事件类型（奖赏或惩罚，通常和每次刺激联系在一起）：这家饭馆很好，另一家很糟糕。规则一旦被学会，就会被储存在眶额皮质中，后者像《米其林指南》一样，将在当前的场景中起到指导选择作用。[6]没有杏仁体，动物就记不住规则；没有眶额皮质，它就应用不了规则。

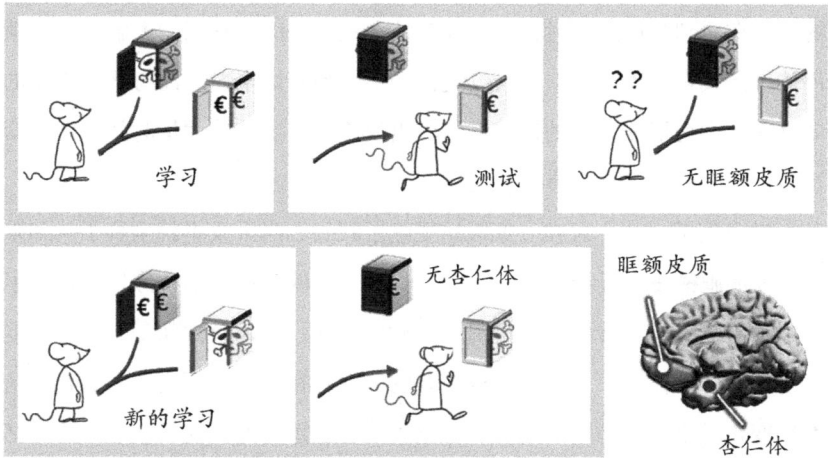

图 9.1　杏仁体和眶额皮质在学习中扮演的角色
在学习中，这只小鼠明白了其中一个盒子里有奖赏，另一个盒子里有惩罚。它一明白这种组合，就会自然而然地转向第一个盒子。但如果它的眶额皮质停止活动，它就无法在两个盒子之间做出选择。当这个区域运行良好，而杏仁体罢工时，小鼠将无法在奖赏变换位置的时候调整自己的行为：它继续转向右边的盒子，即使现在这个盒子里装的是惩罚。

然而，这不是眶额皮质和杏仁体唯一的区别。奖赏回路，尤其是人类的奖赏回路，应该能够根据刚刚学会的东西，迅速重新评估一种情形的主观有用性。眶额皮质能够预测某种情形的**长期**结果，而杏仁体只"考虑"**短期**。接下来，让我们看一下约翰·霍普金斯大学的米凯拉·加拉格尔及其团队设计的实验[7]（参见图 9.1）。小鼠被放在某个地方，每次开饭前灯光会变成绿色。在这个环境中生活了几天之后，小鼠学会了把绿色灯光的出现和食物马上到来联系在一起，这在它们身上引起了强烈的兴奋。一旦小鼠学会了这个组合，研究者就往它们的食物中加入少量的某种药物。小鼠发觉不了，但这种药物足以使它们感到不适——类似于严重的消化不良。聪明的小鼠很快就开始对食物产生怀疑；但一些眶额皮质活动被抑制的小鼠在看到绿色灯光时仍会继续热情地做出反应。它们的大脑无法重新评估这条线索的重要性，绿色灯光已经不再预告好事情。没有眶额皮质的动物或人类会根据之前的偏好继续做出反应，需要花费大量时间才能改变行为——简而言之，行事不够灵活。

举个例子，一个人在一家饭馆里吃了牡蛎，当天夜里就生病了。如果这个人的眶额皮质受损，他会在第二天有机会的时候毫不犹豫地回到这家饭馆。可能只在看到盘子里出现牡蛎的时候，他才会犹豫是否要吃。眶额皮质和杏仁体、海马体等结构主要的区别就在于，眶额皮质能够在事情发生变化时重新考虑它的偏好。眶额皮质能够迅速地把前一夜痛苦的回忆和饭馆的形象联系在一起，以至于只要想起这个地方就会引起不适，甚至是彻底的反感。因此，眶额皮质参与了决策：万万不可回那个地方吃饭！当然，把注意转向不太吸引人、但从长远角度看却非常有用的刺激——比如课本时，眶额皮质也参与其中。

匹诺曹的神经元

在某种程度上，眶额皮质神经元能把事后出现的奖赏或惩罚"带到当前"，让人觉得它们马上就会发生，扩大它们的影响。你对面包店橱窗里的巧克力蛋糕垂涎三尺，但眶额皮质却扮演着令人扫兴的角色，迅速使你想起称体重时油然而生的负罪感。结果，蛋糕看起来没有那么美味了。如果大脑没有这个区域，一切行为将根据过去养成的习惯，任由短期考虑和即时收益决定。眶额皮质能够根据长期目标，改变某种情形的主观有用性。幸运的是，在扫兴者之外，它还扮演着其他角色。

因此，眶额皮质受损的病人难以预测或想象在不同于当前情景的抽象场景下感到的愉悦或不愉悦。这通常导致他们在社会中举止不当，或者冒不必要的危险，因为他们预感不到即将到来的危险。[8]总的来说，这些病人通常很冲动，因为他们的眶额皮质不会再像《匹诺曹历险记》中的杰明尼蟋蟀那样耐心规劝，让他们提防自己的行为在中长期带来的可怕结果。"即刻考虑"占了上风，有时会对注意造成巨大的影响。病人容易对环境反应过激，不管是在运动角度还是注意角度，似乎即将发生的任何事情都是重要的。

伏隔核之战

尽管如此，一个正常工作的眶额皮质并不能保证产生合理的行为。眶额皮质还必须能真正影响到决策和行为，因为额叶区域和对短期考虑更敏感的后部区域之间的竞争很激烈，如杏仁体和海马体等构成的小团体。短期考虑和长期考虑之间的讨价还价甚至是激烈竞争的过程在**伏隔核**（NAc）中表现得最为明显。伏隔核是奖赏回路中一个小小的皮质下结构，也是大脑的若干"愉悦中心"之一，只要刺激这些中心就能引起快乐的感觉。[9]伏隔核一方面直接受到眶额皮质所在的前额叶皮质的影响，另一方面受到杏仁体－海马体组合的影响。这两条回路上用到的化学交流过程略有不同，区别就在于伏隔核神经元对多巴胺的反应方式（参见"争夺伏隔核控制权的神经元战争"）。在两种情况下，前额叶皮质和杏仁体－海马体之间的竞争对后者有利。当伏隔核中的多巴胺水平超过某个界限，伏隔核就会暂时停止对前额叶皮质的反应，不再**听**它的话。如果这个现象持续下去，这两个结构之间的联系就会退化：伏隔核最终无法**听到**前额叶皮质在说什么。人或动物最终表现得就像没有眶额皮质一样。[10]杏仁体和海马体控制了伏隔核，在相当大的程度上把主体的行为和注意引向短期奖赏。

争夺伏隔核控制权的神经元战争

如果你想知道自己为什么会对橱窗里的巧克力蛋糕垂涎三尺，请认真阅读接下来的部分吧。简单说来，伏隔核神经元在自己的树枝上，也就是树突上，拥有好几种多巴胺受体。这些受体负责接收前额叶皮质、杏仁体和海马体神经元发出的多巴胺。一旦多巴胺分子到达，受体就会行动起来，引起一系列的化学反应，最终改变伏隔核神经元的电位。当电位超过某个界限，神经元就会被激活，带来看上去非常愉悦的感觉——看看在奥尔兹和米尔纳的实验中，小鼠是带着怎样的热情去刺激这个区域，我们就能猜到这有多愉快了。但是，前额叶皮质，尤其是眶额皮质神经元，和杏仁体、海马体神经元并非朝着同样的伏隔核神经元受体发出多巴胺。为了解释清楚，我在此引用奖赏回路专家——耶鲁大学的安东尼·格雷斯使用的案例，展示前额叶皮质的"充满理性"的结构（如眶额皮质）和海马体"缺乏理性"的结构之间的竞争机制（参见图 9.2）。

整个机制的基础是：前额叶皮质使用的受体在伏隔核的多巴胺浓度较低时更高效，而海马体神经元使用的受体在多巴胺浓度较高时更高效。那么，当多巴胺浓度升高时，伏隔核神经元对来自前额叶皮质的信号反应减弱，对来自海马体的信号反应增强。于是，行为自然转向对伏隔核刺激最大的事物，在上述情况下就是引起海马体和杏仁体反应的事物：你会选择习惯选择的东西，即使这有违你现在想要保持苗条身材的愿望；结果，你毫不犹豫地扑向巧克力蛋糕。

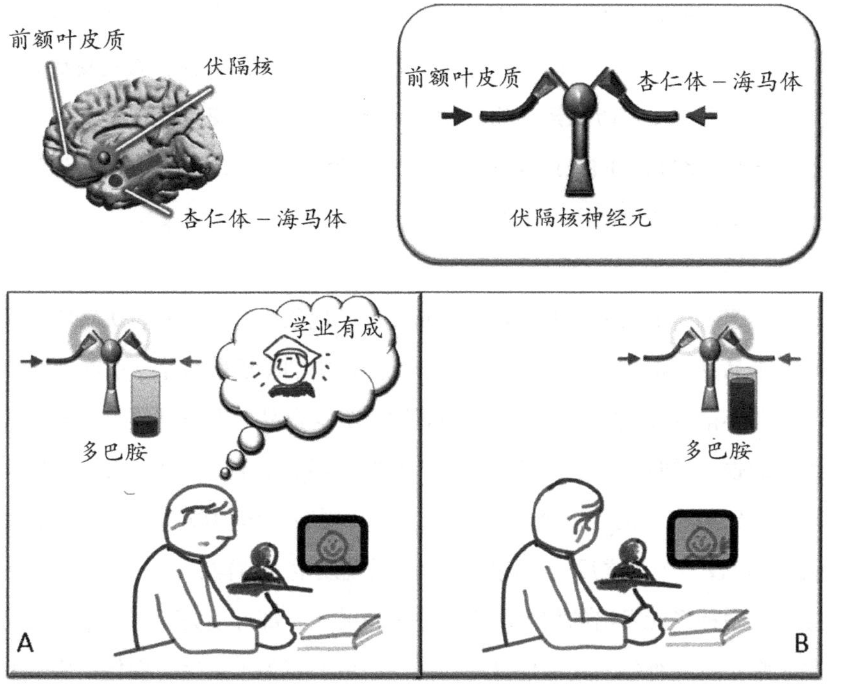

图 9.2 伏隔核内部的手足之争

伏隔核处于前额叶皮质和杏仁体－海马体组合的双重影响之下。当伏隔核中的多巴胺水平较低时，前额叶皮质的影响占主导地位，行为主要由长期考虑指导。当多巴胺水平超过某个界限时，海马体的影响占主导地位，行为被短期考虑定型和指导。

多巴胺浓度超过一定界限之后，伏隔核最终完全不听前额叶皮质的话，就像后者停止活动或受损一样。伏隔核沉浸在多巴胺之中，动物或人开始寻找过去和奖赏联系在一起的所有事物，即使现在情况已经发生变化。他们和没有眶额皮质的小鼠一模一样，即便前一晚的食物使它们感到不适，但预告食物到来时，它们仍然会舔嘴唇。因此，有一个健康的眶额皮质不足以保持理性，它还得让伏隔核听自己的话。此外，如果动物一直和令人愉悦的刺激接触，在来自海马体和杏仁体不断刺激的作用下，伏隔核中的多巴胺水平长期保持过高，另一种现象就会产生：伏隔核和海马体之间的联系得到加强，而伏隔核和前额叶皮质之间的联系会被削弱。用神经科学的术语来说，前者被称为**长时程增强**（LTP），后者被称为**长时程抑制**（LTD），两个词汇很好地描述了这种现象的持久性。

关于毒瘾的研究表明，这个机制在成瘾现象中至关重要。所有使人成瘾的毒品其实都在直接或间接地增加伏隔核中的多巴胺数量，引起上述结果。在小鼠身上进行的研究清晰地表明，吸食毒品导致海马体对伏隔核的影响加强，同时减弱了前额叶皮质的影响。还不止于此：密歇根大学的汉斯·姆巴格带领的团队通过让小鼠连续几周服用苯丙胺，使它们染上毒瘾。[11]仅仅一个月之后，它们的眶额皮质就发生了结构变化：位于树突上接收其他神经元发出的信号的小尖——树突刺，部分消失了。成瘾现象削弱了眶额皮质神经元交流信息的能力。小鼠的行为也发生了变化：从染上毒瘾第三周起，在建立一个事件和几个小时之后的惩罚之间的因果关系时，小鼠开始表现出困难。因此，成瘾给眶额皮质带来了恶劣的影响。此外，在人类身上，可卡因成瘾者或酒精成瘾者的行为通常存在问题，类似于眶额皮质受损的病人；对这些成瘾者的眶额皮质的代谢测量表明，他们的眶额皮质的活动少于健康者。

这一切让人后背发凉，但注意在这里面起什么作用？成瘾行为和注意之间有着怎样的关系？把一瓶酒放在酒精成瘾者面前，观察他的反应：注意捕获，运动、情绪吸引……毫无回转之力。注意随时受到奖赏回路严格的限制。注意总是愿意尽可能长时间地停留在能够刺激伏隔核的刺激上，因为这个小小结构的活动会被大脑阐释为对继续做这件事的一种鼓励。所以，奖赏回路在很大程度上决定了我们认为什么是有吸引力的，也就是说，吸引注意的东西。专心致志的能力依赖于奖赏回路内部的力量平衡。如果眶额皮质对伏隔核的影响很弱，后者就会受到杏仁体和海马体的影响，而它们会以习惯化的短期偏好为标准采取行动：电子游戏？我喜欢！复习功课？我不喜欢！在成瘾这种极端的例子中，注意就像寻找骨头的狗一样，停不下脚步。

"懒惰"奥林匹克运动会

不过，集中注意不只是被动地判断面前的物体是令自己愉悦还是不快。集中注意，还是切切实实做了些事，即让神经元活动起来——就像第一章里描述的斯特鲁普任务那样，或者根据某些研究者给出的"运动注意"[12]的定义，注意直接负责准备行动。我现在想做什么？继续全神贯注地写我的书，还是站起来去喝杯茶？当然，所有能够评估场景价值的区域都有话要说，因为大脑会推理：在给定情况下，大脑将对通向奖赏回路的最佳结果优先采取行动。对小鼠或人类的大脑来说，进入即将开饭的房间肯定是有用的行动。

然而，大脑里还是存在某些区域，专门记忆某个行动在给定背景中的**有用性**。比如，眶额皮质主要负责评估物体或场景的吸引力。而对于行动来说，神经生理学指定了另一个紧挨着眶额皮质的结构——**前扣带回**，cingulum 在拉丁语中是"腰带"的意思。扣带回像腰带似的围绕着在纵向上分隔左右半球的胼胝体，由此得名。实际上，它的形状更像香蕉：如果你把香蕉水平举到眼睛的高度，把它像独木舟似的倒扣过来，一端朝着你的鼻子，那你就知道扣带回是什么形状，在大脑内位于哪里了。你只需要再把香蕉插入脑袋里十几厘米，香蕉和胼胝体就重合了。但你当然不会这么做，因为正是胼胝体将提醒你，这么做会带来灾难性后果。和香蕉一样，扣带回有两端：一端位于大脑前部，被额叶皮质包围，我们称之为"前扣带回"；另一端沿顶叶顶接近枕叶，被称作"后扣带回"，是默认网络的一部分。

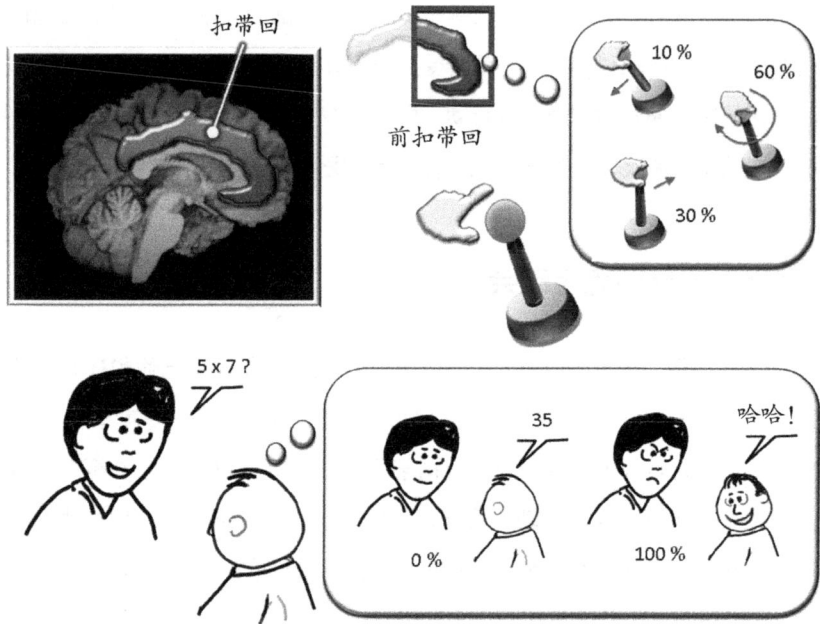

图 9.3 前扣带回

这一脑区能够评估某种行动在给定背景中可能带来的收益，比如我们拉、推或旋转手柄之后获得奖赏的可能性，或者因为和同桌玩而不回答老师提出的问题时被惩罚的可能性。

若干年前，DNA 双螺旋结构的发现者、诺贝尔奖得主弗朗西斯·克里克在《惊人的假说》一书中认为，自由意志来自前扣带回。这就是这个小小的皮质产生的魔法。虽然我们不必赞成这个极端的想法，但得承认，前扣带回拥有很多令人惊讶的属性。克里克提到一个从前扣带回受损中康复的女病人，她说感觉自己在患病期间无法**想要**任何东西。这个女人的经历可以这样解释：扣带回在选择行动中扮演的角色类似于眶额皮质在选择物体、场景和刺激中的角色——回想一下眶额皮质停止活动的小鼠，它们无法在两个刺激之间做出选择。自主的行动，就是在几个可能的行动中选择其一；如果所有可能的行动对你来说都是一样的，那么你也不需要特意选择一个，你会像这个女人一样感到困惑。这在解剖层面上也有所体现：前扣带回和运动区域联系紧密，而眶额皮质和感觉区域联系尤其紧密。[13]

为了区分选择物体和选择行动两种机制，牛津大学的马修·拉什沃思及其团队设计了一个装置，包括一个蓝色手柄和一个黄色手柄，两个手柄都可以被拉、推或旋转。[14]他们让猴子操纵这台机器，记录它的前扣带回和眶额皮质神经元的活动。实验是这样设计的：每当猴子推蓝色手柄，它就能得到奖赏。研究团队发现，眶额皮质神经元很快学会了指出正确的手柄，猴子一发现它，这些神经元就开始活动——这和我们对这个区域的了解相吻合。反之，前扣带回神经元根据猴子准备做出的动作进行反应，似乎是在指出应该做哪种动作。

前扣带回看上去是眶额皮质的支持者，它更关注行动的价值。人们在扣带回中还发现了眶额皮质的抽象能力：拉什沃思的团队观察到，猴子会根据"平均看来"最好的效果选择行动。前扣带回无法正常工作的猴子做不到这一点，它们的决定只依赖于前一次行动的结果。如果在旋转手柄时平均 10 次里面有 6 次能够得到奖赏，剩下的 4 次需要拉或推手柄，这些猴子会彻底迷失。正常的猴子还是可以解决问题的：猴子最终明白了一直旋转手柄就能获得最大利益：10 次里面有 6 次能够得到奖赏，剩下的 4 次随它去吧。失去前扣带回的猴子无法进行逻辑思考，也不能超越前一次经历，总结自己的行动和结果。它无法从整体上考虑行动的结果，进而找到最佳策略。这个区域似乎记录了每次行动之后得到的奖赏或惩罚，从中得出规律，发现在这种情况下，什么行得通，什么行不通。简而言之，前扣带回如同一本指导如何在实验室里、社会上或其他情景中采取正确行为的小手册（参见图 9.3）。

所以，每当动物或人意识到自己弄错了时，前扣带回就会做出强烈的反应，以至于该区域很长时间以来被认为是"错误探测器"。但前扣带回做的更多的是更新手册，因为它的角色不仅仅是分析错误。前扣带回的神经元贪婪地关注着与"是否有效"相关的一切信息："我做得好不好?"[15] 在猴子或人类身上，一旦大脑处于积极的探索阶段，寻找最好的行动方式，扣带回就会变得活跃。一旦主体决定了怎么做，前扣带回的活跃度就会回落，直到下一个错误出现。

多亏了这本小手册，该区域能够提醒主体每个行动可能带来的收益，也就是行动的意义。如果没有这个区域，大脑就看不到花费大量精力移动身体有什么好处。由此可见，前扣带回在动机中扮演着重要角色，只要动物为了获得奖赏需要完成一个复杂、费力的任务时，它就会被激活。获得奖赏的期待弥补在开始努力时迅速感到的惩罚感。比如，一般来说，小鼠会在一个容易得到的小奖赏和一个更难得到的丰厚奖赏之间选择后者。但如果小鼠的前扣带回停止工作，那它很可能会选择第一种方案。[16]所以，前扣带回的受损会导致小鼠变懒，试图寻找简单、微薄的收益。这就是为什么弗朗西斯·克里克提到的女病人没有动机去行动。

因此，前扣带回使大脑"逆流而上"，放弃更自动、更自然、更不费力的过程，优先处理需要付出努力的过程。努力的意思很广泛，还包括认知努力：老师让学生把两个数字相乘，并不是要求他们付出运动努力，而是认知努力——集中精力。前扣带回的功能也适用于这种努力，尤其是注意努力。以斯特鲁普任务为例：被试看到屏幕上出现红色的"绿"字，他应该回答"红"。他需要抑制自动的阅读过程，激活读出颜色这个复杂、不习惯的过程。人们就是通过这个实验发现了执行性注意。毫无疑问，斯特鲁普测试激活了前扣带回，因此，后者被认为是执行性注意网络的主要区域之一。[17]只要一项活动要求集中精力，前扣带回就会参与进来。

总结一下，对注意的自主控制取决于一系列额叶区域，它们能够考虑某个场景或某个行动的长期结果。我在此强调：**对注意的自主控制首先是长期目标对注意的控制**。眶额皮质和前扣带回属于能够考虑长期、抵抗即时分心的额叶区域。它们时刻抵挡着周边环境或内心思想对我们的诱惑。当我们的身体在运动吸引力的影响下动起来时，扣带回会发出警报。赛车以每小时 200 千米高速拐弯时，眶额皮质抵挡着情绪吸引，减少伏隔核被拐弯处诱人的图片引起的兴奋。外侧前额叶皮质每时每刻都在提醒我们要走的路，避免认知吸引。这些描述有点过于简单，但可以提供参考。任何一个区域都不是单独完成任务的，它们位于额叶网络之中，各部分互相合作，这就是著名的执行系统。

当这个系统不运行，或运行不佳时，对外部环境的固定反应就会影响注意。杏仁体、海马体或顶叶等区域控制了奖赏回路和运动皮质，优先选择过去最经常得到奖赏或最经常完成的场景或行动。于是，行为和注意转移变得僵化、可预测，由短期收益决定。注意自主控制的关键在于，前额叶皮质根据长期收益激活行为的能力，而不仅仅是依赖习惯和即时收益。因此，注意被一种战略性视角引导。

注释

[1]　Cheng W. F., Collet H., *Ah! Le printemps, le printemps, ah! Ah! Le printemps. Haikus de printemps*, Millemont, Moudarren, 1991, p. 98.

[2]　Rolls E. T., Grabenhorst F., "The orbitofrontal cortex and beyond: From affect to decision-making", *Prog. Neurobiol.*, 2008, 86, 3, p. 216-244.

[3]　Kringelbach M. L., Berridge K. C., "Towards a functional neuroanatomy of pleasure and happiness", *Trends Cogn. Sci.*, 2009, 13, 11, p. 479-487; Jung J. et col., "Brain responses to success and failure: Direct recordings from human cerebral cortex", *Hum. Brain Mapp.*, 2010, 8, p. 1217-1232.

[4]　Schoenbaum G. et col., "Orbitofrontal cortex, decision-making and drug addiction", *Trends Neurosci*, 2006, 29, 2, p. 116-124.

[5]　这个网络还包括纹状体、下丘脑、脑岛和内侧前额叶皮质。Montague P. R. et col., "Imaging valuation models in human choice", *Annu. Rev. Neurosci.*, 2006, 29, p. 417-448.

[6]　Murray E. A., "The amygdala, reward and emotion", *Trends Cogn. Sci.*, 2007, 11, 11, p. 489-497.

[7]　Gallagher M. et col., "Orbitofrontal cortex and representation of incentive value in associative learning", *J. Neurosci.*, 1999, 19, 15, p. 6610-6614.

[8]　同注释 [4]。

[9]　专门研究愉悦的神经生物学家莫滕·柯林奇巴赫使用了"快乐热点"（hedonic hotspot）一词。Kringelbach M. L., Berridge K. C., "Towards a functional neuroanatomy of pleasure and happiness", *Trends Cogn. Sci.*, 2009, 13, 11, p. 479-487.

[10]　Grace A. A. et col., "Regulation of firing of dopaminergic neurons and control of goal-directed behaviors", *Trends Neurosci.*, 2007, 30, 5, p. 220-227.

[11]　Crombag H. S. et col., "Opposite effects of amphetamine self-administration experience on dendritic spines in the medial and orbital prefrontal cortex", *Cereb. Cortex.*, 2005, 15, 3, p. 341-348.

[12]　Rushworth M. F. et col., "Complementary localization and lateralization of orienting and motor attention", *Nat. Neurosci.*, 2001, 4, 6, p. 656-661.

[13]　Rushworth M. F. et col., "Constrasting roles for cingulate and orbitofrontal cortex in decisions and social behaviour", *Trends Cogn. Sci.*, 2007, 11, 4, p. 168-176.

[14]　Kennerley S. W. et col., "Optimal decision making and the anterior cingulate cortex", *Nat. Neurosci.*, 2006, 9, 7, p. 940-947.

[15]　在里昂和格勒诺布尔的癫痫病人身上做的实验之中，我们和朱利安·荣格直接观察到扣带回对这类信息的敏感度。我们设计了一个非常简单的电子游戏，要求病人尽量精确地每隔一秒按两次按钮；每次按按钮之后，一个信号将指出他们的表现如何。毫无意外地，在这些病人的扣带回中直接记录的电信号在表现水平的指示出现时反应强烈，不管表现差、好还是非常棒。Jung J. et col., "Brain responses to success and failure: Direct recording from human cerebral cortex", *Hum. Brain Mapp.*, 2010, 8, p. 1217-1232.

[16]　同注释 [13]。

[17]　Raz A., Buhle J., "Typologies of attentional networks", *Nat. Rev. Neurosci.*, 2006, 7, 5, p. 367-379.

10

伟大的战略家

摘掉多可惜！

不摘多可惜！

紫罗兰。

——直女 [1]

请让我再说一遍：注意会自然而然地转向大脑认为重要的事物。如果在旁边桌上说话的人使你无法集中精力，这是因为你的大脑认为这场谈话很重要。这本书从开始到现在，已经讲述了好几个大脑判定重要性的机制。有些机制根据很简单的特征判断刺激的重要性，如音量或亮度；有些机制根据杏仁体或海马体等结构感到的刺激正面或负面的色彩，判断其重要性。这些机制更多地涉及位于大脑后半部分的区域——枕叶、顶叶和颞叶。还有一些机制根据刺激更长期的有用性，参照主体自主设定或被迫设定的一系列目标，决定刺激的重要性。这些机制更多地涉及大脑前部——额叶。

我犹豫，所以我痛苦

在前面两章中，我们观察了额叶如何参与两种可能情况。第一种情况很简单，有明确的指令引导个体的行为："如果发生 A 类事件，那就做 B；

如果发生 C 类事件，那就做 D。"第二种情况比较复杂，需要随机应变，决定在不同的情况下选择采取何种行动、必须注意什么。当额叶收到指令时，它只需要等待清单上每个事件的出现，一旦事件出现，就发出与之对应的活动。这种活动可以是身体活动——按按钮或整理文件夹，也可以是心理活动——把两个数字相加或把注意转向右边。个体需要记住的一系列刺激 – 反应组合决定了任务定势，进而决定了注意定势，也就是使个体必须行动起来的一系列外部世界元素，比如屏幕上的正方形的颜色变化，或是老师提出的问题。

第二种可能情况关系到生活中所有其他场景：个人没有任何指示说明，明确告诉自己应该做什么、应该注意什么。在这种情况下，每个行动和每个注意转移都是内部协商的结果。这种协商通常是无意识的，方法是比较数个选项的短期、中期和长期的有用性。正是在这个阶段，眶额皮质和前扣带回参与进来，反对杏仁体、海马体或顶内沟等区域的建议，后者一刻不停地提出行动或注意转移。由于总是需要考虑很多目标，这个协商的过程极其复杂。

想象一下，一座大厅里坐着一群"目标"代表，每个目标对我们来说都很重要。有些目标是短期的，有些是长期的。快要吃午饭时，"吃饭"先生坐在第一排，旁边是"玩耍"女士，后面是"避开汽车"先生和"展现好形象"先生。"举止得体"女士和"职业精神"小姐坐在大厅尽头，全神贯注地听着辩论……当我们需要做出选择时，不管是有意识的还是无意识的——比如听课还是胡思乱想、认真倾听会议还是考虑购物清单，各个目标如果没有被选择，都会通过错误信号发言，表达自己的不满。我听着会议发言，兴致不高，却也无法考虑晚餐做什么。然而时间飞逝，恐怕朋友们到达时我还没准备好——"展现好形象"先生开始发牢骚了。但如果我不听发言，而是考虑今晚的购物清单，"职业精神"小姐就要嚷起来。

唉！怎么办？不管我做什么，大厅里总有人站起来抱怨。我感到不满和负罪。大脑里的神经元折磨着我。这些折磨人的神经元在哪里？也许是扣带回，一旦大脑监测到错误和冲突，它就会行动起来。是的，可能就在扣带回里，它和近邻的脑岛一起参与对痛苦的感觉。[2]

佛教经典说，人生是"苦"，充满"痛苦""不满"……还有"焦虑"。如果协商在一个只有两三个座位的小厅里进行呢？人类的"幸"与"不幸"就在于人类大脑里的房间很大，非常大，因为大脑拥有强大的预测选择结果的能力："如果我不现在就开始考虑晚餐的事，在朋友们到达时就会什么都没准备好！"人类的特性就在于此，只有人类才有这种强大的预测能力。这在很大程度上归功于我们的前额叶皮质，它占整个皮质面积的将近1/3，而猴子的前额叶皮质只占1/10，猫只占1/30。如果没有前额叶皮质，我们的行动将几乎完全处于动物性的统治之下，只在"吃饭"先生、"不吃饭"女士和其他几人之间投票选出。但事实并非如此，我们的辩论厅像圆形剧场那么大，坐满了总是抱怨没有得到足够关注的代表。

一切取决于背景

面对这种争端，大脑有三种应对措施：一种好的，两种坏的。第一种方法是听从其中一个目标，忘记其他目标。这就是**超聚焦**，有各种各样的表现：数学家迷失在逻辑推理中，被公共汽车撞倒；游戏迷沉浸在电子游戏里两天两夜，忘记吃饭；我迷失在自己的思想中，忘记参加会议。这不一定是好方法，因为我们三个都不是注意的主人。第二种方法是试图用狂热的行动完成所有目标。这就是**注意涣散**：只要一个目标正在被满足，我就会干脆地转向下一个目标。我一边看电视，一边发短信，同时查收邮件，还想着今晚的购物清单，同时进行多项任务。这种解决方法也不一定好，因为同时做所有的事情等于什么也做不好……我的注意既在每个地方，又不在任何地方。第三种方法是**策略性地分配**努力，暂时优先处理一个目标，同时不忘记其他目标。这是最好的解决方法。我的大脑有一个计划，知道什么时候应该做什么事情。我认真地倾听发言，知道接下来我得准备晚餐。但这种想法不会困扰我，因为我已经计算好什么时候想这个问题，今晚一切都来得及。

当我们专注完成某个目标时，其他有意识或无意识希望完成的目标构成了当前任务的**背景**。即使是实验室里的简单任务，如波斯纳实验，也处于更大的背景之中：被试同意参加实验，条件是实验持续时间不长，因为他得在下午五点回到家里。这一背景导致被试时不时地看表，而他的大脑也并非真正地处理单项任务，针对唯一的目标。所有和当前任务所处的背景联系在一起的额外限制，都是引起分心的因素。超聚焦的人完全忘记了这个背景；反之，涣散的人被背景牵着鼻子走。但他们都不是注意的主人。真正的控制介于这两种极端情况之间，这种人能够暂时离开背景，同时不忘记背景。

在后退和前进之间保持平衡，这个困难的任务还是落到了执行系统肩上。坦白说，我们还不清楚执行系统是怎么做的。我们知道的是，这项工作超出了眶额皮质和扣带回的能力。这是一个复杂的策略性计划的过程，整个前额叶皮质都得参与其中。巴黎第六大学的艾蒂安·克什兰近十年来都在关注大脑是如何执行一个任务，并同时记得这个任务所处的背景的。他根据研究提出**分支控制**（branching control）这个概念，指的是执行系统暂时追求一个目标，让其他目标候场的能力。[3]比如当你正在思考去买什么时，有人给你打电话。你暂时停止思考，去接电话，但电话一打完，你就会回到思考中。你成功地暂时优先完成一个目标，同时没有忘记其他目标。于是，你避免了超聚焦和涣散。克什兰的团队使用功能性磁共振成像进行的若干研究表明，这种能力取决于前额叶皮质，尤其是最前面紧挨着额极的部分。这个区域记得当前任务所处的背景，以便当前任务一结束就回去。

听从您的命令，长官！

在这种管理多个目标的能力中，记忆扮演着至关重要的角色，但并未承担全部工作。面对错综复杂的目标，执行系统的首要任务是确定优先权，按时间计划行动。多亏了这个系统，我可以决定现在认真听发言，开完会再考虑购物清单；我可以全神贯注地投入当前的活动，同时不会忘记今晚的计划。为了做到这一点，大脑需要依赖等级制组织结构。这和人类社会差不多，当大家想要完成非常复杂的大规模计划时也会这样做。国家、企业或军队都是以等级制的结构组织起来的，而且这种形式一般来说行得通。军队就是这种结构的典型例子：在军队里，每个人都有自己的军衔，别人一看就知道他在级别中的位置。中尉手下有几十个士兵，服从他的指挥。当中尉接到任务时，他会把任务分解为一系列简单的任务，在士官的帮助下交给自己的手下。如果任务是以最小的代价控制一座大楼，中尉会执行策略，规定每个士兵如何移动。下达给士兵的命令非常具体——站在某个地方，监视某个区域。上级指挥官交给中尉的任务比较抽象——以最小的代价占据这座楼，没有明确地指出应该采取的策略，因为对发出命令的指挥官来说，中尉怎么做根本不重要，只要实现目标就行。上级指挥官的任务更抽象：控制一个街区。派这支小队占领这座楼是其中一个选项。这一选项来自比中尉的行动级别更高战略水平上的抽象思考，层层递进，可以追溯到决定全局战略的总司令。总司令会用前线、夺取城市和地区这样的词语思考问题。然而，总司令也要听从国家首脑的命令。对国家首脑来说，战争可能只不过是选项之一。所以很明显，级别越高，考虑就越抽象，目标也就更取决于对情形或背景的全局和长期的把握。

俗话说，强将手下无弱兵。设计了军队和所有等级制组织的人类大脑似乎也是这么运行的。大脑的感觉区域就是如此：我们知道有些区域关注水平很低的物理特征，如颜色或亮度；而有些区域关注非常抽象的特征。对一个初级视觉皮质的神经元来说，M 和 m 完全不同；而海马体神经元也根本看不出约翰·列侬的照片和"披头士"一词这两个刺激之间有什么区别。在行动层面，对广义上的运动行为或认知行为来说，在额叶内部也存在从具体到抽象的发展。这种观点越来越受到认可：位于额叶后部的部分关注短期身体行为，比如从冰箱里拿出黄油，或把注意转向右边；位于额叶前部的部分关注更抽象、更长期的规划，比如准备晚上和朋友的聚餐。[4]从后到前，从底层到顶峰，前额叶的组织级别越来越高。[5]

从具体到抽象

这种组织结构最明显的证据是在级别最低的运动区域中找到的。在最低级别区域，即在紧靠顶叶前侧的初级运动皮质之中，神经元关注非常具体的动作特征：右胳膊运动的方向和幅度、嘴巴闭上的速度等，有点像负责站在大楼东南角的士兵。在更向前几厘米的额叶中，**辅助运动区**的神经元对更抽象的运动特征敏感，比如运动的目标或背景。[6]在经训练完成一系列简单动作（如拉手柄、推手柄、再拉手柄）的猴子身上，神经元活动时不仅根据将要做的动作，还根据刚刚完成的动作。这些神经元对动作的序列比对某一个特定的动作更感兴趣，使猴子能够记住每个动作所处的背景。它们知道猴子拉了手柄，并且接下来该推手柄了（参见图 10.1）。同理，在更抽象的水平上，我知道自己在倾听发言，并且接下来该思考晚餐了。

辅助运动区比初级运动皮质的时间范围更广，就像中尉相对于士兵。

在辅助运动区前面的外侧前额叶皮质中，神经元关注更抽象的运动特征，尤其是运动的目标。从初级皮质到外侧前额叶皮质，运动表征越来越抽象，时间范围越来越广。这些更抽象的级别限制了一段时间里的动作规划，抵挡了外部环境带来的干扰和分心：我一边往桌子上摆放盘子和餐具，一边抵抗喝一杯的诱惑，即使酒瓶和杯子就在我的眼前，因为这不属于我的计划。抽象的总行动目标——摆放餐具，限制了我下一级的动作。在我集中精力完成任务时，位于大脑前部的额叶区域是不可或缺的帮手。前额叶受损的病人会停止布置桌子，去喝一杯。请回忆一下，前额叶受损导致了异肢综合征，这种病人的手似乎在独立生活。

研究额叶的著名专家华金·福斯特认为，这种朝着抽象目标发展的趋势在外侧前额叶前部继续进行，通向更总体的行动和目标。[7]比如"吃

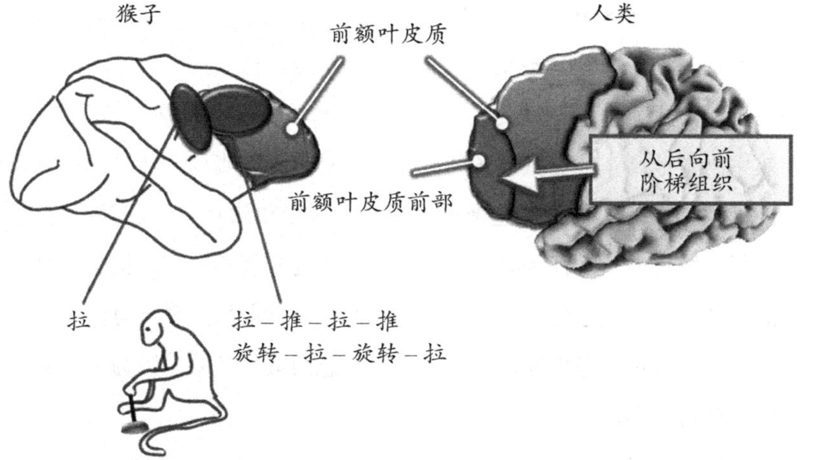

图 10.1　前额叶皮质从后到前，从运动皮质到前额叶皮质前部，级别似乎越来越高
这种组织结构在运动任务中尤其明显：前面区域的神经元关注动作抽象的特征，比如交替进行两个不同的动作。反之，后面区域的神经元负责马上就要做的动作，比如"拉搂"。

饭"是比"吃鸡肉"更抽象的行动，而"吃鸡肉"比"吃我盘子里的鸡腿，把鸡腿放进嘴里嚼"更抽象。"去购物"是比"去街角那家店买点蔬菜和肉"更抽象的目标。在最高级别上，目标很模糊，比如"我想写一本关于注意的书"。然而，和这些非常抽象的目标有关的脑区不是使身体行动起来的运动区域。位于额叶后面和前面的区域说的不是同一种语言。为了使我们朝着抽象目标有效地行动，中间几层区域需要把目标翻译成低级脑区能够理解的语言。为了"写我的书"，我需要 (a) 坐在桌子前打开电脑，(b) 列一张在动笔之前所有需要读的文章的清单，等等。这些具体、简单、短期的身体活动符合位于前额叶后面的部分区域的理解水平。剩下的只需要在时机到来时，一个个地引起行动。[8]

福斯特认为，我们总是用大脑后部感知，用大脑前部行动。所以，额叶的作用是准备、计划和执行身体活动或心理活动，包括注意的转移。前额叶皮质的前面区域就像军队里的将军，把抽象的任务交给后方区域，再由后者把这些任务翻译成更靠后的区域能理解的更简单、更具体的语言，照此继续下去，直到运动皮质执行动作或简单的注意转移。[9]这种组织结构效率出奇地高，能够抵抗各种分心，全神贯注于当前的活动。前额叶皮质前部阻挡了任何形式的超聚焦，运动、情绪和认知吸引也就被避免了。当执行系统参与一项任务时，它记得任务所处的背景；将军把队伍里每个人的任务记录在更总体的框架中，使它们的行动前后一致。时候一到，大脑的每个目标都被考虑在内。也不存在注意涣散的危险，因为只有方向正确的运动行为和认知行为才能被批准。

我们现在还不知道，执行系统怎么决定每个级别应该采取何种行动。智慧的秘密还有待挖掘。一个可能性很高的假说是：这些决定受到现成解决方案的启发，而解决方案在过去被证明有效。对行动的选择不是凭空发明出来的，而是来自之前行得通或行不通的解决方案。每个级别都有符合自己抽象水平的有效行动图解。在最高级别上，我的执行系统知道我病了的时候得去看医生；在最低级别上，执行系统知道要进入医生的房间，就得按门铃或推开门。当然，每个行动图表都伴随着注意指令，指令的严格程度有高有低——为了预约，搜索医生的电话号码而不是上网玩，找门铃按钮而不是看贴在门口的彩色广告……

谁在指挥？

既然执行系统是以等级制的结构组织起来的，那么很自然，大脑没有绝对的领导，也就是说，没有每时每刻决定每个行为的独裁者。这听上去或许有点矛盾。再说了，任何等级制组织结构都没有绝对的独裁者。即使在军队里，将军也不是随时决定每个手下的具体行动。只要行动和任务保持一致，每个士兵都有一定的自由。大脑里面也是如此。当然，高级别通常对低级别有严格的限制。但位于前额叶皮质前部的区域没有足够的精力决定后部区域行动的细节——如果不是这样，它们就做了运动皮质的工作，多此一举。每时每刻，我们的行为都是千万个解决办法中的一个，遵循着各个级别的各种限制。

这个结果敲响了"脑袋里的小矮人"的丧钟。当我们讨论决策的问题时，这个神话经常被提起："谁在你身体里决定你把精力集中在这本书上？谁在抵挡打开电视的诱惑？"小矮人的神话源自一种印象：人人都有一个大脑，用来感知世界、作用于世界，就像使用照相机或电子游戏控制器。小矮人就是一个小小的我，隐藏在大脑某处，通过感觉系统了解世界，决定采取什么样的行为，通过运动系统行动起来。是他在决定保持精力集中……这种想法很简单，但很荒谬。这算不上一种解释，因为它根本没说清小矮人是怎么做出决定的。在小矮人的"大脑"里，还有另外一个小矮人吗？这种推理无穷无尽，这个模型也没有意义。[10]

无论如何，我们仍有理由提出这样一个问题：前额叶皮质中是否存在一个负责制定长期策略的结构，胜任领导之职？目前，这个问题的答案是"有可能"。可能性最大的候选人是**前额叶皮质前部**（aPFC），它位于大脑最前部，和额极齐平，就在额头后面。[11]艾蒂安·克什兰认为正是这个区域使我们能够轻松地从一个目标转向另一个目标。这个答案看起来有点太简单了，还没有得到一致同意。尽管如此，前额叶皮质前部还是像一位将军，和大脑其他部分维持着相当精英化的关系。它不和初级感觉皮质、初级运动皮质直接交流，而是和提供抽象、多模式信息的联合区域对话。这种连接方式似乎说明它在执行系统中地位很高，好似只和几个特定领域的负责人交流的总统。但这个区域是如何指挥大脑其他部分的呢？其实很简单：就像外侧前额叶皮质记得你应该在红色目标出现时按蓝色按钮，前额叶皮质前部记得你正在开会，会议结束之后不能磨磨蹭蹭地回家，因为今晚朋友们会过来吃饭。前额叶皮质前部区域记得当前活动所处的**总体背景**，以及应该完成的**长期目标**。为了实现目标，这个区域同样根据过去的经验制定策略，从抽象的程序中做出选择："我在压力很大、很累的时候需要休假。"这些图解像乐高积木一样组合在一起，遵循的原则和运动皮质颇为相似，唯一的区别在于积木不是短期的运动行为——穿上鞋站起来，而是更抽象、更长期的行为图解——购物或理解发言。前额叶皮质前部像组合句子那样把图解拼合起来，组织持续时间更长的行为，预测行动计划在未来产生的结果，记住在什么时候把策略付诸实践。航向被固定下来，船继续前进。

当然是我在指挥了，对吧？

事情就是这样。认知神经科学最终解释了我们每个行为的原因和方式，以及意志的神经生物学基础……你不相信？你是对的！认知神经科学现在还没有走到这一步，也许永远也到不了。还没有人能够准确地解释是什么在大学生的大脑里发挥作用，让他专心听课而不是设想周末的安排。要准确地知道是"谁"在大脑里做决定，还有很多工作要做。尽管如此，福斯特或克什兰等研究者提出的理论使一个和大量实验观察结果相吻合的自主控制模型初现端倪。此外，这些从神经生物学角度看来符合事实的理论，帮助我们避免了小矮人的悖论。

在这种模型里，行为由大量神经元群构成的一个判断机制决定，每个神经元群负责记住一个短期、中期或长期目标。如果大学生决定认真听讲，是因为他有"通过考试"这个长期目标；这个目标又来自"一个令人羡慕的职业前景"这个更长期的目标，层层递进，最终目标是"衣食无忧的美好生活"。再一次，大脑的预测能力占据了中心地位。如果这个意识清醒的大学生开始想别的东西，他也许会在眶额皮质或前扣带回的作用下，在想到自己行为"不当"时隐约感觉不适。这是因为大脑里一个被激活的目标没有完成。

如果所有这些关于注意的自主控制和行为的讨论动摇了你的信念，我会很高兴。我们真的能够自由地决定自己的行动和生活吗？在这个复杂的决策系统里，自由意志到底藏身何处呢？注意，地面湿滑。不要轻易相信接下来的部分。最信奉还原论^①的神经学家也难以在内心深处说服自己，他们只是没有任何自由意志的复杂机制，只能眼睁睁地从旁观看自己的行动。然而，今天没有任何一本严肃的科学杂志打算发表宣称揭示自由意志存在的研究。这是一种假设，就像数学家和物理学家皮埃尔－西蒙·拉普

---

① 还原论是一种主张把高级运动形式还原为低级运动形式的哲学观点。它认为现实生活中的每一种现象都可以看成是更低级、更基本的现象的集合体或组成物，因此可以用低级运动形式的规律代替高级运动形式的规律。——译者注

拉斯关于上帝的看法，而他的理论不需要上帝存在也能起作用。

目前的神经科学不关注自由意志本身，而是关注自由意志的感觉：即使现实并非如此，为什么我们还是觉得能决定自己的行动？最近好几项研究都指出，在若干场景下，这种自由意志的印象是一种幻觉，我们认为自己自由地决定了一些实际上根本控制不了的事情。接下来，我们一起来看看巴西人的若阿金·布拉兹尔 – 内图发表的实验。[12]这个实验使用了经颅磁刺激技术，该技术能够发出微弱的磁脉冲，激活皮质的特定区域。通过作用于运动皮质的不同区域，这些磁脉冲能够引起手、脚或身体任何部位的运动。在布拉兹尔 – 内图的实验中，被试只需要在听到咔哒声时按按钮。被试左右食指下面各有一个按钮，他仅需自己决定按哪个按钮。通过使用经颅磁刺激远程控制，研究者在咔哒声响起时对右侧运动皮质或左侧运动皮质施加微弱的磁刺激，成功地在被试不知情的情况下操控他们选择左边或右边的按钮。所以，被试按的是主试选择的按钮，但意识不到自己已经被操控：大多数被试在实验结束后宣称没发现任何异常，感觉是自己选择了按哪个按钮（参见图 10.2）。

图 10.2 布拉兹尔 – 内图的实验原理
借助经颅磁刺激，主试可以促进左侧运动皮质或右侧运动皮质的活动。本应自主选择按哪个按钮的被试却倾向于按下受到刺激的半球所控制的那一边的按钮……同时还觉得自己是在自由地选择。

几点了?

那么,谁在做决定? 自 20 世纪 80 年代加州大学旧金山分校的本杰明·李贝特[13]发表一系列研究成果以来,认知神经科学很快抢占了这个哲学问题。李贝特让他的被试坐在一个类似于钟表的物体前,钟表上只有一根指针,每秒钟转动一圈。他要求被试选择一个时间按按钮,并记住做出决定时指针的位置。想象一下,你现在正面对着李贝特的钟表,双眼紧盯着指针转动;你突然决定按按钮,把这一刻表盘的图像固定在脑海中。你确定无疑,自己选择按按钮的时候,指针在右上方。你知道的已经很多了,但主试知道的比你更多。通过粘在你头上的电极,他还知道,早在指针到达右上方之前,早在你**觉得**自己决定按按钮之前,你的运动皮质的神经元活动就已经开始增加了。所以,他甚至能在你之前说出你要按按钮(参见图 10.3)。很神奇,对吧? 运动皮质的活动本应是你决定按按钮的结果,却似乎成了后者的原因。仍是那个问题,谁在做决定? 你,还是你的运动皮质? 从李贝特开始,这个神奇的实验在认知神经科学圈里引起了激烈的争论。有人质疑他的结论,而有人确认这些结论被证实了。伦敦大学学院的帕特里克·哈格德提到这样一个实验,在某些条件下,运动系统的活动比决定移动——或着更准确地说,比清醒地感觉到决定移动,提早两秒钟。[14]那么,是我们真的决定了自己的行动,还是只是运动系统通知我们接下来做什么?

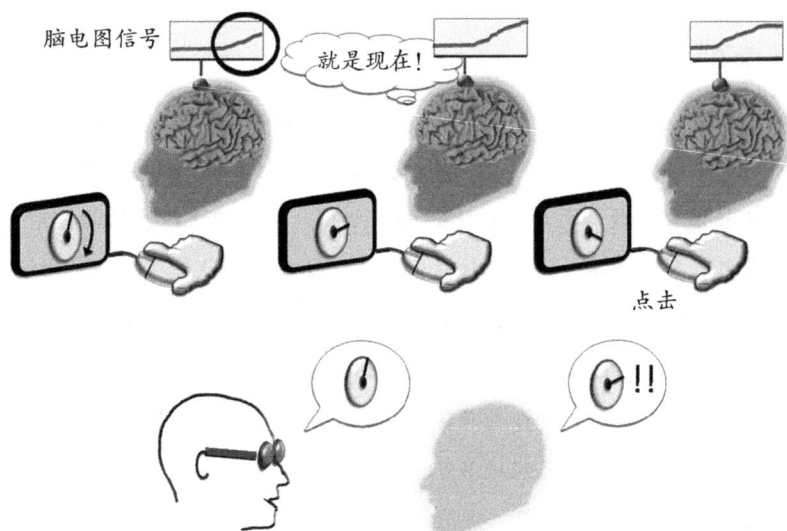

脑电图信号

就是现在！

点击

!!

图 10.3　李贝特的实验

被试在自己觉得合适的时候决定按按钮。在做这个动作时，他记住了指针在表盘上的位置，随后告诉主试。但主试观察到，在这之前，运动皮质产生的电活动已经开始增加。谁第一个决定了要按按钮？被试还是他的运动皮质？

控制强迫证

不管真假，这种能够自主决定行动的感觉是人类生活的基础。[15]如果没有这种感觉，我们的行动看起来就像是不可控制、无法预测的外部意志的结果。而人类大脑的设计宗旨是能够预测未来，能在事情搞砸之前调整行为。这种预测能力是大脑控制的基础；如果没有它，主体就会被困在始终紧张的状态中，等待、担心出现不幸的事情，或做出危险的举动。一个失去自主决定行动的人将生活在永恒的恐惧中，面对危险时不知道如何及时、灵活地做出反应。我们害怕失去控制的每一秒。控制等于安全，失控

等于危险，甚至等于死亡，比如在开车时。无法控制自己的大脑也许是最
令人焦虑的感觉。是否就是因为这个原因，大脑不厌其烦地让我们觉得能
够自主决定行动？迈克尔·加扎尼加报告了一项在**脑裂**病人身上做的实
验，集中体现了这种幻觉。[16]这些癫痫病人只能通过手术切除 胼胝体，分
开大脑的左右半球，才能治好病。所以，他们的左右半球分开运行，就像
两个独立的大脑。每个半球拥有半个视觉系统和半个运动系统，能够分析
半侧视野和移动半侧身体。由于视觉通路和运动通路是交叉的，左半球看
见和控制右侧，右半球则相反。因此，位于病人右边的图片只能被左半球
看见。此外，左半球有一套语言分析生成系统，而右半球没有。所以左半
球能说话并理解语言，而右半球不能。在迈克尔·加扎尼加描述的实验
中，主试在被试右边呈现一张鸡爪的图片，只有左半球能看到；在左边呈
现一张雪景的图片，只有右半球能看到。然后主试换成其他图片，其中有
一把除雪用的铲子和一只鸡。这两张图片放在正中间，所以左右半球都能
看到。接下来，主试要求被试用左手指出与之前的图片联系最紧密的一张
图片。病人指向铲子，这符合逻辑，因为左手由右半球控制，而右半球看
到了雪景——铲子用于除雪。左半球是怎么想的呢？为了得到答案，主试
要求被试解释他为什么选择了铲子。回答问题的是左半球，因为语言区位
于这个半球。但左半球看到的是鸡爪的图片，不是雪景的图片，那为什么
选择了铲子呢？按理说，左半球会发现两张图片并不匹配，对自己选择了
铲子感到困惑；病人应当会犹豫，然后承认不知道为什么做出这样的选
择。但事实远不是这样。病人解释说，他觉得铲子理应和鸡爪联系在一
起，因为它可以清除鸡排泄在地上的粪便。通过进一步的询问，主试发现
被试完全相信自己的解释（参见图 10.4）。这就是所谓的"虚构症"。这个
病人大脑的左半球为了维持它控制整个身体的幻觉，为自己观察到的行为
编造辩护词，而事实上它只控制身体的一半。这种虚构症经常出现在神经

障碍或精神病中。加扎尼加等研究者认为，这证明了在左半球中存在一个系统，旨在自动把做出的动作归因于自己，以便使我们相信，我们是动作的发起者，而且我们的行为是理性的，当然也就是可预测的。[17]

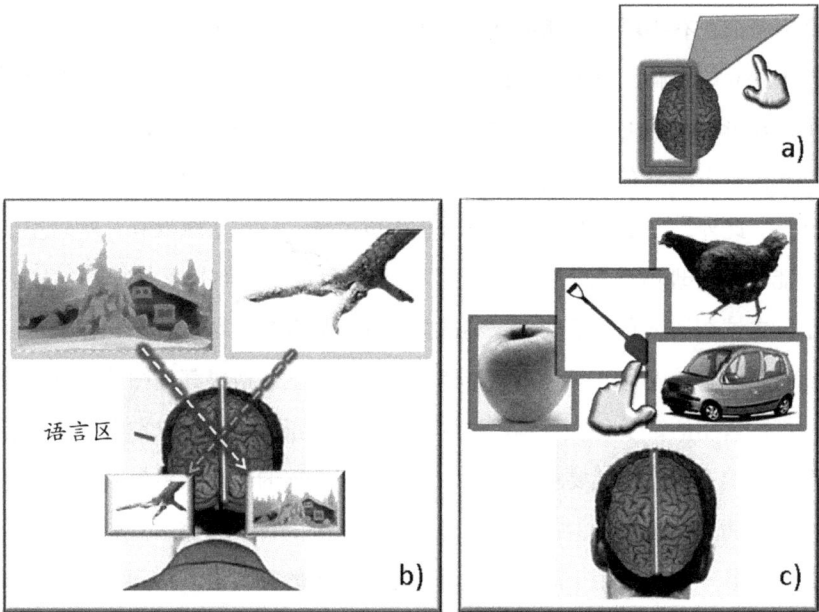

图 10.4　病人大脑的左右半球被分开，无法交流信息

语言区所处的左半球控制右手，只能看到右侧视野，右半球 (a) 与之相反。在实验的第一阶段，主试向被试的左半球呈现鸡爪的图片，向右半球呈现雪景的图片 (b)。在第二阶段 (c)，主试向被试呈现若干其他图片，病人需要用左手指出和之前的图片联系最紧密的一张。看到雪景的右半球自然而然地把左手引向铲子的图片。左半球发现了这一点，但没有感到不快，而是编造了一个故事，证明铲子和鸡爪有合理的联系：他选择铲子是因为铲子可以打扫鸡窝。

蒂埃里·亨利有错吗？

如果你碰到一个很烫的物体，迅速抬起手，撞了别人，这个人不会对你发脾气，因为你不是故意的。然而，怎么知道一个动作是不是故意的呢？在刑事案件中，被提到最多的词是"预谋"。如果一个动作是有预谋的，那它就是故意的。当你被烫到迅速抽回手时，很容易判断这个动作没有预谋。但界限在哪里？每个法国人都记得蒂埃里·亨利在 2010 年世界杯预选赛法国对阵爱尔兰时著名的手球。在接下来漫长的争论中，最受关注的问题之一是这个手球是不是故意的。你也许还记得，有几位神经科学家为蒂埃里·亨利辩护，认为他的动作太快，不可能是故意的。就这一点而言，我们需要多长时间预谋一个动作呢？

预谋是对动作有意识的准备，伴随着预测，并至少要部分接受它带来的结果。个体清醒地知道，他的动作会带来怎样的结果，但他还是决定执行。这个预测、评估和决定的过程被公认为需要整整 0.5 秒钟，甚至 1 秒钟。由此可以判断，蒂埃里·亨利事实上不是故意用手碰球的。于是争论集中在他在事后的反应：他是否应该把自己的动作告诉裁判？对于这个动作本身，蒂埃里·亨利只能眼睁睁地看着。

多少次，我们也只能眼睁睁地看着自己的动作？以说话为例。如果你在听别人说话的时候瞥一眼秒表，你会发现，一个人说话的正常速度是每分钟 200 个单词，也就是每秒钟 3 个单词，和视觉搜索时目光的转移次数一样。在这种节奏下，不可能每个单词都经过了有意识的选择。当我们说话时，单词一个跟着一个，我们安静地倾听。我们只能决定了每句话的内容吗？还有它的韵律？还有和它联系在一起的面部表情？一切都不确定。绝大多数情况下，我们认真、入迷地听着自己说的话，就像看着自己目光

233

的转移。我们唯一能做的事情，就是事后明白我们大致同意自己刚才说的话；或者在措辞不当或出现口误时谦卑地道歉——就像比如蒂埃里·亨利本该告诉裁判应该取消那个进球。

我们身体里有东西在说话，这不是有点可怕吗？当然不！因为在99%的时间里，一切顺利；我们听到了自己说的话，这些话很正常，甚至清晰地反应了我们的观点。不是所有人都这么幸运：有些精神分裂症病人觉得"有人在大脑里跟自己说话"。然而，从理论上来说，这有什么问题呢？每个人的大脑里都有一个小小的声音在跟自己说话。就在写下这句话的时候，我先听到大脑中的声音，然后手指匆忙地把它记下来。单词源源不断，就像我在和一个想象中的对话者交流，并且听到单词的回音。但不同于精神分裂症病人，我承认这个内部演讲的作者就是我自己，它不会让我感到惊讶；我不仅赞成这个演讲，还随时准备签上自己的名字，甚至同意自己的名字出现在这本书的封面上。精神分裂症病人可不打算签名认账，他们的大脑里少了某种东西；他无法在演讲内容和大脑对世界、对自己的了解之间建立一致性，这种矛盾导致他无法承认、赞成自己说的话，无法自认就是作者。

如果一个动作（包括语言动作）被视为我们的动作，也就是说，来自我们的意志，那它就不应该使我们感到惊讶。大脑的预测能力不仅作用于外界，也作用于我们自身的行动，这种能力来自长期经验的累积。我们的大脑"知道"将如何行动，因为它已经"看见"自己在相似条件下行动成千上万次了；它知道在拿到一杯水之后，应该喝水，然后把杯子放回去，或者把玩一下杯子，等等。大脑甚至可以根据当前背景和整体背景，评估各种行动的可能性。简而言之，大脑"了解"自己。大脑似乎能够根据长期自我观察的经验，随时下意识地判断它观察到的行动是否符合它期待看到的自身行为的**逻辑流**。如果没有这种比较，或者做出的行动不符合预期的方向，大脑就会拒绝签名；它不认为这个动作是自己做出的，也不认为自己就是作者。这就是患有异肢综合征的病人每天的经历，他们有时甚至会给这个肢体取名字，就像给宠物取名字那样。

头脑最高明的把戏

你不需要完全同意自主控制的理论，或赞同自主控制只是幻觉。我并不是说自由意志完全是一种幻觉，没有任何实验结果能彻底证明这一点。认知神经科学指出的是，这种自认为自己清醒地决定了行动的感觉也许有点夸张。我们始终在自发地转移着目光，每秒三四次，从来不觉得它在"独立生活"，我们也不会给眼睛单独取名字。注意也是这样；无论如何，我们不觉得自己患有"异目光综合征"或"异注意综合征"，即使它们大多数时候按自己的节奏自由地转移。我们的动作通常以相对自动化的方式一个个连续进行，没有受制于真正的自主控制。认为动作全部来自自主决定，其实是纯粹的幻想，用哈佛大学的丹尼尔·韦格纳的话来说，这是"头脑最高明的把戏"。[18]

这个把戏让我们觉得自己"在大脑里面"某个地方，藏在某个司令部中，试图监视世界，操纵一个个手柄，指挥包括小脚趾在内的身体各部。假如沉浸在这个"意志力万能"的神话中，我们就无法理解为什么注意会不听话。最微小的错误对我们来说也是不可原谅的，最终变得自暴自弃："我真笨！都不能集中注意两分钟！"这是因为我们忘记了神经生物学的事实：我们每时每刻做出的行动和采取的认知过程，包括注意转移，都来自一个相当自动化的系统，这个系统会在储备的习惯和无意识行动宝库中翻找参考。我们无法什么都控制，因为这是不可能的，一切都太快了！承认这一点，就意味着承认我们在行动中有时更像是一个观众，而不是演员；

意味着我们需要接受自己原本的模样：不多不少，我们就是一个非常复杂的系统，能够在不断变化的危险世界中生存几十年。诺贝尔奖得主杰拉尔德·埃德尔曼和朱利奥·托诺尼一起在文章中指出，成年人在生活中的大部分无意识行动表明，我们对行动的有意识控制只在几个关键时刻发挥作用，也就是需要明确做出选择或制定计划的时候。[19]在其余时间里，无意识行动在很大程度上足以让船沿着正确的方向航行，不受什么损失。也许，我们太不相信这个自动驾驶仪了，而对此的很多努力完全是徒劳。

认知神经科学给"我们"——双脚之上，鼻子之后，头发之下，每天早上醒来感觉自己是世界中心的"我们"，感觉自己可以选择往面包上抹哪种果酱、穿什么衣服的"我们"——带来了一个好消息：在大部分情况下决定我们行为的心理过程其实可以很好地**独立运行**。我们不需要决定一切。我们可以放松下来，观察这个小马戏团在自己眼前表演，几乎不需要介入，但还是需要注意。为什么要自寻烦恼呢？如果出现问题，控制一切的天生倾向就会自发恢复过来。那么，平时为什么不稍稍松开缰绳，让运行良好的自动驾驶仪独立工作呢？为什么不放开控制，只在行动和思想过程中持续地稍加注意，静静观看自动驾驶仪高效地运行呢？生活会变得更简单、轻松。

注释

[1] Cheng W. F., Collet H., *Ah! Le printemps, le printemps ah! Ah! Le printemps. Haikus de printemps*, Millemont, Moudarren, 1991, p. 107.

[2] Wiech K. et col., "Neurocognitive aspects of pain perception", *Trends Cogn. Sci.*, 2008, 12, 8, p. 306-313. 为了解救难以忍受慢性痛苦折磨的病人，破坏扣带回是最后一招。它有时会产生一种奇怪的综合征：痛苦说示不能。这让病人远离痛苦：他能感知痛苦，甚至评估痛苦的强度，但他并不受苦，痛苦不会使他感到困扰，他的感觉可能就像我们感觉被按了一下似的。美国有一句口号："没有大脑，就没有痛苦"。其实只要没有扣带回就行了。

[3] Koechlin E. Summerfield C., "An information theoretical approach to prefrontal executive function", *Trends Cogn. Sci.*, 2007, 11, 6, p. 229-335.

[4] Badre D., "Cognitive control, hierarchy, and the rostro-caudal organization of the frontal lobes", *Trends Cogn. Sci.*, 2008, 12, 5, p. 193-200.

[5] Badre D. D'Esposito M., "Is the rostro-caudal axis of the frontal lobe hierarchical?", *Nat. Rev. Neurosci.*, 2009, 10, 9, p. 659-669.

[6] Tanji J., "Sequential organization of multiple movements: Involvement of cortical motor areas", *Annu. Rev. Neurosci.*, 2001, 24, p. 631-651.

[7] Fuster J. M., *The Prefrontal Cortex*, Elsevier, 2008.

[8] 戴维·艾伦在《搞定》一书中展示了著名的时间管理方法，想法与此相同。戴维·艾伦认为，这些抽象的目标构成了"材料"。这本书的主题之一是大脑无法成功地完成这种模糊的目标，被缠绕住了，直到忘记它们。为了完成这些目标，艾伦建议把它们转化为明确的步骤，规定具体应该怎么做。Allen D., *Getting Things Done: The Art of Stress-Free Productivity*, Diane Pub Co, 2003.

[9] 同注释 [7]。

[10] 这并不妨碍诺贝尔奖得主约翰·埃克尔斯爵士在《意识如何控制大脑》一书里把这种想法推向极致，提出一个智能系统，它使非物质的"我"能够做出决定，并作用于神经元，把它的命令传递给运动皮质。这一模型没有被认可，神经科学界更认可埃克尔斯在突触研究方面的杰出成果。Eccles J. C., *How the Self Controls its Brain*, Springer Verlag, 1994.

[11] Ramnani N., Owen A. M., "Anterior prefrontal cortex: Insights into function from anatomy and neuroimaging", *Nat. Rev. Neurosci.*, 2004, 5, 3, p. 184-194.

[12] Brasil-Neto J. P. et col., "Focal transcranial magnetic stimulation and response bias in a forced-choice task", *J. Neurol. Psychiatry.*, 1992, 55, 10, p. 964-966.

[13] Libet B., "Unconscious cerebral initiative and the role of conscious will in voluntary action", *Behavioral and Brain Science*, 1985, 8, p. 529-566.

[14] Haggard P., "Human volition: Towards a neuroscience of will", *Nat. Rev. Neurosci.*, 2008, 9, 12, p. 934-946. 这一次是在叫作"基底神经节"的皮质下结构中测量的活动。Loukas C., Brown P., "Online prediction of self-paced hand-movements from subthalamic activity using neural networks in Parkinson's disease", *J. Neurosci. Methods.*, 2004, 137, 2, p. 193-205.

[15] Wegner D. M., "The mind's best trick: How we experience conscious will", *Trends Cogn. Sci.*, 2003, 7, 2, p. 65-69.

[16] Gazzaniga M. S. et col., *Cognitive Neuroscience: The Biology of the Mind*, Norton, 2009; Cooney J. W., Gazzaniga M. S., "Neurological disorders and the structure of human consciousness", *Trends Cogn. Sci.*, 2003, 7, 4, p. 161-165.

[17] *Ibid.*

[18] 同注释 [15]。

[19] Edelman G., Tononi G., *A Universe of Consciousness: How Matter Becomes Imagination*, New York, Basic Books, 2001.

11

学会更好地集中精力

> 打喷嚏的我
>
> 看不见
>
> 云雀了。
>
> ——横井也有[1]

大脑的训练术已经成为时尚，大脑体操的时代到来了。宣称能够更新神经元、增加突触活力的电子游戏和书籍不计其数。现在，人们愿意为了在自己身上重现认知心理学的经典实验而付钱。在某种程度上，这是一个好兆头：我们已经习惯于关心自己的身躯，现在终于开始关心自己的大脑。不久之前，人们还没有养成运动的习惯，而如今小城镇里都有自己的健身房。总算轮到大脑了，当然也就轮到注意了。

一块肌肉，两个大脑

有可能加强自己的注意力吗？如果答案是肯定的，又该怎么做呢？用于治疗某些注意力缺陷的方法似乎有一定的作用，至少在某些病人身上。但药是给病人开的，并非每个人都生病了。就普通人而言，是否存在另一种更持久的方法，能够不借助化学药物手段改善注意力？好消息是存在这种方法，坏消息是这得花时间。读了这本书，你就会明白，注意和肌肉收缩一样，是一个生物过程。所以，在两三天之内提高注意力效率的可能性很小。虽然身体是可塑的，但得花时间才能让它成为我们想要的形状。不管是减肥还是增加肌肉，都需要付出大量的耐心和努力，训练大脑也是如此。俗话说得好："一分耕耘，一分收获。"

目前，还没有像俯卧撑锻炼手臂肌肉那样专门训练注意力的神奇练习。但是，需要注意力的活动却有成千上万，从打高尔夫球、做饭到拉小提琴，但这不完全是一回事。如果经常做需要注意的活动就能训练注意力，所有人都会成为精力集中比赛的冠军，因为日常生活中几乎一切活动都需要注意；但很不幸，这还不够。然而，日常生活中的每一项活动其实都是改善注意力的机会，**只要你以此为目标**。一切都与心理状态有关。茶道仪式就是一个很好的例子。虽然泡茶只是一项平淡无奇的活动，事实上，进行准备工作时的心理状态让它变成了一种注意力练习。所以，重要的不是茶本身，而是茶道中付出的注意的质量。你可能每天都泡茶，但永远不会提高注意力；然而举行仪式的那一天，训练开始了。所以，茶道的例子表明，每项活动，不管多简单，都可能成为训练注意的机会，只要你把它看作是机会。你可以自由地发明刷碗仪式、切面包仪式或煮面条仪式！

我们绝大多数的活动都必须使用注意力，但不会起到训练它的作用，这是因为这些活动的首要目标不是训练注意力。高尔夫球选手的首要目标是让球进洞，小提琴家更关注准确且富有感情地演奏。注意是实现目标的手段，不是最终结果。这些活动有时也能让注意固定下来，但只是附加功能。不管我们希望掌握哪一门学科，注意几乎都不会成为专门的课程或练习的目标。这些课程更多是为了发展自动化的技术行为：学生重复同样的运动过程或认知过程，直到能够以反射的方式实现这些过程，不需要思索，换句话说，不需要加以注意。于是，从注意力训练的角度来看，我们似乎得出了一个悖论，就像随着不断地做俯卧撑锻炼肌肉，你的身体适应了不使用手臂肌肉就能做俯卧撑。大脑似乎总在寻找最不费力的办法……

我很好，不是吗？

为了学会一项技能，大脑需要 (a) 尝试若干次，(b) 每一次都回顾自己的表现。把一张纸团成球，然后试着扔进最近的垃圾桶。第一次你不走运，偏离了目标；随着练习，慢慢调整投掷的力度和方向，你最终几乎每次都能投进。大脑通过每次发现错误并逐渐改善动作，轻松地完成了学习。学习集中精力也是同样的道理。大脑需要知道自己是否好好地专心了，尤其需要经过多次失败，直到找到正确的方法。问题就在这里，因为要知道你是否注意了，你就得注意……你的注意。如果你分心了，说明你已经不再专心，那你就不会发现自己没有注意。有趣吧？

当你发现自己分心了的时候，对自己糟糕表现的评估只能是马后炮。体验过冥想的人很清楚这个现象。我坐在那里，试图把精力集中在呼吸上；当然，我的注意很快就逃离了，转向更有趣也更有吸引力的思想。我的精神在游荡，这就是认知神经科学所说的**心智游移**（mind-wandering）现象——正如心理学家卡琳娜·克里斯多夫和乔纳森·斯库勒指出的那样，心智游移伴随着默认网络强烈的活动。[2]我可能在几分钟之后才会发现自己被吸引了。然后，我想起了任务指令，轻松地、慢慢地把注意带回到自己的呼吸上，直到下一次分心，循环往复。为了完成任务，我需要持续地监视自己的注意水平，以便注意一偏离就改正，重新集中精力。但如果我能做到这一点，我就不用训练了，因为这意味着我能一直完美地保持专注。冥思提供了一个折衷的解决方法：尽可能频繁地监视自己的注意，也就是每当我想起来的时候就去注意。

很明显，这不是理想状态。这有点像你去练习打高尔夫球，却只能在挥杆二三十次之后确认动作是否正确。有没有更好的方法呢？此外，监视自己的注意水平是一项个人活动，叠加在需要专心完成的活动之上。当只是监视自己的呼吸时，任务还相对简单……但注意训练应该能够叠加在任何一项日常活动之上，而不会干扰这项活动，就像看不见的面纱一样。所有禅师都坚持一点：注意力练习不应局限于安静地在坐垫上冥想，还应该自然地扩展到生活的时时刻刻，如开车、工作、看比赛或看电视。18 世纪的日本禅宗大师白隐慧鹤在提到唐代禅师永嘉玄觉时说："在欲念和动荡的世界中冥思得到的精神力量就像火中盛开的莲花，不可摧毁。"[3]

良好的注意水平：过犹不及

然而，注意的自动评估过程不可避免地使我们身兼两项任务，因为我们必须在集中精力从事主要活动的同时，监视自己是否集中精力了。这种场景看起来自相矛盾，因为集中精力就意味着完全沉浸在当前的事情中。但威斯康星大学麦迪逊分校的安托万·卢茨和理查德·戴维森的研究团队于 2009 年在著名的《神经科学报》上发表的一项研究中指出，专业的冥想者通过练习似乎能达到这一点。在经过集中练习专心于呼吸的冥想三个月之后，在一项经典听觉注意任务中测量到的被试注意力稳定性大大提高。[4]

他们是怎么做的？没有人确切地知道禅师的大脑中发生了什么，但我们还是可以提出好几种假设。第一种假设是这些专业冥想者处于双重任务的场景中，他们的注意同时落在进行中的活动上和自己的注意上。这么一来，他们的注意就不仅集中在当前的活动上，但这重要吗？我们的大部分活动都是连续的简单自动化动作，为什么不让它们"单独"运行，只是加以轻微但持续的注意，以此确认一切照常呢？在这个小小的推测模型中，专业冥想者的注意可能始终 80% 放在主要任务上，20% 放在注意本身上，也就是"关注注意"。反之，一个没经过训练的人的注意可能 90% 放在主要任务上，10% 放在注意上，甚至 0，即从来不监视自己。换句话说，专业冥想者在集中精力的同时避免了超聚焦的陷阱；他保存了一些注意资源，用来确保即使没有用 100% 的全力，至少也是持续地将注意集中在任务上。该研究小组在进行集中冥想三个月的被试身上做了另一个实验，结果同样表明了这一点。[5]被试在 注意瞬脱实验中的大脑活动被脑电图记录了下来。你可能还记得，这个实验揭示了前额叶皮质无法以同样的注意处理两张迅速先后出现的图片。令人惊讶的是，研究小组的实验表明，经过 3 个月注意训练的被试比没经过训练的被试能更好地侦测第二张图片。对脑电图测量结果的分析揭示了原因：在经过训练的被试身上，大脑对第一张图片的反应没有那么强烈，他们的前额叶皮质对图片处理的工作似乎没有那么投入。但他们侦测第一张图片的能力是完全正常的。由此我们可以得出结论，这些被试对第一个刺激加以刚刚好的注意水平，而不是过多，不会影响侦测第二个刺激的机会。相反地，没有经过训练的被试过于投入对第一张图片的分析，远远超过辨认这张图片真正需要的注意水平。由于过度冲动，他们的前额叶皮质接下来无法处理第二张图片。实验的结论是：使专业冥想者受益的这种训练能够让他们合理分配注意，既不会过于沉浸其中，也不会过于分心，剩下的资源可以用作对自身注意的自动监视。

关注注意

但我们怎样才能关注注意呢？在这一点上，我们还是只能进行推测。如果我问你，你此时此刻在注意什么，你也许能够回答我："我注意正在读的这句话，没有注意街上汽车的噪声。"所以大脑自发地知道它在注意什么。这很合理，因为注意和工作记忆之间存在紧密的联系。既然注意能够加固它关注的刺激所引起的神经元活动，当然也有利于把这些刺激保存在工作记忆中。所以，你只需要查找工作记忆，就能知道你刚才在注意什么。你对刚刚过去的一刻有什么记忆？理论上，一个受过训练的人能一边查找工作记忆，一边集中精力于他正在做的事情，由此确切地知道自己正在注意什么。我们知道，注意会频繁地从一个目标转移到另一个目标。有多少活动会要求真正持续地注意，甚至无法容忍每两三秒钟出现一次的零点几秒的走神呢？善于专注的专家不是在任务和思想之间摇摆不定，而是在任务和工作记忆之间来回转换，从而确认自己精力集中。专家用到了乔纳森·斯库勒及其同事乔纳森·斯莫尔伍德所说的**元意识**（meta-awareness），这是一种对当下心理状态的意识。通过他们的研究，我们知道大部分人很少用到人类大脑的这种能力，除非必要的时候。所以，注意常常在我们不知道的情况下撤离了，正如二人的一篇文章题目所说："灯亮了，但家里没有人。"[6]

我冲浪，故我在

新手冥想者的经历表明，主要问题首先是记得"关注注意"。一旦沉浸在思想中，这种记忆就消失了。根据在前面章节中所学到的，我们甚至可以合理地假设，背外侧前额叶皮质的某些神经元负责记住"认真地监视呼吸"任务定势，它们的活动水平回落，淹没在背景中。但专业冥想者是怎么解决这个问题的呢？与专业冥想者接触过之后，我相信，他们最终变得对注意失控之前的某些线索特别敏感。运动心理学研究清晰地表明，在所有要求对外部事件迅速做出反应的运动中，高水平的运动员通过训练，最终都能够对任何使他们预测行动的信息都非常敏感。[7]对守门员来说，这种信息可能是对手在射罚点球时的位置；对网球冠军来说，可能是对手的发球姿势……类似的例子还有很多。冥想修行很重要的一部分在于避免注意被吸引。因此我们有理由推测，专业冥想者能够辨认注意被吸引之前的迹象，从而提前避免分心。这些迹象十分微弱，但仍然可见，关键是能够辨认它们并做出反应。这可能是主体开始想象和朋友聊天时面部肌肉轻微的紧张，也可能是在瞬间想到即将到来的周末时脖子稍微向前探，还可能是注意被一个声音吸引时耳朵的感觉，或者呼吸细微的变化。比如，传统的坐禅鼓励冥想者注意自己的身体感觉。根据这一传统，身体感觉忠实地反映了心理的变化。这符合神经科学理论中直觉和行动在顶叶中的关系。这些感觉即使转瞬即逝，也还是能指出一段分心时间马上就会出现。所以，专业者很可能知道如何尽早辨认出伴随注意捕获的迹象，在注意被吸引之前做出反应。对新手来说，一切已经太晚了，他的注意已被海浪淹没。行家冲浪，新手随波逐流。

未来的注意测量计

对我们之中没有机会成为冥想大师的人来说，怎么才能更好地集中精力呢？第一个建议当然是向禅师学习，他们也不是天生就是注意专家的：尝试，失败，再尝试，再失败，直到有一天，情况好转了一些。没有人会幻想自己有一天醒来，读完《快速学习小提琴：10 个建议让你变成小提琴家》这本神奇的教程之后，就能把小提琴拉得和国际大师一样好。学习注意也需要付出努力，这很正常。

努力！没错，但怎么努力？必须坐在坐垫上好几年才能让精力更集中吗？这样的话，假如所有关于注意的研究无法帮助人们更好地集中精力，那这些研究还有什么用呢？难道我们不该更加期待 21 世纪的认知神经科学为训练注意力提供迅速（至少是更迅速）的技术工具，而不是依赖几千年前连大脑是什么都不知道的先人所发明的古老技术吗？更何况，这些古老技术无法归结出训练注意的练习，它们首先是一个人整体转变的过程，而注意只是其中一环。然而，数十代杰出修行者勤勉耕耘，甚至常常为此贡献一生，所以我们不要忽视他们通过不断评估和改善获得的方法。

但还是让我们实际一点。现代科技能给注意力训练带来什么？或许是一种在注意动摇时能够迅速、客观地从外部通知主体的手段。比如，只要注意被吸引，或者默认网络被激活，就会引发一个小小的提醒信号；于是，我们会迅速反省自己的表现，就像投出去的纸球落在了垃圾桶旁边时调整自己的表现一样。我们凭借目前对注意的认识，可以开始设计这样的装置。使用者用一种"注意测量计"，在一天中的某些时刻评估自己的"注意"状态，或者训练自己让注意持续保持在某个水平上。注意水平变得和胳膊位置一样直接可见，使用者也许能够学会管理注意水平，甚至找到一种舒适、轻松的长时间保持精力集中的方法。这就是所谓的**生物反馈**原理。我们可以预测，这种装置迟早会出现在健身俱乐部的产品目录上。生物反馈装置能让人直接看见或听到身体中通常难以感知的生理变量，比如心率，甚至是大脑活动。如果这种大脑活动直接反映个体的注意水平，那它就是一台名副其实的注意测量计。

生物反馈技术的发明由来已久。通常，个体成功地控制了装置，也就控制了自己的生理活动，但他并不清楚自己是怎么做到的，也不大明白这些装置如何运行。系统运行顺利，再不知其他。如果你感到惊讶，我建议你做下面这个实验：盯着你的右手食指，然后使它弯曲。你成功了吗？恭喜！你刚才使用了世界上最简单的生物反馈装置，其中"控制变量"就是食指的弯曲度。但你能说出自己是如何做到的吗？你能向别人解释该怎么做吗？当然，需要让手指弯曲，然后呢？……如果不告诉别人弯曲手指，或者让他模仿你的动作，你能向别人解释怎么弯曲手指吗？只需"想要"做到，剩下的就水到渠成了。更复杂的生物反馈装置也不过如此；总的来说，生物反馈装置的策略就是"想要"让测量计动起来，剩下的不需要意识。你的大脑最终会通过试错找到控制测量计的方法，而你无法解释这一切。一个成功的注意测量计应该让人学会像控制手指肌肉一样轻松地控制注意。

真正的困难在于，如何找到能忠实反映注意变化的大脑活动标准。考虑到注意对大脑活动的影响，这看起来还是可能的。但这种标准必须足够可靠、坚定，以便实时直接侦测注意的变化。目前研究正处于这一阶段。我们在格勒诺布尔的菲利普·卡安领导的研究小组中找到一位病人，并在该病人身上使用大脑电视系统（BrainTV）实时测量一个线索，以此随时知道这个病人更注意他看见的东西还是听到的东西。这个线索是在他的顶内沟中测量出的一个 10 赫兹的活动，也就是汉斯·贝尔格在 20 世纪 20 年代发现的 α 节律。某个脑区的 α 节律增强，通常意味着该脑区的活动减弱。在这个顶叶区域中，节律增长意味着顶内沟的活动减弱。你应该还记得，顶内沟参与了视觉注意导向。病人一旦把注意转向房间里的声音，α 活动就增强了。[8] 在另一位女病人身上，我们通过测量下颞叶皮质发出的 50 赫兹至 150 赫兹的 γ 活动，直接观察到她能够对字母产生心理图像。心理成像是最需要集中精力的活动之一：只要精力不集中，图像就会消失（参见图 11.1）。于是，我们又有了一种直接测量注意的方法。

但这两个例子有点"作弊"，使用了造成严重创伤的方法测量大脑活动，在普通人身上不可行。人人都能使用的神经反馈装置应该采用脑电图技术，在脑袋表面贴上无害的小电极。而功能性磁共振成像等其他无害的大脑成像技术价格过于昂贵，无法作为大众化的应用系统。可是，一个脑电图电极接收的信号来自若干功能不同的脑区，所以很难把记录下来的信号和视觉注意、听觉注意、触觉注意，甚至是执行注意的变化联系起来。

尽管如此，研究还是在朝着好的方向发展。再等一段时间，我们也许很快就会在市场上看到第一批名副其实的注意测量计。但不要指望这些设备能全面地测量注意，它们更可能用来专门测量某种注意，比如声音或者图像，就像我们在格勒诺布尔所做的实验那样。

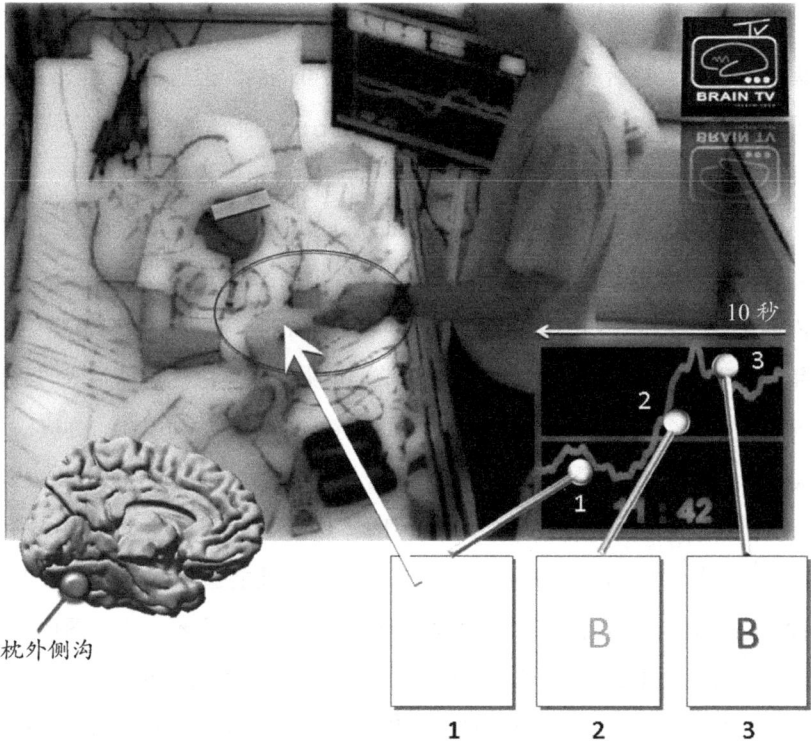

图 11.1　在这个使用大脑电视系统的例子里，女病人正在想象画在白纸上的字母 B 随着她的心理图像形成（1、2 和 3），在女病人的枕外侧沟中测量到的 γ 电生理活动增强。过了几秒钟，她分心了，γ 活动回落到基准水平。

无牵无挂……或基本上没有牵挂

另一种方法是从简单的行为测量出发，侦测注意的下降，而不评估大脑活动。按理说，如果一个人完成需要持续注意的练习，电脑几乎持续地记录他的表现——犯了多少错或花了多少时间，那么这台电脑就能推导出他在整个任务中每时每刻的注意水平，因为按理说，我们越专注，反应就越迅速、准确……按理说。这种方法很有趣，但好几个因素让事情变得复杂，这就是为什么至今还没有能忠实地测量注意的神奇的练习。主要的问题来自学习的影响，因为随着训练深入，被试最终基本都能使整个或部分练习自动化，甚至在不加以注意的时候也能不犯错。此外，这种练习要求被试始终保持亢奋，所以很难把训练转移到更平静的情景中，去寻求注意自身的意义，比如追求注意带来的舒适状态和精神上的平静。

目前，现代技术尚未完全压倒古代技术。再说，根本不需要把传统和现代对立起来。古老的修行可以为训练注意的新工具打下基础。我想起国际观音禅院推行的一个奇特练习。早在坐禅冥想诞生之前，古代朝鲜的传统禅宗就采用这种修行方法：众人集体以固定的节奏朗诵一系列用古朝鲜语写的经文，很幸运，这些经文被用罗马字母记录了下来。修行者手里捧着一本 20 多页的小册子，上面充满了不知所云的单音节词，他需要以固定的节奏和其他人一起一句一句地读，同时合着模糊的韵律。对通晓朝鲜语的人来说，这些文字是意义深奥的佛教经典。而对其他人来说，这主要是为了帮助自己锻炼注意力。每读完一页，每个人都能清晰地看到哪些部分自己认真地诵读过，哪些部分是边想别的事情边机械地跟读的。这正是对注意的持续的行为测量。这种测量方法几乎立刻提供了对注意表现的反馈，随着时间推移，它能让个体的注意更稳定，让他丝毫不走神地读完所有古朝鲜语经文。

电子游戏无法（真正地）改善注意

这是不争的事实：通过训练，一个人可以丝毫不走神地读完所有古朝鲜语经文。这种能力确实有点特殊，但意义重大。最近，法国人达芙妮·巴弗里耶在美国罗切斯特市领导的团队得出一项研究结论：电子游戏能够改善视觉注意力。[9]文章比较了动作游戏高手和不玩动作游戏的人集中视觉注意的能力。沉迷于电子游戏的少年的家长对此并不感到惊讶，孩子们独自面对游戏机时目不转睛的样子足以证明这一点。但这些孩子的专注能力真的高于平均值吗？根本没有确定的答案。我不知道哪项研究表明了电子游戏能够帮助学生在课堂上更好地集中精力。在游戏面前，玩家已经不仅仅是集中精力了，他处于超聚焦的状态中，这种超聚焦的源头是游戏对注意的吸引，尤其是情绪吸引。游戏紧紧抓住注意，就像攀登者紧紧抓住铁索那样。游戏拥有一切能够刺激奖赏回路的必要属性，它甚至就是以这个为目的被设计出来的。任何一个电子游戏设计师都不会开发一款既不令人愉悦也不吸引人的游戏。游戏就应该让人想玩。

然而，一旦游戏结束，现实生活摆在眼前，玩家就必须把精力集中在对奖赏回路来说不那么令人兴奋的刺激上，比如做功课。攀登者只能在没有缆绳和梯子的情况下爬上岩壁，奖赏回路不再紧紧抓着玩家的注意……它放手了。学习集中精力的正确方法应该是让注意固定在平平淡淡的中性刺激上。因此，电子游戏无法训练注意力，至少无法有效地训练注意力。无聊的游戏才能做到这一点，但谁会买呢？我们的先辈在构思通过冥想训练注意力的方法时就已经明白了这个道理。还有什么事情比自己的呼吸或古朝鲜语写成的经文更无聊呢？相比之下，不管什么课程、什么会议，都会更有趣、更吸引人。能够在几个小时里持续把注意放在自己的呼吸上，这就是练习集中精力的正确方法之一。然而，这还不够，因为控制注意超越了简单的集中精力，它是一门精妙的艺术，我们只看到了其中一面。接下来就说说其他方面。

注释

[1] Cheng W. F., Collet H., *Ah! Le printemps, le printemps ah! Ah! Le printemps. Haikus de printemps*, Millemont, Moudarren, 1991, p. 78.

[2] Christoff K. et col., "Experience sampling during fMRI reveals default network and executive system contributions to mind wandering", *Proc. Natl. Acad. Sci. USA.*, 2009, 106, 21, p. 8719-8724.

[3] Low A., *Hakuin on Kensho: The Four Ways of Knowing*, Shambala Publications, 2006.

[4] Lutz A. et col., "Mental training enhances attentional stability: Neural and behavioral evidence", *J. Neurosci.*, 2009, 29, 42, p. 13418-13427.

[5] Slagter H. A. et col., "Mental training affects distribution of limited brain resources", *PLoS Biol.*, 2007, 5, 6, p. e138.

[6] Smallwood J. et col., "The lights are on but no one's home: Meta-awareness and the decoupling of attention when the mind wanders", *Psychonomic Bulletin & Review.*, 2007, 7, p. 527-533.

[7] Moran A., *The Psychology of Sport Performers: A Cognitive Analysis*, Hove, Psychology Press, 1996.

[8] Jerbi K. et col., "Task-related gamma-band dynamics from an intracerebral perspective: Review and implications for surface EEG and MEG", *Hum. Brain Mapp*, 2009, 30, 6, p. 1758-1771.

[9] Green C. S., Bavelier D., "Action video game modifies visual selective attention", *Nature*, 2003, 423, 6939, p. 534-537.

12

控制注意：一门艺术

春夜，
用一支蜡烛
点燃另一支蜡烛。

——与谢芜村 [1]

到目前为止，我们只讨论了对**集中精力**的训练。这当然是注意力训练的核心部分，但还不够。你也许能长时间地快速奔跑，但如果弄错了方向，那就是白费力气。同理，只有当你知道如何使用注意力时，它才对你有用。否则，你就会像古希腊数学家泰勒斯一样——柏拉图说有一天他过于关注天空，结果掉进了井里。[2]他的精力多么集中！但他又是多么不注意……

正如这个故事所说，日常生活中大部分"不注意"的错误都并非来自错误的注意力。通常，错误来自错误的注意**规划**；或者因为我们不够注意，其实本来很容易做到（错误的**强度**）；或者因为我们没有把注意转向它应该在的地方（错误的**目标**）；还可能是因为我们没有在正确的时刻注意，或者注意时间不够长（错误的**时机**）。这通常是一些短暂但没做好的小动作，比如打碎杯子，忘带钥匙……你有没有想起点什么？如果有人提醒过我们好好注意杯子或记着拿钥匙，我们也许就能集中足够的注意，不会在洗杯子时打碎杯子，也不会忘带钥匙。所以，问题不在于我们专注的能力，而在于我们**如何规划**注意的能力。这些问题每每出现在我们低估了任务的难度，以及没有正确使用执行系统的时候。注意随心所欲地前进，没有特定的方向。即使存在训练注意力的装置，我们还是会继续打碎杯子或忘带钥匙。肌肉再发达，假如不使用也毫无意义。控制注意不单单是一种肌肉锻炼，更是一门艺术。

瞄准正确的目标

强度的问题也许是最容易解决的。只要在行动之前花几秒钟迅速评估一下任务的难度和需要付出多少注意就可以了。目标的问题，即**正确地确定注意什么**，其实更棘手。仔细想想，你就会同意我的看法：我们在日常生活中需要解决的大多数问题都很模糊，没有清晰的注意目标。日常生活中的任务并不总是伴随着清晰的指令、任务定势和注意定势。我们一般都能好好解决洗餐具的问题，因为这项活动很简单，即使偶尔也会打碎杯子或盘子。然而，当活动更复杂一些时，行动余地往往远超出预料，于是自然而然会出现选择的问题。如果目标不正确，我们就有可能出错。那么，应该注意什么目标呢？

让我们来看看在钢琴课上被批评不够专心的孩子。准确地说，他应该注意什么呢？当然是钢琴课：这个孩子不应该沉浸在其他有趣的幻想中。现在他的注意总算固定在课堂的总体背景上了，这时他到底应该注意什么呢？无论对孩子还是大人来说，简单的"注意"指令非常不具体。对大脑来说，这更像是"不要做什么""不要想什么"的说明，而不是真正的"应该做什么"的指令。孩子的大脑里充斥着各种属性的信息：钢琴、键盘、乐谱、手指在琴键上的运动在视网膜上留下的图像；手指接触到乐器时的感觉；运动和手脚按压产生的身体感觉；感受自己身体的感觉；当然还有音乐，每个音符和它们连起来时产生的声音；他感受到的情绪，以及老师的评价。在所有这些信息源中，他应该在什么时候优先处理哪一个或哪些信息呢？比如，老师为了帮助学生，可能会建议他优先注意手的感觉。那么，这指的是手指的感觉，还是手的总体感觉？是移动手指、感受速度的运动感，还是手指越来越灵活的愉悦感？注意的潜在目标有无数个，这既是一个难题，也是一笔宝贵的财富；我们可以通过每次改变注意的角度，不停地重温同一个场景或同一种表现。永远相同，却又永远不同。多么神奇！多么复杂！

每一种感觉都可以被分解为更基础的感觉，直至达到最基础的感觉接收器的处理极限。所以，注意可以落在不同的感觉水平上，从最精细的基础感觉接收器水平到更总体的感觉联合区水平——在联合区水平，重要的不是刺激的物理特征，而是它的意义。正确地确定注意的目标也是确定把注意放在哪个水平上。于是，控制注意就不再是让注意从一个水平流畅地转向另一个水平，而是变成了每次都把注意放在**正确的水平**上。

从局部到整体

举个具体的例子：在视觉中，最精细的水平是由初级视觉皮质决定的。如果你想完美地记住眼前的图像，那么你应该注意的地方，它让你准确地想起 Elsa 这个名字里每个字母的弧度、字母 E 每条线的倾斜角度和字母 s 的弯曲度，当然还有 4 个字母的空间位置。我建议你做下面这个实验：读完这段的剩余文字，认真搜索可能存在的错别字[1]，然后再回到这句话。最终，你记住了什么内容？理论上，你应该没记住什么。当你注意错别字时，你自发地把注意放在了更局部的水平上；而当你理解文张内容

---

[1] 仔细找找，真的有错别字！——编者按

时，你会把注意放在更整体的水平上。在第一种细结水平上，你很难明白文章的意思。要真正地理解这一段在说什么，需要激活布洛卡区和威尔尼克区内部的区域，而此时它们的活动减弱。反之，当你轻松自然地阅读一篇文章时，停留在最精细的分析水平上并不十分有利。[3]你在此之前读的最后一篇文章使用了哪种字体？那篇文章里也有错别字吗？有几个？你真的注意错别字了吗？

现在读下面这句话："我错写了个一字。"[4]这句话尽管字序混乱，但还是可以辨认，并不难读出意思。但你能凭记忆按顺序写出这句字序混乱的话吗？理论上很难，因为你读这句话的时候没有真正地注意字的顺序；但如果现在根据新指令重新读这句话，你就会把注意放在更精细的水平上。对大多数人来说，注意不会自然而然地落在细节水平上。如果你没有从童年时代起就通过听写和默写养成发现错别字的习惯，侦测就不是自动化的，错误不会跃入你的眼帘。你必须在拼写层面上特别注意，才能写出正确的词语和句子，但这种注意不同于你写出大脑里突然出现的话时的注意。再一次，你可能精力非常集中，但还是会犯下不专心的错误：注意稳妥地落在写作上，却不在侦测拼写错误的正确水平上。

还有很多其他例子。比如"听某人说话"是什么意思？如果你在听对方说话时把注意放在他的口音或音调等声音细节上，你可能很难理解并重复他所说的话，因为你的注意不在理解这些话的意思的正确水平上。当你把注意转向音调时，你主要使用右颞叶；而当你注意对话的意思时，你主要使用左颞叶。根据你注意的水平不同，工作的大脑区域也不同。[5]同理，你可能经历过这种场景：星期一早上，你觉得同事的相貌有点变化。他换了发型还是剃了胡子？都不是，他只是换了一副眼镜。你发现有点异常，他的脸上有类似于"错别字"的东西，但你不知道是什么，因为你平时注意的是脸的整体。用阅读打比方，你通常注意的是脸的意义——它的面部表情或审美质量，而不是脸的拼写——它的具体组成部分。注意会选择优先处理对局部或整体敏感的大脑区域活动，并根据这一点，促进对环境的局部感知或者整体感知。因此，我们有时注意世界的细节，有时正相反，关注整体的组织方式。让我们回到孩子和他的钢琴课上，你现在明白了，他的问题不单单在于把注意**放在哪里**，还在于**放在哪个细节水平**上。如果学琴的孩子把注意放在过于局部的水平上，比如他的右手，他就永远无法进步，就像一个抛球杂耍的人只盯住一个球那样。小钢琴家需要在整体上注意他的两只手，如同杂耍的人需要注意所有的球。为了做到这一点，他的大脑要么把双手组合为一个物体，也就是说把它们变成一个注意目标；要么将注意迅速地在两个物体间转换，一秒钟变换好几次。[6]

行家里手的秘密

说到底，应该将注意放在哪个水平呢？这个问题没有固定的答案，一切取决于你对要完成的任务有多熟练。事实上，好几项研究表明，在学习过程中，注意的水平会发生变化。一般来说，和新手相比，行家会把注意放在更整体的水平上。新手眼中的"两个东西"对行家来说只是一个。我们还是以阅读为例。小学生从学习辨认一个个字开始，然后把字组合起来变成词，念出："旋……转……"习惯了一些之后，他接下来会学习把词组合起来变成词组："旋……转……木……马……"最后，他能够像大人一样，以整体的方式阅读，一下子认出词组，不再需要把字拆开。在这种熟练程度下，大脑左半球的阅读系统读"旋转木马"和"马"所需要的时间是一样的。阅读时间不再取决于字的数量，除非面对的是新词汇或不认识的人名。[7]归根结底，小孩子的大脑认为"旋转木马"是四个并列的单元，而大人的大脑认为这是一个单元。当然，专业的阅读者也有可能经常回到更局部的分析水平，以便搜索拼写错误、练习书法或读出一个新单词。自然而然地，在学习阅读的过程中，越来越整体的水平将逐渐成为注意的对象。

注意位于最高水平

注意水平随着熟练水平从局部向整体前进，这是一个普遍现象。不管是学习运动还是演奏乐器，行家总是比新手注意更整体的水平。[8] 初学者在学习弹钢琴或打网球时，应该首先注意动作所有的组成部分，一个一个地学习，直到在多次练习之后，将不同的组成部分最终组合起来，形成整体的动作。[9] 动作从此变成了习惯。从神经元的角度来看，这种学习过程相当于在大脑运动区的内部形成了一个小小的超高效神经元网络，这一网络完全用于完成相关动作或动作的衔接。[10] 于是，这些网络构成了程序单词表，行家的大脑能够自由地把它们组合起来，形成复杂的链接。比如，口语的习得就是一种发音程序的学习。正如我们所知，它的程序单词表由字典里的词汇构成，孩子学习把词汇组合成句子。对学习网球的人来说，这些程序就是不同的网球击打方式，变化多端。一旦一个复杂的动作有了自己的神经元网络，注意就能直接落在这个网络上，一下子激发网络的活动。在达到这种水平之前，执行动作需要好几个网络的协同配合，每个网络对应于动作的一个组成部分。为了注意自己的动作，新手需要注意每个网络，同时遵守它们的时间顺序，这大大地增加了执行系统的工作量。这就是为什么新手司机不敢边开车边说话，而有经验的驾驶员完全能够做到。对习惯开车的人来说，改变速度其实根本不需要加以注意；而初学者需要依次注意这一动作的每个元素："把手放在变速杆上……踩离合器……变速……松开离合器。"

257

总的来说，行家能够以较少的注意完成同样的动作，这使前额叶皮质能够腾出精力考虑其他元素，而手忙脚乱的新手完全顾及不到。比如，职业钢琴家可以边高声重复广播信息边看乐谱，初学者根本做不到。[11]职业钢琴家能"一心二用"，是因为他是从整体水平上分析乐谱，也就是在音符衔接的水平上读谱，而不是在音符的水平上，就像读一篇文章那样。对他来说，对每个衔接的认识就是一个简单、统一的程序，几乎不需要注意，就像我们阅读单词、走路或开车时变速那样简单。通过多年的训练，高水平的音乐家或运动员能够专注于战术、策略或艺术等复杂的方面，而不再是技术本身。[12]

通畅无阻的注意

一旦学会动作，大脑就会将其视作一个整体，注意唯一的目标。只要愿意，行家还是能够把注意放在动作的某个组成部分上，但可能会损失流畅性和高效性。运动生理学研究表明，把注意放在完全自动化动作的一个组成部分上将导致效率降低，甚至阻碍动作的实现，这就是所谓的"分析引起瘫痪"。[13]动作变得支离破碎，缺少连贯性。我知道最好的例子就是学习列队行进的士兵。当士兵行进时，他需要出左腿时抬右胳膊，出右腿时抬左胳膊。这和我们平时走路完全一样，只是胳膊的动作幅度更大、姿势更严格，胳膊和腿的动作也需更协调。我记得自己是在服兵役的时候理解了什么是"精神失调"，指的就是在最初的学习阶段经常因多虑导致的"精神失调"现象：士兵开始分别检查走路动作的每个组成部分，以便确定自己做得对不对。由于注意落在过于"局部"的水平上，动作被解体，很多士兵都不会走路了：在战友的嘲笑声中，他们同时出右胳膊和右腿，或同时出左胳膊和左腿，就像机器人那样。同样的现象也会出现在运动动作的执行中。西恩·贝洛克和他的团队成功地让职业足球运动员"精神失调"：他们要求足球运动员尽可能快地用脚盘球绕过障碍物，同时专注于脚和球的接触；足球运动员必须随时说出自己刚才是用脚内侧还是外侧接触球。在这种情况下，足球运动员盘球的速度降低，远没有平时那么流畅。他们的注意当然落在动作上，但水平过于局部。大脑看不到动作的整体结构，就像抛球杂耍的人集中精力于一个球或右手。[14]当注意优先处理运动的某个组成部分时，整个动作就失去了协调性，如同在新手眼中，动作分解成了并列的独立运动程序。同样，执行系统中本来应该休息的某些区域，尤其是扣带回和外侧前额叶皮质超负荷运行。这个现象经常出现在因压力过大而"崩溃"的运动员身上，比如在罚点球时或网球决胜局时。[15]

我们都是日常生活的专家，自然而然地倾向于从整体上注意自己熟悉的东西或习惯做的事情。例如，当我们准备洗餐具时，它在大脑中只是一项任务，即使这项任务实际上包含多重层面，因为我们要清洁并冲洗 4 把刀、4 把叉子、4 个勺子、4 个杯子、4 个盘子……如果我们把每个活动都拆分开来，生活很快就会变得难以承受。整体注意使我们免受周围环境可怕的复杂性的困扰。想想吧，这本书中有近 20 万个字！然而，你觉得自己正在读"一本书"，而不是数十万个字构成的清单。如果你的注意滞留在文章中每个字具体的笔画上，那你将面对重重困难，甚至无法读到这一页的结尾。

下次坐电动滚梯上楼的时候，我建议你做下面这个实验：观察最高处正在消失的最上面一级台阶，然后继续观察下一级，每次都要好好注意每一级台阶如何消失——台阶如何开始慢慢淹没在金属板下，然后是中间部分，直至全部消失。等你到达顶部时，可能会觉得在电梯上待的时间比平时长。如果你觉得时光流逝得太快，那你现在知道了一个在电梯上留住时间的技巧。

通过自然而然地注意整体结构，我们简化了对世界——对"我们的"世界的感知。这个世界变得没那么复杂了，可能也没那么丰富了，但更容易掌握，这对我们此时此刻的心情产生了不可忽视的影响：多项研究表明，当我们感觉幸福的时候，使用的是更整体的注意模式！[16]这就是英语中所谓的"全局"（The Big Picture），即我们通过整体的注意模式，对世界和自身行为产生的整体印象。

自闭症，注意问题？

如果没有这种整体注意模式，我们就只能躲在平静、稳定、可预测的环境中，局限在自己能够控制节奏的简单活动里……的确是安全了，但我们从此与世隔绝，躲开了日常生活倾泻的信息洪水，就像患上某些自闭症的症状。这种相似性没有逃过自闭症专家的眼睛，他们在这种发育障碍病症中看到了注意问题。著名的心理学家乌塔·弗里斯在"脆弱的中心连贯性"理论中坚定地捍卫了一种观点：自闭症源自注意对细节的偏向和以整体方式考虑事情的困难。[17]简单地说，弗里斯认为，人人都看到了森林，自闭症病人只看到很多树。孰因孰果？这个问题引起了争论。不管怎样，还是有很多自闭症患者展示出了对细节的自发性超聚焦。你也许看到过斯蒂芬·威尔夏的画，这位自闭症艺术家能够在乘坐直升机环绕纽约20分钟之后，细致入微地重现纽约全景。在我们看到一座大楼的地方，斯蒂芬·威尔夏看到的是一个平行六面体，上面有25层楼，每层12扇窗户。

然而，这种对细节的偏向是有代价的。如果一个自闭症患者把一张微笑的脸感知为两只眯着的眼睛和一张嘴角上翘的嘴的复杂组合，同时伴随着脸颊肌肉的紧绷，那他将如何面对一个简单社交行为背后纷繁复杂的情感？自闭症的例子揭示了我们对世界的知觉在多大程度上取决于注意的水平。我们越是注意细节，看待世界就越准确、严谨，但世界也就越复杂。所以，知道如何在每时每刻自我调整、选择注意的最佳水平是很重要的。

无为

洗餐具的例子表明，我们能够避开过于局部的注意的陷阱。但事情总是这样发展的吗？我们的注意总能落在正确的水平上吗？我们是不是有时也会"精神失调"？我们都是日常生活的专家，没有奖牌的高水平运动员，把大多数时间花在完成固定的运动、情绪和认知任务上。这些任务我们在生活中已经重复了成百上千次，以至于负责灵活调整行为、打破常规的额叶的执行系统，并不像我们设想的那样经常被用到。在一篇关于大脑损伤的文章中，美国神经心理学家罗伯特·奈特和马克·斯波西托提到，即使额叶退化，有时也需要很长时间才能最终改变病人的生活，尤其当这个病人过着千篇一律的日常生活和职业生涯时。[18]所以，尽管我们有时候考虑不到，我们面对世界的行动和反应方式通常是可预测的、有固定模式的。况且，这些固定模式构成了人格的基础。当我们认识的人采取不符合常规的行动时，我们会感到惊讶："这可不像他！"当某件事情连续运行几次，不管是行动方式还是思想方式，不管是反应方式还是感受方式，大脑会自然而然地重复这件事情，使它自动化，这就是"费力最小原则"。这些自动化的程序不需要关心所有细节，大大减轻执行系统的负担。回忆一下在前面第十章提到过的埃德尔曼和托诺尼的名言："我们对行动有意识的控制只在几个关键时刻发挥作用，也就是需要明确做出选择或制定计划的时候。"

但事实真的如此吗？上面这句话模棱两可。事实上，结合奈特和斯波西托的结论，埃德尔曼和托诺尼真正想说的是：有意识的控制只需要出现在关键时刻。我们很可能滥用了这种控制能力，在完全不需要的时候使用了它，也就是说，在固定模式足以应对的情况下使用了它。荷兰研究者克里斯·奥利弗和桑德尔·尼乌文赫伊斯通过著名的注意瞬脱实验研究了66个被试的表现，观察到被试一边听音乐或一边想别的事情时，更容易侦测出第二张图片。[19]这个令人惊讶的结果证实了两位研究员的猜测，他们本来就觉得人们在**轻度分心**的状态下能更好地完成任务。海琳·斯拉格特和安托万·卢茨对冥想在相同实验中的作用进行了研究，也得出了与上述吻合的结论；在这种任务中，注意的最佳水平似乎不是强度最高的水平。[20]在某种程度上，可谓过犹不及。最好的表现出现在执行系统轻度放开控制，放手让固定模式工作的时候。奥利弗和尼乌文赫伊斯认为，在高水平运动员和音乐家身上经常观察到类似现象，即著名的"分析引起的瘫痪"。迫切想要"做到最好"的过度焦虑感引起极其强烈的控制意愿，以致大脑整体紧张，注意过于集中在局部水平，最终导致协调性受损、速度降低。反之，如果放开执行系统对固定程序的控制，大脑就能避开陷阱，让行为变得更流畅。

日常生活也是如此吗？由于我们大部分固定行为效率很高，奥利弗和尼乌文赫伊斯的结论让人认为，最好"任由"固定行为运行，而不要试图不计代价地控制它们。我们再一次回到第十章关于注意自主控制的结论：这种控制感通常是"事后"幻觉，我们的大部分行动和思想太过迅速，说不上真正的自发行为。在这种条件下，最好限制执行系统，让它安静地扮演运动、认知行为的观察者。这是一种整体注意模式，避免注意过度集中在某个细节上，不打破固定模式的协调性。我们的行动仍然在执行系统的控制之下，但这种控制是轻度的，只是为了确认"一切正常"。中国道家文化称这种控制状态为"无为"，可以被理解为"自然的行动"或"不需要费力的行动"。执行系统像园丁看守树木那样看守大脑的总体运行，只在必要的时候稍稍触碰。"无为"的状态处于导致行动瘫痪的自发紧张状态和任由习惯与环境主宰行为的全面控制状态（如额叶受损的异肢综合征病人的表现）中间。在某种程度上，中间位置恰到好处（参见图 12.1）。

这种潜在的最佳注意状态也接近于佛教传统中所谓的"**正念**"（Mindfulness），通常被描述为"不以自己的意识体验为转移，采取全盘接收的态度"。[21]最近，对"正念"状态感兴趣的认知神经科学研究者还使用了"开放监控"（Open Monitoring）这个术语。[22]主体觉察或监视身上出现的各种性质的感觉，既不沉浸其中，也不试图控制它们。不与自己的感觉战斗，而是顺势而为，就像有经验的水手顺风顺水地前进。[23]这些感觉可以来自外部世界，也可以来自想象；可以是感觉的，也可以是情绪的，无所谓；唯一重要的是它们出现了，不要任由它们吸引注意。正如白隐禅师所说，精神既不应依附也不应舍弃任何感觉的实体。[24]所以，注意应该保持相当精妙的平衡状态，维护自身的整体性。这需要避免任何形式的吸引，吸引会把注意带到局部水平上，使人忽视感觉和行为的整体协调性。我想到一个图景：我们手里拿着一把扫帚，使它在垂直方向上保持平衡；控制扫帚不需要使用蛮力，但需要专心、轻度而持续地监视扫帚是否垂直。控制注意和控制扫帚一样，需要的只是稍稍触碰。

由此可见，注意训练超越了简单的肌肉锻炼。和任何一种体育活动一样，力量是必要的，但技术也扮演着重要的角色。学习集中精力时，力量不是一切，还需要知道把注意放在正确的目标上，灵活地调整注意至正确的细节水平，根据要完成的目标或多或少地从整体上注意。多么复杂的程序！这还不是全部，因为我们还需要解决时机的问题。

图 12.1　两种注意水平，两种生活经历

一个人走在街上，看到了一个朋友，并打了招呼。他背上的发条是为了提醒他，在大部分时间里，人们的行为由一系列自动化动作构成：走在街上，暗暗思考，看到朋友时做出反应……这些行为依次进行，不需要我们介入。在这种情况下，这个人的注意被他的朋友保罗引发的思想吸引了（小圆圈内），有可能陷入"分析引起的瘫痪"之中。但这个人能够在时间和空间上扩大他的注意范围，在其中加上整体背景，以及行动和反应（尤其是情绪反应）之间自然的衔接（大圆圈内）。尤其，他意识到了推动自己的那股冲动。改变观点实现了更柔和、更放松的自我控制模式，就像帆船在平静的天气里航行。

正确的时机：在时间上规划注意

　　确定正确的注意目标之后，我们还需要选择在什么时候注意，注意多长时间。通常，我们难以集中精力是因为大脑试图执行一条混乱的指令，它把好几项任务掺杂在一起。这个问题源自糟糕的注意规划。举个例子：你坐在电脑前写报告（任务 A），同时等待着一个重要的电话。你不知道电话什么时候会响，但知道到时候必须准备好接电话，有条有理地进行对话（任务 B）。这两个任务有不同的目标、"游戏规则"和任务定势，你需要保存在工作记忆里的信息也有所不同。由于担心对话效率不高，你开始有意无意地做准备，记住自己一会儿要说什么，以至于降低了写报告的效率，似乎期待电话"汲取"了你的注意。你的大脑执行混乱、模糊不清的任务定势，把两个互相干扰的任务掺杂在一起。

心理学家亚瑟·杰西尔德在 20 世纪 20 年代发表了一项研究成果，从此，研究执行系统的专家逐渐对这一现象愈发熟悉。杰西尔德发明了一种名为"任务切换模式"的练习。在练习过程中，被试需要经常从一个任务转向另一个任务。[25]比如，被试看到屏幕上依次出现字母，然后根据字母标注着上划线或是下划线回答不同的问题。如果字母标注下划线，就回答问题 A："这个字母是元音还是辅音?"或者如果字母标注上划线，就回答问题 B："这个字母是大写还是小写?"练习的关键把戏在于，杰西尔德能够任意改变规则，然后测量规则变化对被试的反应时间的影响（参见图 12.2）。这也是你在"写报告"和"准备接电话"之间切换时所面对的情景的简化版。

巧妙的实验证实，被试在从一个任务转向另一个任务时回答速度变慢，这就是**切换成本**（switch-cost）。[26]这有点像政府换届。此时不应该过快地提出过多的要求，新的领导团队需要先了解档案。我在几章前已经讲过，在大脑层面上，前额叶需要中断记住第一个任务指令的神经元的活动，以便激活记住第二个任务指令的神经元，这就是切换成本的来源。重新规划需要的时间取决于任务的复杂程度，在最简单的情况下需要几十毫秒，面对复杂的任务时甚至需要几分钟。

在两个任务之间切换还表现在注意层面上，通过在两种注意定势之间进行切换完成。大脑处于一种对任何跟两个任务有关的信息都超敏感的状态中。比如，当一个人从注意面孔的任务切换到阅读任务时，他的视觉皮

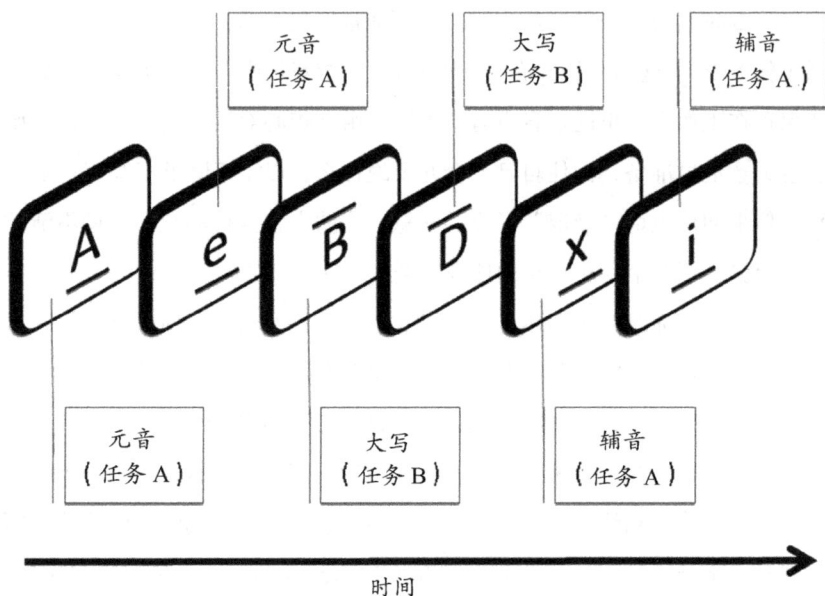

图 12.2　改变任务实验

横线在字母下方时，被试需要回答这个字母是元音还是辅音（任务 A）；横线在字母上方时，被试需要回答这个字母是大写还是小写（任务 B）。这两条规则迅速切换，导致练习非常困难。

质中对面孔敏感的区域仍然保持非常高的敏感度，即使大脑已经不需要它们工作了。这个人会不自控地继续注意面孔。[27]这就是为什么在等电话的时候，即使你正在写报告，最微弱的电话铃声都会引起你的反应。你的执行系统不允许你完全集中在写报告上。不用考虑过去和未来，全身心投入当前的活动之中，再没有什么比这更高效、更舒适的状态了。

过去的重负，未来的焦虑

亚瑟·杰西尔德和他的后继者们做了大量研究，揭示了两个有趣之处。首先，当被试提前知道什么时候改变任务时，切换成本明显降低。所以，提前准备电话内容是有意义的。不过，这种监视状态也需要付出代价。因此，通过比较被试连续遇到"AAAAAA"（连续 6 次遵守规则 A）和遇到"AAAAAB"情况时的不同表现，我们发现，在第一种情况下，当被试知道自己永远不会碰到任务 B 时，他能更快地完成任务 A。换句话说，单单是"知道"接下来要改变任务，就足以干扰被试完成当前的任务。在第二种情况下，他的大脑开始提前规划任务定势 B，以便降低从 A 到 B 的切换成本。被试无意识地使用了某种混乱指令，把指令 A 和可能出现的指令 B 掺杂在一起，即使他现在只需要做A。未来会干扰现在。同理，在"AAABBB"的情况下，被试完成任务 B 时不如在"BBBBBB"的情况下轻松。做过的任务 A 干扰了他做任务 B，似乎大脑在等待确认不再需要任务定势 A，然后把它从规划上彻底删除。这一次，过去干扰了现在。不管干扰来自过去的任务还是未来的任务，在这两种情况下，大脑会记得两个互相干扰的任务定势，执行系统会犹豫自己应该做什么，这种犹豫需要付出代价。

六个建议帮助你轻松切换

所以，你的错误在于面对着电脑，却想着打电话，把两个复杂的任务混合起来，没有在它们之间制定清晰的时间界限。由于你能够预测下一步行动，"接电话"任务侵占了"写报告"任务的时间；两个任务部分重叠，最终互相干扰。下面一些方案也许能帮助你避免干扰效应。

第一个方案："安抚"你那为接电话而忧心忡忡的执行系统。只要还没接电话，你的扣带回就会让一切精力集中在写报告上。所以，你必须在两项活动之间划分清晰的界限。如果你大概知道对方什么时候会打来电话，就可以提前几分钟离开电脑，做一下准备，这段时间专门用于制定对应于第二项任务的任务定势。你也可以迅速记住报告写到了哪里，自己还需要做什么，以此提前中断第一个任务定势的活动。关键在于解放你的工作记忆，从而防止"写报告"在打电话期间占用你的注意。

第二个方案：如果你不知道对方什么时候打电话来，那最好不要边等待边投入一项非常复杂的任务之中。你可以把复杂任务替换成一系列任务定势更简单的短暂任务。如此一来，你可以轻松地放弃这些简单任务，把它们的任务定势换成准备接电话的任务定势。如果这是一些极为简单或自动化的任务，比如收拾写字台，你甚至可以边准备接电话边收拾。

第三个方案对控制力有更高的要求。你可以把第一个任务——写报告——分解成一系列简单的小任务，它们的任务定势也很简单，比如构想一个小标题或在网上搜索一条需要的信息。于是，你回到了第二种情况。如果这对你有帮助，你还可以把这些小任务该如何组织、直至最终完成报告的计划都记下来。你只需要在挂上电话之后查看一下，就能迅速提高效率。这是一种改善生产力的经典"小窍门"。[28]

第四个方案是把写报告换成任务定势与接电话十分相近的活动，比如一项围绕同一个主题的工作。在工作记忆之中，这两项活动要求同样的储存信息。如果电话是关于计划Z的，那么在等待接电话时研究一下这个计划是明智的选择。

第五个方案最大胆：接受事实，你在电话铃声响起时还没完全准备好，在对话开始时还需要时间回忆文件。如果你不需要给对方留下才思敏捷的印象，那为什么要做出对文件的所有元素了如指掌的样子呢？这样一来，你可以沉浸在第一项任务之中，直到电话铃声响起。

最后，你当然可以一边心平气和地喝茶或咖啡，一边等待电话铃声响起。这是第六个方案，也是最轻松的方案。

不管怎样，学会在时间上正确地规划注意非常有用，一件事情，接着另一件事情，以尽可能流畅的方式完成所有任务。

如何同时注意两件事情

那些能同时注意两件事情的人是怎么做到的？不要被表面现象迷惑了。在大多数情况下，这些人并不是真正地同时注意两件事情：要么是因为两件"事情"其实只是一件，如同玩杂耍的人同时盯着好几个球；要么是因为其中一件事情是完全自动化的活动，可以丝毫不加以注意地完成。就像我们在这一章开头看到的那样，跟新手相比，行家会注意更整体的水平。我再说一遍，对新手来说的"两件事情"对行家来说通常只是"一件"。所以，行家自然能更轻松地同时注意好几个目标，因为他不把它们看作不同的目标。此外，通过不断重复，大脑最终能使某些任务自动化，甚至几乎不需要注意就能完成。根据沃尔特·施奈德和理查德·谢夫林在20世纪70年代的研究，我们知道大脑能够把注意转向第二项任务，同时不影响自动化任务的表现。[29]在习惯和训练的作用下，同时注意两件事情是完全有可能的，比如边开车边聊天，甚至边听写边读另一篇文章。[30]

除了这些经过长期学习才有可能实现的情况之外，人们很少能真正地同时注意两件事情。不要相信习惯说法，"同时"并不一定意味着"在完全相同的时间里"。我们可能觉得一个人同时注意两件事情，其实他只是让注意在两件事情之间切换。在这种情况下，这个人依靠高效的执行系统，获得了同时进行好几个行动的能力。他的执行系统能在时间上以最佳方式规划注意，根据刚才提到的任务切换机制，从一个任务转向另一个任务。一切关键在于**抽样**。

注意的管理——抽样问题

"抽样"概念是注意的时间规划中一个重要组成部分，值得大家关注。从实验的角度来说，抽样指的是一个现象被测量的频率。一个研究某地气候的科学家每天测量气温，他的抽样频率就是"每天测量一次"。记录一个视觉皮质神经元的电生理学家每秒钟测量 30 000 次神经元的电活动，他的抽样频率是 30 千赫，也就是说 30 000 赫兹或每秒钟测量 30 000 次。注意管理可以借鉴实验科学使用的一条常识性规则：根据规则，我们测量某个现象的抽样频率应该与这个现象发生变化的速度一致。所以，每秒钟测量 30 000 次室外气温是荒谬的，每天只测量一次神经元的电活动也同样荒谬（参见图 12.3）。这条常识性的规则被哈里·奈奎斯特和克劳德·香农确定了下来。奈奎斯特 – 香农采样原理指出，为了研究一个花费 T 时间从最小值变化到最大值的周期性现象，必须在 T 时间内至少对其测量一次。比如，为了测量海平面随潮汐的变化，需要在落潮和涨潮之间至少测量一次海平面高度。这个原理也适用于非周期性的现象，但需要知道该现象变化的速度。你肯定知道，当自己生病时，不需要每 15 分钟量一次体温。如果你在 10 点和 10 点半分别量了体温，那你就能从它们的平均值中推测出 10 点 1 刻的体温，结果基本正确。这种平均就是"插值法"。同理，你可以从 10 点和 10 点半的体温推测出 10 点 45 分的体温。这相当于在未来使用插值法，这种方法叫作"外推法"。所以，外推法只是一种预测，但是根据过去的观察得出的合理推测。大脑是一个强大的外推器。它从生活中获得了对事物变化速度的精确认识：它知道树的高度增长速度缓慢，热水的温度变化迅速快。接下来，大脑通过简单的外推法，使用已有认识从现在和刚刚过去的时刻推测出未来。于是，大脑再次拥有了预测的能力。

滴答，滴答……精确的注意

大脑的"外推"能力使它能够在时间上高效地规划注意。比如，当你看到土豆在火上慢慢变黄时，你知道自己不需要一直盯着它们。如果土豆在你看的这一刻没糊，那一两分钟之后也不会糊。于是，你有了一两分钟的时间不用盯着土豆，可以干点别的事：瞥一眼烤肉怎么样了，确认你的宝宝在做什么，等等。尽管世界处于永恒的变化之中，但一切变化的速度不同，你的大脑很清楚这一点。所以你不需要以同样的抽样频率监视一切：火上的牛奶有一个监视频率，流淌的洗澡水有另一个频率，生长的植物还有一个频率。有效的注意管理会考虑所有的变化速度，以便通过最佳方式做出调整。这就是**多任务方式**（multi-tasking）的秘密，也就是同时做好几件非自动化任务的能力。

不管你正在执行什么任务，总有一段时间可以停止注意而不影响你的表现。我把这称作"注意平均自由时间"。[31]对于一项日常生活里的活动，在注意平均自由时间里，你可以停止注意，却不会发生任何预料之外的事情，或因此带来任何潜在危险。这也是你能预知的最大极限，超过这段时间之后，你将无法预测会发生什么。

这段平均自由时间决定了注意的频率：按这个频率去注意足以保证一切正常。平均自由时间取决于与活动相关的外部世界元素变化的速度。你通常需要付出足够的注意，以便随时从最近的观察中推测出外界元素在这一刻处于什么状态。熟能生巧。如果你在家看护 2 岁的孩子，你不能让他离开自己的视线超过 2 分钟，因为在 2 分钟里，孩子有足够时间撞倒一盏

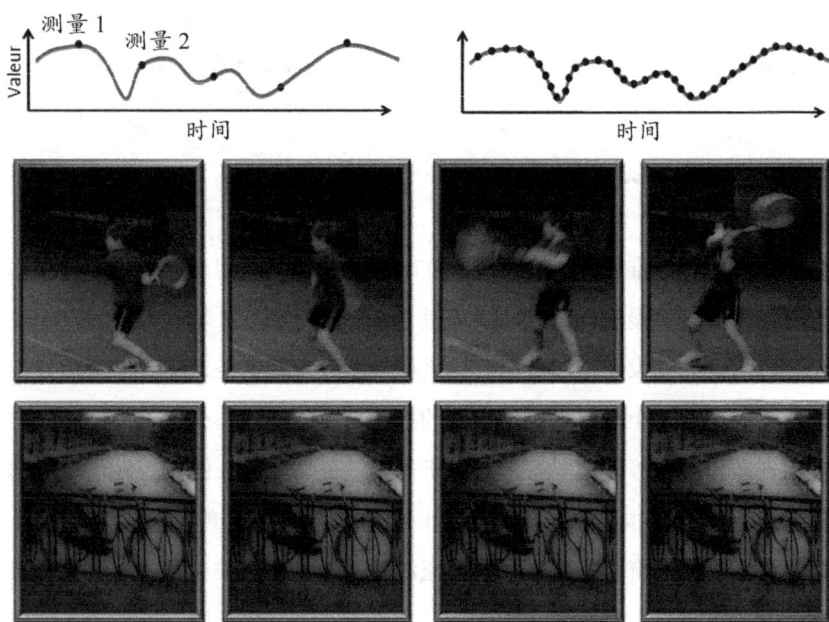

图 12.3 注意和抽样频率

在科学领域里，我们观察或测量某个现象的频率应该与这一现象变化的速度一致。对注意来说也是这样。对平静的街区里靠在栏杆上的自行车的监视和对运动员动作的技术性观察，两者频率不同。

灯或把玩具塞进 DVD 播放器的缝隙中。所以，你定期地拥有连续 2 分钟时间用于做别的事情。这就像一些小小的"注意力药丸"，你可以把它分给除了"看护孩子"以外的其他事情。这段时间很短，但不可忽视。等孩子长大了，这段平均自由时间会延长，小小的注意力药丸会变大，直至你可以打一个长长的电话，甚至出门度假，而不需要过多地担心你的小孩在做什么。

所以，同时做 2 件事情是可能的，即使这 2 件事情都需要注意，只是因为它们既不一直要求注意，也不完全同时要求注意。于是，你只要按照某种节奏，来回来去地注意它们，就可以 2 件事情一起做。图卢兹第三大学的鲁芬·范鲁伦和巴黎第五大学的帕特里克·卡瓦纳其至假设，注意永远不会持续地落在目标上。[32]他们把注意比作频闪观测器：即使你的眼睛紧紧盯着土豆，丝毫不走神，你也只能每秒钟注意 7 次，接近于视觉的搜索频率。由此可见，注意在不停地对世界进行抽样，它摇摆不定，永远停不下来。

几乎没有任何活动要求必须付出持续或近乎持续的注意。比如，当我们听课或听报告时，讲话的人平均每秒钟说 3 个词，这就意味着存在 0.3 秒的注意平均自由时间。理论上，这段时间太短了，不足以走神。不过，这只在理论上的数值，因为你不需要听到每一个单字才能理解整篇讲话。快速阅读的技术表明，只要关注这里或那里的某些词汇，就有可能理解文章或讲话的大意。用数学术语来说，你对文章进行了可观的"亚抽样"，同时没有损害它的意思。你越熟悉对方说的内容，就越容易从几个词语中推测出大意，尤其当你认识这个人，知道他的说话习惯时。如果你被问到讲话者刚才说了什么，你能给出一个八九不离十的答案，即使你在几分钟之前就开始走神了。所以，真正的听讲节奏远低于我们的设想。大脑定期地拥有几秒钟甚至几十秒钟的空闲，在这段时间里，它可以安全地处理其他目标，比如考虑如何安排晚餐。机会一来，大脑一定会这样做。当然，这并不是说大脑就应该如此：持续的注意，比如专注在一段音乐上，会带来无与伦比的身体愉悦和心理宁静。

由此可见，同时做好几件事情的能力通常依赖于大脑强大的外推能力，使它能够在时间上规划注意。一边准备晚餐一边看护孩子的年轻父母正在无意识地进行规划：时不时注意孩子，但不过于频繁。父母在 2 次看向孩子之间拥有了 2 分钟的空闲，在这 2 分钟里，他们可以全身心地准备晚餐，不用担心孩子。如果父母忘了，神经元会发出一个小小的警报信号，提醒他们有点不对劲，应当去看看客厅里的情况……除非他们的注意被别的东西吸引了。

每次一件事情

对我们中的大多数人来说，保持持续的注意需要付出很多努力，这可能是因为我们用力过度，就像前一章提到的那样。不过，如果你要求一个人在屏幕上出现图片时尽快按按钮，你会观察到，他在图片马上出现时的反应比图片在几秒钟之后才出现时的反应快。[33]他的注意水平在几秒钟之后自发地下降，因为大脑天生不会自发地把注意保持在什么都不发生的地方。所以，在时间上规划注意的能力十分重要，因为这种能力能够保证注意在恰当的时机尽可能地集中。

接下来，执行系统应该保证注意随时落在恰当的地方。如果招聘者发现你在面试时看手表，那你很可能得不到这份工作。通过公然地看时间，你向对方发出了一条清晰的信息：就在这一刻，成功通过面试只是你的目标之一。招聘者的态度将变得十分苛刻，因为他对一个事实心知肚明，那就是大脑能够灵活地决定在一段时间里给某些目标绝对的优先权，抑制其他目标。这种状态可以一直持续到达成目标为止，或者在达到目标之前的固定时间里出现——10分钟、2小时……这是一种选择，所以也是一种属于执行系统的注意，即**执行性注意**。这一选择系统大大简化了决策过程：一下子，大脑会议厅里的动静就小了，喧哗声消失，取而代之的是心平气和的讨论，只有某些目标有权发言。一般情况下，大脑会小心记得无数的目标，其中大部分互相干扰：继续阅读这本书，查看朋友回复的短信内容，享受正在听的音乐，在正确的地铁站下车，准时到家……对你的大脑来说，此时此刻重要的不只是这本书，于是你的注意就迷失在这些冲突中。

规划注意的能力使你能够确定一些"简单气泡"，在这期间你可以让自己把精力集中在一件事情上，而不必担心世界会崩塌。在招聘面试期间，得到想要的工作才是最重要的。此时此刻在地铁里，阅读才是最重要的。如果你担心坐过站，可以把精力集中在这个目标上，或者好好规划注意，在读完一段文字之后抬起眼睛，看看地铁到哪里了。在此之前，尽管放心吧，你可以完全专注于阅读，没有任何危险。现在到站了，你还活着，也没有坐过站。

气泡游戏

如果你想知道集中注意的秘密，我建议你学习"吹气泡"。这些气泡是你仅保留一个目标，把其他目标暂时推后的短暂时刻。关键是安抚你的执行系统：把全部精力集中在当前的任务上没有任何危险，其他目标不会受到威胁。在海滩上，俊男美女从你身边走过，分散了你的注意？放心吧，没有人会阻止你在读完这段之后暂时放下书，心无杂念地看看他们———一个气泡接着另一个气泡。但任务切换实验表明，执行系统很难被说服。你需要先让它相信，也就是让你自己相信，暂时把其他目标放在一边，只留下一个目标不会带来任何危险。

如果你从来没有被催眠过，你也许无法理解执行系统准备相信的一切。[34]在催眠过程中，治疗师会和病人约定："听我的话，遵守我的指令，我保证一切正常，不会让你做任何以后会后悔的事情。"于是，治疗师在病人的现实生活中插入了一段空白，而且让病人相信不会造成任何不良影响。有了这个约定，病人同意在有限的催眠时间里任由治疗师决定对自己来说什么重要，并按照病人应有的感觉做出反应。病人的执行系统同意把精力集中在治疗师决定的少数几个目标上，暂时忘记其他目标。在催眠气泡内部，病人的生活变得更简单了；治疗师会照顾一切，他只需要老老实实地跟着做，因为他知道没有任何危险。平时重要的东西不再重要。病人的执行系统始终面对一个复杂多变的世界，现在终于可以好好享受几分钟的休假了。这种现象非常强烈，在催眠状态下就有可能实施，不需要麻醉。在催眠治疗师的建议之下，执行系统不再认为痛苦是一种"错误"，于是不再经受折磨；在生理学层面上，前扣带回停止发出警报。气泡技术是一种极其轻微的自我催眠，目的在于一点一点地简化生活。在提前设定好的一段时间里，只有几个简单的目标是重要的；其他目标将在之后或只有紧急情况出现时才被考虑到。很多日常生活的情景都可以被封装在简单气泡里——做家务、购物、写邮件、整理文件。你完全可以每次只关注一个目标——比如吸尘，并划定一个最长时间——比如 10 分钟。在这 10 分钟里，你可以让执行系统以省电模式运行，只处理已经明确的一个任务定势和一个注意定势。这样一来就能好好休息了……

　　仔细想想，我们把大部分空闲时间都花在了建立小小的简单气泡上。不管是打高尔夫球还是下一盘棋，首先都是给自己一段时间，不去想那些使我们焦虑不安的目标。电子游戏也是一种气泡，限定了一个清晰的空间和时间范围。在游戏时间里，玩家仅仅采用游戏规则制定的目标。为了实现目标而使用的策略决定了在这个范围之内什么有用，什么将吸引玩家的注意。游戏之外的事件丝毫不会影响这种策略，很难使玩家分心。外面天气好不好，现在是白天还是晚上，需不需要为了明天去购物——在玩游戏期间，这一切完全不重要。所以，游戏根本性地简化了玩家的世界，使他需要考虑的信息量最小化。于是，玩家生活在一个微世界里，这个微世界如同被简化了的现实世界。

采集珍珠的技术

气泡技术把游戏原理推广到日常生活中。每个气泡都有一个简单的目标和一段有限的时间。然后，不管是游戏、催眠或是简单气泡，执行系统都会签署一份心照不宣的协议，协议确定了在这段时间里它应该注意什么，忽略什么。这份协议允许执行系统暂时不理会一部分世界，把大部分长期目标放在一边。这么一来，这些长期目标就不会干扰当前的目标，带来一种安定感。目标变少了，人也就暂时从日常的内部斗争和随之而来的错误信号中解放出来。

当然，我们不能无限地让生活中的绝大部分目标保持沉默。所以，气泡从一开始就必须有明确的时间限制。在挥杆打高尔夫球的时候，如果电话响了，你会停下动作去接电话。这就是气泡和自我催眠的一大区别。即使大脑在执行简单明确的计划，气泡是可以爆炸的。注意会一下子飞走，你将重新在复杂的世界里摇摆不定，处处是谈判、协商和妥协……直到下一个气泡产生。但是，如果气泡时间短，它爆炸的可能性就低。拿我自己来说，我知道自己的执行系统喜欢 6 分钟的气泡。6 分钟，也就是 1/10 个小时……这段时间说长不长，说短也不短。一个气泡就是每 6 分钟实现一个目标，取得一场小小的胜利，这很令人愉快。这段时间足以用来洗餐具、晾衣服、读一会儿书，以及做很多其他事情。在气泡内部，你就像一枚直射靶子的子弹，完全集中在自己的目标上。为什么不是 5 分钟，或者 7 分钟？时间长短没有任何神秘之处，应该根据环境的限制做出调整，比如照顾小孩的年轻父母只有 2 分钟的气泡。时间也可以根据外部事件来确定，比如读到这一段结束、地铁到达下一站、打完一局网球，等等。重点是气泡的时间要足够短，好说服你的执行系统同意在这段时间里把所有其他目标放在一边。气泡的本质就是一小段纯粹注意的时间，可以集中在唯一一项活动上。如果气泡过长，你很可能受到其他目标的干扰。你开始逐渐感受到警报信息："我不能忘记买东西""我得给妻子打电话"……

当然，对气泡这一概念的理解不能过于狭隘。它只是为了稍微简化一下世界，方便你在走神时重新集中注意。我想，当你做某件真正感兴趣的事情时，你就自然而然地制造了一种气泡。在此之内，你可以轻松地集中精神，因为其他目标在奖赏回路的作用下自然而然地变得模糊不清了。即使这样，你还是可以每半小时或每小时和自己的执行系统碰碰面，确认一切顺利。你可以在这半小时里轻松地集中注意，同时避免超聚焦的陷阱。

如果你喜欢气泡这个主意，还可以丰富一下技术手段，迅速地用画面来展现自己打算在气泡期间做什么，然后做出决定。这就像要拍一部自己主演的电影。执行系统采用这种方法重新冒出头来，重新审视其他目标，确认自己没有忘记重要的东西。我想起了另外一幅画面，采集珍珠的潜水员每隔一段时间就需要浮出水面换气，然后选择下一个要去寻找珍珠的地方。浮出水面，你就像一位规划长期策略、下达命令的将军；在水下，你变成了严格执行命令的小士兵。采集珍珠者游向他刚才选择的地方，搜索，再浮出水面，就是这么简单。策略，行动，策略，行动。

分解任务

5分钟、6分钟甚至10分钟之内能做什么？甚至来不及购物。不管什么计划都需要几个小时，甚至几十个小时。确实如此，但任何一个计划都可以被分解成更简单的任务。我建议大家读一读戴维·艾伦的《搞定》，他在书里描述了著名的"无压力"生产原理。[35]这是一系列常识性的规则，艾伦成功地把它们集中在一本书里，对不堪重负的管理人员来说非常有效。艾伦提出的建议之一是把每个计划或每个复杂的任务分解成若干物理行动，然后把每个物理行动和一个背景联系起来。根据他的定义，物理行动是一个非常短暂的行动，具体到你可以用画面来展现，比如把堆满办公桌的废纸扔掉、去超市买电池，或者通知同事下一次会议的日期。写报告不是一个物理行动，但拿上一张纸上坐下来，在几分钟之内记录下你能想到的所有关于报告的内容，这就是一个物理行动了。物理行动应该和一个背景联系在一起，所以"买电池"和"超市"的背景联系在一起。艾伦准确地指出，在会议期间，大脑里塞满"买电池"这个目标毫无用处。它只要在超市里被"激活"就可以了。

物理行动不同于戴维·艾伦所说的要做的"事情"（stuff）："我得学西班牙语""我得知道打疫苗的事情""我想成为法网冠军"。这些"事情"是模糊的目标，除了堵塞工作记忆和一旦完不成产生的负罪感之外没有任何作用。"事情"只有在你花时间把它分解成一系列按照时间和背景组织起来的行动时才能建设性地发挥作用：打电话给我的朋友问问如何学西班牙语＋下次进城的时候，去书店里买一本学西班牙语的书＋确定一段时间用来学习课程，等等。

这个方法的一大优点在于，它有意或无意地借鉴了额叶皮质的等级制组织方式。在某种程度上，一系列物理行动对应于最前面的额叶区域喜欢的长期物理行动模式；一个个单独的短期物理行动对应于最后面、最靠近运动皮质的区域所负责的行动；把每个动作和一个背景联系起来的想法参考了定义任务定势的刺激－回应组合原则。这种方法十分自然地把执行系统放入了它喜欢的模式中，这是一个把背景和行动联系起来且规则清晰的简单模式——"如果A，那就做B""如果屏幕上出现一个红色的正方形，按右边的按钮""如果我在超市里，就应该买电池"。戴维·艾伦发明的方法让一部分复杂的生活回到了一个大型的任务定势，在这个任务定势内部，每个背景将自然而然地唤起一个行动，并确定在这个行动期间应该注意些什么。在这段时间里，你处于一个当前的气泡之中，可以把全部注意集中在正在进行的行动上，不用担心过去或未来。你的执行系统放下心来，允许你完全关注在此时此刻上。[36]

归根结底，6 分钟足以完成很多小小的物理行动，它们环环相扣，最终构成形式各样、规模各异的计划。气泡技术把生活中大大小小的计划加以分割，使我们能够把纷繁复杂的生活变成一系列简单的时刻，让它们完全集中在一项活动和一个目标上，就像很多能量点。你可以心平气和地生活了。

学习完全集中注意，从一秒钟到下一秒钟，从一个气泡到下一个气泡，最终是学习如何和自己团队合作。"我"是一个团队，"你"也是一个团队。我们都由按时间顺序排列的众多个体构成。就在这一刻，我花一点时间在网上买一张火车票。此时此刻，19 点 37 分，坐在电脑面前的我完成了一个行动，这将为几天之后到达火车站的我提供便利。如果在 19 点 37 分时，我选择看电视而不是买火车票，我首先应该想到的是"未来的我"不得不在到达火车站时匆匆忙忙顶着压力去买票。这种"连续的我"形成了一根团结的链条，每一个人都在帮助下一个人。不管我们要实现的计划有多宏大，工作总会被分配到链条上的成千上万个环节中去。每一个环节，每一个不同时刻的"我"，都只有一小部分工作要做：一个简单的任务，可以在纯粹注意的小小气泡中毫无压力地实现。

注释

[1] Cheng W. F., Collet H., *Ah! Le printemps, le printemps ah! Ah! Le printemps. Haikus de printemps*, Millemont, Moudarren, 1991, p. 21.

[2] Platon (*Theaetetus* 174 a).

[3] Mainy N. et col., "Cortical dynamics of word recognition", *Hum. Brain Mapp.*,

2008, 29, 11, p. 1215-1230.

[4]　Rawlinson G., *The Significance of Letter Position in Word Recognition*, Nottingham University, thèse, 1976.

[5]　Alho K., Vorobyev V. A., "Brain activity during selective listening to natural speech", *Front Biosci.*, 2007, 12, p. 3167-3176.

[6]　Cavanagh P., Alvarez G. A., "Tracking multiple targets with multifocal attention", *Trends Cogn Sci.*, 2005, 9, 7, p. 349-354.

[7]　我们与格勒诺布尔的莫妮卡·巴修、亚历山大·儒法尔一起成功地直接观察到这个现象：我们记录阅读区的神经元的活动时发现，它们的活动时间相同，维持 0.5 秒钟左右，不管主体读的单词是长还是短，只要主体认识这个单词。

[8]　Beilock S. L., et col., "When paying attention becomes counterproductive: Impact of divided versus skill-focused attention on novice and experienced performance of sensorimotor skills", *J. Exp. Psychol. Appl.*, 2002, 8, p. 6-16.

[9]　Yarrow K. et col., "Inside the brain of an elite athlete: The neural processes that support high achievement in sports", *Nat. Rev. Neurosci.*, 2009, 10, 8, p. 585-596.

[10]　Graybiel A. M., "Habits, rituals, and the evaluative brain", *Annu. Rev. Neurosci.*, 2008, 31, p. 359-387.

[11]　同注释 [8]。

[12]　*Ibid.*

[13]　Masters R. S. W. et col., "'Reinvestment': A dimension of personality implicated in skill breakdown under pressure", *Personality & Individual Differences*, 1993, 14, p. 655-666.

[14]　同注释 [8]。

[15]　同注释 [9]。

[16]　Clore G. L., Huntsinger J. R., "How emotions inform judgment and regulate thought", *Trends Cogn. Sci.*, 2007, 11, 9, p. 393-399.

[17]　Happe F., Frith U., "The weak coherence account : Detail-focused cognitive style in autism spectrum disorders", *J. Autism Dev. Disord.*, 2006, 36, 1, p. 5-25.

[18]　Knight R. T., "Lateral prefrontal syndrome : A disorder of executive control", in D'Esposito M. (éd.), *Neurological Foundations of Cognitive Neuroscience*, Cambridge, MIT press, 2003, p. 259-279.

[19]　Olivers C. N. L., Nieuwenhuis S. T., "The beneficial effect of concurrent task-irrelevant mental activity on temporal attention", *Psychological Science.*, 2005, 16, p. 265-269.

[20] Slagter H. A. et col., "Mental training affects distribution of limited brain resources",*PLoS Biol.*, 2007, 5, 6, p. e138.

[21] Varela F. J. et col., *The Embodied Mind: Cognitive Science and Human Experience*, Cambridge, MIT Press, 1999.

[22] Lutz A., et col., "Attention regulation and monitoring in meditation", *Trends Cogn. Sci.*, 2008, 12, 4, p.163-169.

[23] 这里很适合引用伏尔泰在《札第格》里的名言："我们说的是激情。'啊！它们多么危险！'札第格说。'它们是鼓起船帆的风，'隐士回应道，'它们有时会让船沉没，但没有它们船就无法航行。'"Voltaire (1748), *Zadig ou la Destinée*, Paris, Gallimard, "Folio Classiques".

[24] "就像水鸟的翅膀在入水时也不会湿，一个人的头脑应该保持真正的冥想（心印），不会被打断，既不应该依附也不应该舍弃任何感觉物体。"Low A., *Hakuin on Kensho: The Four Ways of Knowing*, Shambala Publications, 2006.

[25] Jersild A. T., "Mental set and shift", *Arch. Psychol.*, 1927, p. 81-89.

[26] Pashler H. et col., "Attention and performance", *Annual Review of Psychology.*, 2001, 52, p. 629-651; Monsell S., "Task switching", *Trends Cogn. Sci.*, 2003, 7, 3, p. 134-140.

[27] Yeung N. et col., "Between-task competition and cognitive control in task switching", *J. Neurosci.*, 2006, 26, 5, p. 1429-1438.

[28] Allen D., *Getting Things Done : The Art of Stress-Free Productivity*, Diane Pub Co, 2003.

[29] Shiffrin R. M., Schneider W., "Controlled and automatic human information processing: II. Perceptual learning, automatic attending, and a general theory", *Psychological Review.*, 1977, 84, p. 127-190.

[30] Hirst W. et col., "Dividing attention without alternation or automaticity", *J. Exp. Psychol. Gen.*, 1980, 109, p. 98-117.

[31] 这是与物理学中"分子平均自由程"的概念进行的类比：在气体中，平均自由程指的是气体的一个分子在碰到另一个分子之前通过的平均距离。

[32] VanRullen R. et col., "The blinking spotlight of attention", *Proc. Natl. Acad. Sci. USA.*, 2007, 104, 49, p. 19204-19209.

[33] Posner M. I., "Measuring alertness", *Ann. NY Acad. Sci.*, 2008, 1129, p. 193-199.

[34] Oakley D. A., Halligan P. W., "Hypnotic suggestion and cognitive neuroscience", *Trends Cogn. Sci.*, 2009, 13, 6, p. 264-270.

[35] Allen D., *Getting Things Done : The Art of Stress-Free Productivity*, Diane Pub Co, 2003.

[36] 显然，很难想象把这个任务定势储存在工作记忆里。背景和行动之间的联系可以写下来，必要时利用电脑或手机上各种相应的程序进行管理。

13

付诸实践

春天的海

整日

温柔地拍打着岸。

——与谢芜村 [1]

驯服而不是强迫

在这本书的开头，我曾把注意比作一条小狗。想要控制自己的注意，就是想要小狗能呼之即来，让它连续几个小时安安静静地待在我们的脚边，然后冲出去带回来我们打中的松鸡。但遗憾的是，我不认为存在这种神奇的技术，能让这条小狗立刻如此听话。如果这本书有一个实用性主题的话，那就是要学习驯服注意，而不是试图强制它；注意和野兽一样，强扭的瓜不甜。宽容注意，也宽容自己。我们不是万能的。如果我们的注意逃走了，那是因为它有自己的原因，一个由生物法则决定的原因。所以，让我们学习和注意一起工作吧，而不是跟它对着干。

有很多很多驯服注意的"把戏"，但大部分只在短期内有效，而且都是以限制和努力的模式实现。在我看来，旨在真正理解注意，而不以制服注意为目的的长期学习，才是无可取代的。唯有如此才能养成好的注意习惯，使我们能够既不紧张又不疲劳地集中精力。我最近在一部科普作品中看到"毫不费力的注意"这个术语。[2]我认为，我们应该朝着这个方向前进，耐心地倾听和观察心理活动。随着练习，长时间毫不费力地集中注意会变得简单。控制注意会成为一种习惯。

我经常在实验室和市区间往返，坚信把理论和实践结合起来有利于更好地驯服注意。优秀的驯兽师很了解他的动物。尽管注意还是一个有待探索的现象，但神经科学已经通过理解某些限制注意的机制，提供了若干研究元素，以便观察注意在工作中、咖啡店里或在地铁上的移动。我敢说，这种从神经科学中"获知"的内省小游戏，能够改变我们与注意和分心这两者之间的关系，最终使这种关系更平和、更高效。举个例子：如果你没有在星期天享受散步的乐趣，而是一直焦虑星期一要开始的工作，你的5-羟色胺的水平可能下降，杏仁体发出警报，你也许会大受影响。杏仁体鼓励你采取紧急行动，纠正问题。但是这没有任何意义，因为你无论如何也要到星期一才上班。所以，杏仁体留下的紧急印象只是一种幻觉：没有什么急着要做的事情。

神经科学为你揭示两个问题的答案：压力究竟来自何处？源自杏仁体的反应；怎样才能把注意重新引向愉快的散步？任由杏仁体折腾，直到它冷静下来。维持这种反应就像挠痒痒：越挠越痒痒。一些神经科学知识能够帮助我们戳破幻觉，而大脑常常是这种幻觉的受害者——面对自己的分心，我们就像看电影的小孩子那样，坚信演员真的死了。这只是一种特技！大脑拥有各种各样的小把戏，让不重要的东西变得重要。当你了解这些把戏后，你就不会轻易地被骗，也就能更好地忽视它们，保持精力集中。注意是一个受制于生物物理法则的生物过程，通过不断深入了解注意，我们将更轻松地理解它的运动和衰退：小狗饿了，小狗渴了，小狗得睡觉了，小狗得出去跑跑了，必须以特定方式跟小狗说话，让它明白你的意思……如果你想让注意成为你忠实的伙伴，办法多得是。

一条狗，一根骨头

我在这本书里介绍了"吸引"的概念。一些事件，不管属于我们的内部世界还是外部世界，能引起前额叶皮质的反应，而其他事件则不能。能够做到这一点的事件常常通过一系列运动、情绪和认知反应成功"捕获"我们的注意；而这些反应一旦得到奖赏回路的响应，可以延长至数秒，甚至更长时间。于是，我们进入了超聚焦的状态。时间停止，我们的注意逃走了：狗跟着骨头跑了。有时候，狗会发疯，原因不明地到处乱跑，"同时追逐着好几只野兔"。这就是注意涣散。学习控制注意，就是学习避开吸引的陷阱，让注意在需要时做出反应，并始终处于超聚焦和注意涣散之间的平衡状态。

我此前说过，注意会自然而然地转向大脑认为重要的东西。执行系统能灵活地确定什么重要，什么不重要。当执行系统什么都不说的时候，注意会自然而然地转向大脑习惯认为重要的东西，比如擦肩而过的漂亮女子，可能被辞退的猜测；或者，注意以反射的方式被吸引，比如转向身穿荧光黄色背心的骑车人。只有执行系统能够避开超聚焦和注意涣散的陷阱：当执行系统没有优先处理一个清晰的目标时，就会出现注意涣散；当一个目标让人忘记所有其他目标时，则会出现超聚焦。在这两种情况下，执行系统不再是安排注意时间的主人，我们得帮它一把。解决办法是暂时优先处理其中一个目标，同时不忘记其他目标。这种能力来自位于前额叶皮质最前面的区域，也就是能够做到艾蒂安·克什兰所说的"分支控制"的区域。

这就是著名的"气泡"技术。你不是孤独一人，而是一支由将军领导的军队，或者由教练指挥的球队。在每个气泡开始形成时，将军打个响指，交给士兵一项任务：一个清晰的目标，一个很容易用画面来展现的小场景，一段为了完成任务预定的短暂时间——6分钟、10分钟、电话铃声响起之前这段时间，甚至是正手击球20次，都可以。然后，士兵行动起来，只想着这一个目标……直到气泡爆炸消失，轮到下一个士兵接手，任务完成！你正在参加网球比赛吗？你唯一的任务就是好好打这场比赛，赢得每一分。看看拉斐尔·纳达尔是怎么打球的吧：每个瞬间，他的眼里只有正手球或扣杀球，一分接一分地拼搏。如果你输了，另一个士兵，也就是另一个"你"将做出反应，他也将尽全力处理当前的情况……但他完全不考虑已经结束的比赛，因为那不关他的事，无论现在还是将来，都跟他没关系。每个小士兵都应该是自私的：考虑其他人的不该是他，而是将军。

这些小气泡完全符合前额叶皮质的运行模式。当你集中在一个简单、唯一的目标上时，这个目标自然而然地引起背外侧前额叶皮质强烈且持续的神经元活动；气泡时间越短，神经元活动越容易持续。在奖赏回路的多巴胺能神经元的影响下，这种活动会更加强烈。多巴胺能神经元在预测到任务结束时迅速到来且几乎可以肯定的愉悦感时，会变得非常活跃。

观察而不是试图控制

由此可见，执行系统在两种模式之间切换：第一种是策略性计划，此时你是将军或教练；第二种是轻微的注意监视，此时你是士兵。教练发出比赛的指令，在场地边上认真地监视球员的表现，而不会朝他大喊：教练任由球员**自由行动**。通常对每个错误或痛苦都做出反应的结构，比如前扣带回，这时就休息了。每个球员，每个士兵都心无旁骛地完成自己的任务……即使任务只是休息。将军也可以命令士兵在一段预定的时间里休息。这是真正的休息，而不用于担心未来或过去，因为担忧是将军的职责。这是在世间一段真正无拘无束的休憩时间，用禅宗里的话来说，在此期间，我们"无事"。

将军学会任由士兵在一个小气泡里自由行动，这十分重要。我们已经在前面的章节中看到，在大脑内部存在一种两个系统或"模式"的对立状态：自动化模式和控制模式。在自动化模式下，运动行为或认知行为都是根据习惯做出的反应。在这种默认模式下，行为表现为主体所处环境引起的固定行为程序：到达地铁口时拿出车票，在门前翻口袋找钥匙，当有人说"谢谢"时回答"不客气"……这些习惯能够以最小的精力和注意解决日常生活中绝大多数的小问题。反之，在控制模式下，行为是根据有意识的、主观的目标被选择出来的。[3]这是一种策略模式，使我们能够解决习惯不足以解决的问题。我们必须思考，重新建设行动链，实现目标。

自动化模式和控制模式似乎格格不入。然而，唯有在两个模式携手并进时，大脑才能达到最佳运行状态。控制模式固然为前额叶皮质的执行系统所特有，但不管它有多"智能"，离开了大脑的其他部分就什么都做不了。所以，并非控制模式是"好"的运行模式，自动化模式就是"坏"的运行模式。在某个细节水平之上，执行系统应该"信任"位于"更低层级"大脑区域的自动化程序，让它们自行决定行为和注意：执行系统应该"放手"。当你口渴时，执行系统满足于确定一系列必要动作：从冰箱里拿出水瓶、从柜子里拿出杯子、往杯子里倒水、喝水。然后，执行系统确认这些微任务中的每一项是否都被准确地执行。每一个微任务的执行由"知道怎么做"的自动化程序负责。

当执行系统不再信任这些自动化程序，希望夺回控制权时，一切都变得复杂了，因为这个系统几乎不会"做"事情。执行系统甚至不会走路！新兵列队行军时顺拐的例子就是证据。执行系统知道"如何"走路，它能够从理论上描述走路，但不会走路。所以执行系统必须信任大脑的自动化动作，否则就可能出现"分析引起的瘫痪"。注意呼吸的冥想练习看起来尤其恰当，甚至合理，因为呼吸正是一种自动化的行为，不会因为你忘记了呼吸就停下来。如果你忘记动胳膊，胳膊就不会动；但如果你忘记注意好好呼吸，你还是会呼吸。通过学习注意自己的呼吸，你可以教会执行系统关注一个自动化的过程，但不试图控制它。一旦你做到了，就可以把这种新的技能推广到其他动作、注意定向，或者更广泛的领域，比如你的心理活动。你学会了静静地看着它们采取行动。

各司其职

每个人都应该坚守自己的位置，做自己会做的事情：将军有将军的职责，士兵有士兵的工作。这种组织方式的最大优点在于，执行系统能够以最小的精力和紧张程度监视行动的开展情况，这就解放了注意资源，让资源用于其他目标。于是，注意自然而然地落在正确的水平上，既不过于局部，也不过于整体，避开了超聚焦和注意涣散的陷阱。在这种情况下，执行系统的活动仅限于稍稍监视外部世界和自己的心理及情绪背景（与世界接触时的感受）。这是一种"注意当下"（attentive presence）状态，一种意识清醒的觉察，也就是"正念"。

这种平衡不容易找到，因为执行系统天生倾向于把剩余的空闲资源转向其他目标：如果你能够不加以过多注意地洗餐具，你的执行系统会考虑到这一点，把空闲资源用于规划明天的行程或思考昨晚的事情……但这些事不会做得很好，因为还是需要洗餐具。避免陷入这些"出神"片段的能力源自经过训练的、高效的执行系统，它能辨认并挫败吸引注意的预兆。眼神开始凝固，呼吸稍稍变化，身体感觉消失转而集中于大脑？执行系统瞬间侦测到这些信号，慢慢地把注意重新引向主要任务——洗餐具。

最终，这个小把戏让每一个系统回到自己的职位上，负责自己擅长的领域：自动化系统不应该决定长期行为，执行系统不应该决定短期行为。教练指挥，球员比赛……各司其职。然而，大脑只有一个，我们必须在上述两种角色之间转换，不时改变模式，于是出现了使注意能够再次集中的小气泡。在每个小气泡期间，大脑重新回到它喜欢的状态，这个状态接近于匈牙利心理学家米哈里·契克森米哈所说的"心流"（flow）：由一个清晰的目标引导的高度集中状态。契克森米哈认为，这种状态自然而然地带来一种幸福感，确实如此：大脑暂时从冲突中脱身，享受美好时光，"兴高采烈"。但这种舒适的状态可遇而不可求。这很合理，如果士兵琢磨什么时候能拿到承诺的奖赏，他就不再集中在一个目标上，而是两个——他再次紧张起来了。

注意值得我们（更多地）关注

在总结全书之前，我希望能够避免一个误会：上述方法看似拘束，但它唯一的目的是在注意怎么都不肯听话时帮我们一把。这绝对不是为了让生活复杂化，或把自己变成机器人。这只是一场游戏，和注意玩耍是人生的一大乐趣。注意是宝藏，是以新的方式探索世界的放大镜。当然，放大镜只是一个工具，它的作用取决于我们的使用方式。有了放大镜，你既可以观察大自然，也可以引起森林火灾。注意的作用首先取决于我们如何使用它。

无论如何，我担负起了向世人原原本本地介绍注意的任务，而且纯粹为了注意本身。我认为，当前社会没有赋予注意相应的地位。我们的社会十分重视美丽、健康或财富，但学会集中精力、全神贯注地倾听，似乎就没那么重要了。在我看来，现在缺少对注意重要性的关注，缺少对相关教育的更明确的认识。孩子们在学校里充分开发注意力了吗？他们学习理解、欣赏并掌握注意了吗？或者学校只是采取了错误的学习方法，比如惩罚那些注意不集中的学生？是否存在真正的注意力培养教育，或者教育只是一种过滤器，把不够专心的孩子排除在外？注意被认为是一种需要后天训练的能力，还是只要愿意，大脑就能天生获得的能力？学习速度较快的孩子在注意什么，怎么注意？只是因为他们比其他孩子更勤奋，还是他们自然而然地发展出了更高效的注意策略？其他孩子能否向他们学习？什么方法有用，什么方法没有用？让我们期待，在不久的未来，这些问题能够有答案，让我们的社会越来越普遍关注注意。

注释

[1] Cheng W. F., Collet H., *Ah! Le printemps, le printemps ah! Ah! Le printemps. Haikus de printemps.*, Millemont, Moudarren, 1991, p. 123.

[2] Bruya B. (éd.), *Effortless Attention: A New Perspective in the Cognitive Science of Attention and Action*, Cambridge, The MIT Press, 2010.

[3] 此外，研究者使用"环境驱动行为"（environment-driven behaviour）和"习惯驱动行为"（habit-driven behaviour）这两个术语指代自动化模式，使用"目标驱动行为"（goal-driven behaviour）指代策略模式。

后记
任由摆布的注意

> 酒馆里
> 再次喧闹起来,
> 云遮住月亮。
>
> ——正冈子规[1]

注意能"服用兴奋剂"吗?如果制药业推出的用于治疗儿童注意障碍的药物的销售数据可信,那答案就是肯定的。这些药物现在颇受欢迎,很多美国大学生会毫不犹豫地在考试期间服用,以便更好地集中精力。在这样一个竞争如此激烈的世界上,利用最新的科研成果,通过一个小小的改变迈出一大步是很有诱惑力的。良好的注意力能带来大不同。

人人都有办法在决胜日保持最佳专注状态。放松、喝咖啡、不喝咖啡、抽烟、不抽烟、好好睡一觉、吃药……办法各种各样。这些办法表面看起来没有什么共同点,但它们都是通过改变大脑里某些控制注意的关键结构的化学平衡而发挥作用。作为本书的总结,以下几个例子可以帮助读者理解化学方法如何作用于注意。接下来,由你来选择最适合自己的办法……如果你需要的话。八仙过海,各显神通。

注意，压力……和疲劳

我们先从**压力**的问题出发，讨论注意的化学机制。每个人都会告诉你：压力影响精力集中，也许是好的影响，也许是坏的影响。不过，什么是压力？这个问题已经被反复研究过。我建议你回到简单的定义上，只要看看词源，就能知道"压力"首先指的是物体承受的作用力，或者是紧张。因此，压力首先是一种机械限制，"心理压力"就是它的神经生物学版本，也就是说"神经"紧张。压力和注意有着直接联系，"分心"的词源是"分裂"：人在各个方向上被拉拽，离开中心，无法集中。

精神紧张很少来自外部的物理力量，而大多来自大脑内部的心理力量。我们知道，身体的运动受制于运动皮质，运动皮质受制于前运动皮质……如果我们局限于肌肉表现，个体感受到的压力部分来自控制身体肌肉的大脑结构内部自相矛盾的活动，这些活动或者直接发生在运动皮质内部，或者发生在控制运动皮质的区域内部。这些区域都能根据我们的目标或习惯引导行为。执行系统区域当然参与其中，负责以反射地、自动地对外部世界做出反应的区域同样如此。然而，这些不同的区域提出的行动建议并不总是兼容的，当它们之间存在冲突时，压力就产生了。所以，压力是大脑民主管理方式的结果，直接反映了不同目标之间的冲突。解决压力的最好方法就是避免冲突，比如在小气泡内部，每次只对付一个目标。

当大脑面对好几个同时出现、彼此矛盾的目标时，执行系统一般会参与进来，明确优先处理其中一个目标。如果执行系统没有这么做，僵局就出现了：没有任何一个行动能同时满足所有目标，所有采取的行动，有意识或无意识的，都会被前扣带回等结构认为是错误的。身体在众多彼此干扰的行动建议的影响下紧张起来。

这有点像"交白卷焦虑"，你想到的每句话看起来都很糟糕……而时间一分一秒地过去了。你不知道应该写什么，但你知道不应该写什么，你还知道必须写点东西，要迅速下笔。执行系统没有成功地转向被认为应当享有优先权的行动，如果我们重拾前几章提到的议事大厅的例子，那就是参加辩论的代表没有达成一致。于是产生了一个奇怪的现象：当执行系统没有提出具有说服力的建议时，大脑会暂停工作，就像大自然在赋予我们这个系统时已经设计了在"故障"状态下切断电源的安全装置。这样一来，自动化系统获得了控制行为的大权。自动化系统负责优先处理习惯化的行动、短期目标和任何形式的固定程序。这个系统至少有一个优点：始终能提出点建议，即使意义不大。这就出现了一个常见的现象：在压力的作用下，行为容易变得自动化、可预测。[2]这种自动化模式行动速度很快，而执行系统的策略和协商模式速度很慢。这也许就是为什么当必须迅速行动时，大脑会自然而然地优先选择速度最快的模式。这种摇摆必然影响注意的质量，而它不再受高效的执行系统控制。如果压力过大，我们很难集中精力。尽管看似矛盾，但这时候我们必须慢下来。

在神经生物学层面上，这个安全装置，或者说不安全装置，部分取决于对前额叶皮质中去甲肾上腺素数量精确的调整。去甲肾上腺素（Norepinephrine，NE）和多巴胺一样，是一种神经递质。为了让前额叶皮质运行正常，去甲肾上腺素和多巴胺水平既不能太高，也不能太低。如果你以去甲肾上腺素或多巴胺水平为横坐标，前额叶皮质的效率为纵坐标，你将得到一条倒过来的U形曲线，就像一座小山。当去甲肾上腺素水平过低或过高时，前额叶皮质效率下降。去甲肾上腺素数量过少，人看上去无精打采、疲劳不堪；数量过多，人会变得激动不安、压力重重。[3]

倒U形曲线会下滑的原因很简单：在神经元的树突上，去甲肾上腺素根据自身在突触中的不同数量，会引发不同类型的受体的活动。当前额叶皮质的神经元在树突上接收到一个去甲肾上腺素分子时，这个分子会引发 α_1 受体的活动；当树突周围充满大量去甲肾上腺素时，β 受体被激活；当去甲肾上腺素水平较低时，α_{2A} 受体被激活。这个细节意义重大，因为激活 α_1、β 或 α_{2A} 受体会对神经元的活动产生完全不同的影响。去甲肾上腺素到达 α_{2A} 受体将增强这个神经元在一段时间里维持一项活动的能力。反之，α_1 或 β 受体的激活将减弱这种能力。而这种保持较高活动水平的能力正是前额叶皮质中工作记忆的基础，因为只要神经元是活跃的，信息就被储存在记忆里。这对注意造成了可观的影响，因为当神经元没有记忆时，它们无法固定注意：如果我们一直忘记应该把注意集中在什么上面，那怎么集中注意？当去甲肾上腺素达到最佳水平时，执行系统处于最好的条件下，能够加强与目标有关的活动，人才会变得全神贯注。

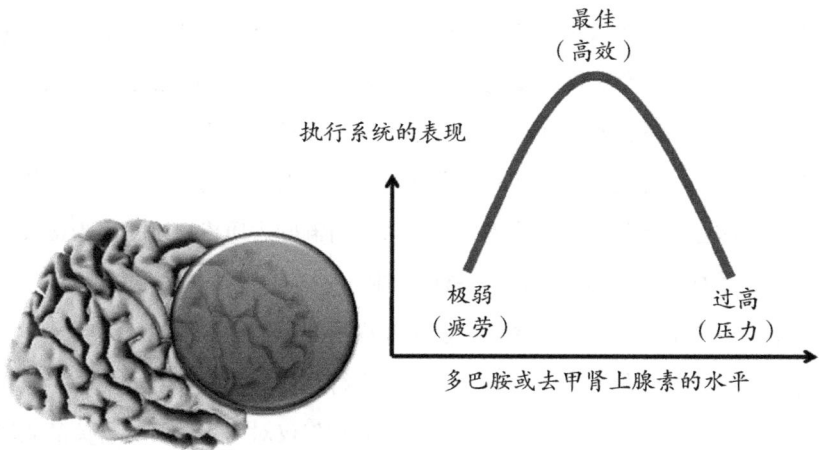

图 14.1 压力和疲劳对执行系统造成的化学影响

当多巴胺和去甲肾上腺素这两种神经递质的水平处于中间位置时，执行系统所在的前额叶皮质表现最佳。水平过低，人会感到疲劳；水平过高，人会感到压力大。这就是著名的倒 U 曲线。

　　某些分子能够激发或终止 α_1、β 和 α_{2A} 受体的活动，所以对专注能力的影响巨大。比如一种叫作"胍法辛"的分子，能够促进 α_{2A} 受体的活动——我们把它称作这种受体的"兴奋剂"。实验表明，胍法辛帮助前额叶皮质的神经元维持活动，对工作记忆和注意控制产生积极作用。[4]反之，其他分子会阻碍 α_{2A} 受体的活动——我们称之为这种受体的"抑制剂"。比如"育亨宾"就是一种抑制剂，它会引起注意的超活跃和超不稳定障碍。

　　在前额叶神经元上存在好几种去甲肾上腺素受体，于是产生了在 3 种模式之间切换的机制。首先，当去甲肾上腺素水平很低时，α_{2A} 和 α_1 受体都不活跃，因为去甲肾上腺素不足，无法激活它们。在疲劳的人身上可以观察到：疲劳状态与低水平的去甲肾上腺素和多巴胺有关。[5]此后，当去甲肾上腺素的水平上升少许，α_{2A} 受体被激活，前额叶皮质运行良好。于是大脑有了一个表现出色的执行系统：我们处于倒 U 曲线的最高峰。最后，当去甲肾上腺素的数量超过某个界限时，α_1 受体被激活：神经元再也无法稳定自身的活动，执行系统效率下降。这种切换机制与另一种调节机制十分相似，即前额叶皮质和海马体对伏隔核的影响的调节机制：当伏隔核中的多巴胺水平过高，伏隔核就不再听前额叶皮质指挥了，因为接收前额叶皮质神经元信号的受体——D_1 受体——停止活动。这些 D_1 受体就相当于去甲肾上腺素的 α_{2A} 受体。前额叶皮质的神经元也使用这种受体，只有当多巴胺的数量不多不少时，它才能运行良好。当前额叶皮质的多巴胺水平居中时，神经元处于最佳条件下，能够仅仅对与当前目标有关的刺激做出反应。大脑对"噪声"就不那么敏感了。[6]反之，当多巴胺水平过高时，其他多巴胺受体继续工作，反作用于神经元的运行，注意和工作记忆的能力都开始下降。前额叶皮质的效率和多巴胺浓度之间的关系同样表现为倒 U 曲线。

一旦压力上升，杏仁体侦测到威胁，引起前额叶皮质里的去甲肾上腺素和多巴胺水平迅速上升。[7]当多巴胺水平超过某个界限时，α_{2A} 和 D_1 受体停止运行，前额叶皮质的表现下降。执行系统罢工了，立刻给认知带来严重后果——记忆、注意和计划一片混乱。执行系统本应该制定灵活的策略，解决压力问题，却无能为力。此时此刻，位于大脑中后部，负责按固定套路迅速对环境做出反应的皮质和皮质下结构中的区域的表现力上升。出现这种转变是因为，这些结构中的神经元的多巴胺和去甲肾上腺素受体不同于前额叶皮质神经元。这些结构的最佳表现水平略高于前额叶皮质。此处，表现力和神经递质数量之间的关系曲线仍然是倒 U 形，但和前额叶皮质相比，U 的顶峰略偏向右边。

所以，现在在你面前有两条倒 U 曲线。当去甲肾上腺素和多巴胺数量很低时，也就是位于曲线左侧时，大脑前部和后部的神经元运行都不顺利：你很疲劳。随着神经递质的数量逐渐上升，前额叶皮质神经元首先达到最佳状态，然后是感觉皮质神经元。通过改变突触中多巴胺和去甲肾上腺素的数量，有可能选择大脑缓慢、灵活、适应性强的模式，或者迅速、固定化的模式。这种机制简单却高效，能够在两个系统的竞争中有所偏袒。当多巴胺和去甲肾上腺素水平在压力的作用下迅速上升时，两种情景可能根据它们之前的水平同时产生。如果两种神经递质在此前的水平很低，比如在一个疲劳的人身上，压力促使神经递质的数量朝着前额叶皮质的倒 U 曲线顶峰上升，执行系统变得更出色。反之，如果两种神经递质之前的水平相对较高，比如在一个十分清醒或已经略有压力的人身上，或者之前已经处于压力过大的情况，突然涌现的去甲肾上腺素和多巴胺大大超过前额叶皮质能够承受的最大值，前额叶皮质的表现下降。于是，负责自动化行为的位于大脑后部的区域将接过班来。个体从相对缓慢，但灵活、适应性强的计划模式转为僵硬但快得多的反应模式。这就是我们在运动中所说的"不明智之举"。运动员承受着外部事件带来的压力，再也无法思考，只能根据有限的、可预测的习惯做出反应，适应不了环境。他毫无办法，通常只能输掉比赛。

哐当！注意病倒了

我们在压力情景中描述的机制充分表明，大脑精确的化学调整在很大程度上影响着注意。酒精、尼古丁和毒品等各种各样的物质以某种方式搅乱这些平衡，从而影响注意。它们通常作用于去甲肾上腺素和多巴胺的调整系统，但也可以影响其他神经递质，以便更全面地影响大脑的兴奋水平和反应水平。咖啡就是一个典型的例子。[8]咖啡因全面作用于神经系统，引起肾上腺素的释放，导致对大脑的糖分和氧气供应增多，全面刺激大脑活动：大脑醒过来了。咖啡因还通过前额叶皮质的多巴胺能神经元作用于执行系统，提高了多巴胺 D_2 受体（类似于 D_1 受体）的效能。这么一来，当多巴胺水平很低时，它促进前额叶皮质的活动；当多巴胺水平已经很高时，它阻碍前额叶皮质的活动。这就是为什么在你疲劳或十分清醒时，小小的一杯意式浓缩咖啡能够发挥不同的作用。

注意的化学机制相关研究正逐步走上正轨。近年来，在大型制药公司的推动下，研究不断加速。这些公司计划推出治疗注意障碍的新药物，因为注意会生病，这种病被叫作**注意缺陷障碍**（Attention Deficit Disorder, ADD）。ADD 中间还经常加上一个 H（hyperactivity），也就是**注意缺陷多动障碍**（ADHD）。这种障碍很常见，尤其是在儿童身上。根据美国精神医学学会《精神疾病诊断与统计手册》的定义，这种障碍的主要特征是注意缺陷和多动 – 冲动。不过，并非所有注意障碍患者都有多动症状，反之亦然。除了注意缺陷障碍和注意缺陷多动障碍，还有单纯的**多动障碍**

（DHD）。现在，很多面向大众的作品以这些障碍为主题，我在此只重申几个要点。

在医学史上，海因里希·霍夫曼博士和乔治·斯蒂尔爵士分别在1845年和1902年对注意缺陷多动障碍做出了早期描述。[9]由此，医生们学会了辨认走神的病人。典型的例子：一个病人刚走进厨房，就忘了他是来找什么东西的。当然，谁都可能出现这种状况，尤其是在度过令人疲惫的一天之后，但总体而言，注意缺陷多动障碍患者更容易有这种经历。一个病人这样写道："当我需要记住什么东西时，哪怕仅仅被打扰1分钟，我也完全想不起来了。"[10]在某些极端情况下，只要一个场景要求病人同时注意好几件事情，他就忙得不可开交，以至于无法开车。这种障碍主要出现在男孩身上（占3/4），我们尚不清楚原因。而且患者不限于儿童：比如在美国，4%的成人患有该障碍。

尽管我们现在还没有完全了解注意缺陷多动障碍的神经生物学来源，但还是有理由相信，原因在于前额叶执行系统的慢性障碍。我们可以参考托马斯·布朗的作品，这位治疗注意缺陷多动障碍的专家曾写过一本全面介绍相关主题的书。[11]他指出，这种障碍首先影响6大功能：

(1) 确定、组织优先处理对象的能力，以及制定相应计划的能力；

(2) 确定、保持注意目标的能力，以及根据目标变化进行调整的能力；

(3) 做出反应的能力；

(4) 调节情绪的能力，尤其是面对挫折时；

(5) 工作记忆；

(6) 监视自己的行动的能力，以确定一切正常。

6大功能中的每一个都直接涉及执行系统，以及它所在的前额叶皮质。在人类和动物身上进行的各种关于注意缺陷多动障碍的研究证实了这个假设。比如在猴子身上，前额叶皮质受损（尤其是右半球）会导致注意缺陷多动障碍的主要症状：注意缺失、难以抑制运动反应、夸张的动作……人类也是如此：前额叶皮质（尤其是右侧）受损的病人，难以集中精力，通常容易冲动。[12]这些观察还和很多神经成像研究结果相吻合，后者发现注意缺陷多动障碍病人的背外侧前额叶皮质和前扣带回的活动比正常人弱，而它们是执行系统的关键区域。一项研究甚至表明，某些病人的背外侧前额叶皮质不如表现正常的人的这一区域发达。

我在关于注意的化学机制的章节里讨论注意缺陷多动障碍问题，是因为多种分子似乎对这种障碍有影响。这些分子主要通过改变在压力情景中看到的两种神经递质（多巴胺和去肾上腺素）的浓度产生影响。[13]实际上，在注意缺陷多动障碍患者身上，释放的多巴胺和去甲肾上腺素有时似乎不够，或者很快就被再次捕获了。所以，大多数药物的目的是增加突触中的神经递质数量，要么直接促进神经元向突触释放更多的多巴胺和去甲肾上腺素，要么阻止这些分子流失。比如药方中有时会出现苯丙胺，因为它能促进多巴胺的释放。而著名的利他林①所含的甲基苯丙胺则通过抑制多巴胺被捕获发挥作用。通常情况下，一旦多巴胺分子完成任务，微型泵负责捕获神经元向突触释放的多巴胺分子，多巴胺必然会大量聚集在突触里。而药物则通过减缓微型泵的行动，发挥药效。其他分子，比如自分泌运动因子（ATX），以类似的方式阻止去甲肾上腺素被再次捕获，从而发挥作用；此外，还可以使用胍法辛刺激去甲肾上腺素的 α_{2A} 受体。

你也许已经明白了，医生有各种各样的办法，通过改变前额叶皮质中的多巴胺和去甲肾上腺素的浓度及效能，治疗注意缺陷多动障碍。然而，没有可适用于所有人的奇药妙方：医生需要根据病人对这些分子的反应方式选择治疗方案。还有别忘了，这些药物会影响大脑的化学平衡。我们必须始终保持谨慎。[14]你也可以试试前面的章节中提到的常识性方法。

---

① 利他林（Ritalin）是目前治疗注意缺陷多动障碍的常规速效药。——译者注

那么，到底采用化学方法还是非化学方法？由你来决定。不久的将来，很可能会出现反"注意"兴奋剂的测试，因为高水平运动界很快就会明白，或者已经明白，这些新的分子很可能会提升运动员的表现。

注释

[1] Cheng W. F., Collet H., *Ah ! Le printemps, le printemps ah ! Ah ! Le printemps. Haikus de printemps*, Millemont, Moudarren, 1991, p. 50.

[2] Arnsten A. F., "Stress signalling pathways that impair prefrontal cortex structure and function", *Nat. Rev. Neurosci.*, 2009, 10, 6, p. 410-422.

[3] Brennan A. R., Arnsten A. F., "Neuronal mechanisms underlying attention deficit hyperactivity disorder: The influence of arousal on prefrontal cortical function", *Ann. NY Acad. Sci.*, 2008, 1129, p. 236-245.

[4] *Ibid.*

[5] 同注释 [2]。

[6] 同注释 [3]。

[7] 同注释 [2]。

[8] Lorist M. M., Tops M., "Caffeine, fatigue, and cognition", *Brain Cogn.*, 2003, 53, 1, p. 82-94.

[9] Singh I., "Beyond polemics : Science and ethics of ADHD", *Nat. Rev. Neurosci.*, 2008, 9, 12, p. 957-964.

[10] Brown T. E., *Attention Deficit Disorder : The Unfocused Mind in Children and Adults*, Yale University Press, 2006.

[11] *Ibid.*

[12] 同注释 [3]。

[13] *Ibid.*

[14] Gonon F., "The dopaminergic hypothesis of attention-deficit/hyperactivity disorder needs re-examining", *Trends Neurosci.*, 2009, 32, 1, p. 2-8.

致谢

　　我衷心地感谢 Odile Jacob 出版社对我第一部作品的信任；感谢劳伦·科恩作为重要中间人的热情帮助。还要感谢艾米莉·巴里安认真地审读书稿，并提出了公允的意见，为读者免去不少麻烦。

　　同样感谢玛丽－安娜·埃纳夫拨冗审读并对书稿的第一版进行评论。我深深感谢直接或间接给我启发，支持我关注注意的人们：马茨·维兰德、丸泰仙、阮科、释一行、格拉齐娜·珀尔和弗朗西斯科·瓦莱拉。我和法国国家行政学院（那里有我在巴黎的第一个实验室）的成员们接触时积聚的能量，尤其是与雅克·马丁内利和不幸去世的利涅·加内罗的合作，是本书的创作源泉；我在里昂的研究小组的合作伙伴奥利维埃·贝特朗和其他所有成员为本书注入了浓厚的科学和人文气息。本书引用的很多案例都是我的现任同事们（更是我的挚友）的研究成果，他们是：萨朗·达拉尔、卡洛斯·阿玛梅、瓦尼亚·埃尔比翁、朱利安·荣格、卡里姆·杰尔比、托马斯·奥桑东和胡安·维达尔。此时，我还要向不可取代的学科带头人——菲利普·卡安致敬，感谢他和格勒诺布尔研究小组的全体成员；感谢我们十年来的所有研究，以及阿兰·贝尔多兹对我们的积极影响。

　　我还要感谢我的家人：感谢安娜，想必我的"超聚焦"给她带来了不少困扰；感谢兄弟们热情的鼓舞，还有我的父母，他们最早满怀赞赏地读了这本书；我要尤其感谢席琳，她是耐心的缪斯和爱神，这本书正是在她的激励下诞生的。

索引